科学技术与社会发展研究

第2辑

张 涛◎主编

清华大学出版社

北京

内 容 简 介

科学技术与社会发展是文理交叉研究的新学科方向,本书是关于科学技术与社会发展研究的论文集,从文理交叉视角介绍该领域的前沿研究成果。本书聚焦国际研究热点,包括社会发展、经济转型以及科学认知等社会科学领域,从历史学视角对传统知识的产生、发展及作用进行了广泛深入的研究与交流,试图发掘总结中日两国优秀的历史文化与本土知识,是中日学者近十年的研究成果。通过结合具体科技问题、实际社会问题以及国外经验,帮助读者对科学技术与社会发展研究这一领域有更加实际和深入的了解。

本书可供从事相关领域研究的学者参考。

图书在版编目(CIP)数据

科学技术与社会发展研究. 第2辑/张涛主编. —北京:清华大学出版社,2022.3
ISBN 978-7-302-60102-9

Ⅰ. ①科… Ⅱ. ①张… Ⅲ. ①科学哲学－研究 ②技术哲学－研究 Ⅳ. ①N02

中国版本图书馆 CIP 数据核字(2022)第 020945 号

责任编辑:王 芳
封面设计:刘 键
责任校对:李建庄
责任印制:刘海龙

出版发行:清华大学出版社
    网 址:http://www.tup.com.cn,http://www.wqbook.com
    地 址:北京清华大学学研大厦 A 座   邮 编:100084
    社 总 机:010-83470000   邮 购:010-62786544
    投稿与读者服务:010-62776969,c-service@tup.tsinghua.edu.cn
    质量反馈:010-62772015,zhiliang@tup.tsinghua.edu.cn
    课件下载:http://www.tup.com.cn,010-83470236
印 装 者:三河市龙大印装有限公司
经 销:全国新华书店
开 本:185mm×260mm 印 张:15   字 数:367 千字
版 次:2022 年 5 月第 1 版   印 次:2022 年 5 月第 1 次印刷
印 数:1~1000
定 价:99.00 元

产品编号:087075-01

从 2011 年中日双方在清华大学召开第一届传统知识历史学国际研讨会到 2019 年在内蒙古师范大学召开第九届传统知识历史学国际研讨会，从 2010 年合作筹备双边会议到今天出版第 2 辑会议论文集，已经超过十个春秋了。

十年耕耘，十年收获。"传统知识历史学国际研讨会"是一个中日学者进行科学技术史和产业史研究、交流与互助的学术平台。在日本佐贺大学资深学者的发起与倡导下，从 2010 年至今的十余年时间里，中日双方学者借助于这个平台，在数学史、水利工程史、医学史、科技考古、矿冶史、机械史、化学史等科学技术史领域，以及社会发展、经济转型及科学认知等社会科学领域，从历史学视角对传统知识的产生、发展及作用进行了广泛深入的研究与交流，试图发掘总结两国优秀的历史文化与本土知识，并为今天两国的科技发展与经济结构转型发挥资政育人的推动作用。同时也通过出版论文集与学术专著，向世人传播了它的影响，通过培养更多的年轻学者参与讨论和研究，实现了它的可持续发展。十余年来，中方以此为契机，先后成立了中国科学技术史学会科技与社会发展史专业委员会和中国工业经济学会工业史专业委员会，创办了《产业与科技史研究》刊物，凝聚了一大批有志于这方面研究的专家学者。

中日两国一衣带水、唇齿相依，有着悠久的交流历史。从历史长河和未来全球化的发展趋势看，两国间的友好交流和相互学习始终是主流，双方都是受益者。

纵观世界科技发展不断加速的历史，各民族之间的交流与竞争是促进科技发展的主要因素之一。哥伦布发现新大陆开辟了抵达美洲大陆新航线以后，各大洲的文明才真正联系在一起，由此引发的军事征服、经济往来和文化交流，客观上都促进了科技的传播和发展。可以说，国家之间的竞争、市场规模的扩大以及文化的多样性和交流，都是科技发展的加速器。中国古代先贤说过："物有本末，事有始终，之所先后，则近道矣。"(《礼记·大学》)提醒我们要有历史的眼光。今天我们面临以信息化为先导的新一轮科技革命的浪潮时，如何应对它？是"智者察于未萌"，顺势而上，抓住机遇，还是"愚者暗于成事"，为时代所抛弃，成为落伍者？这需要我们总结历史经验，汲取历史智慧。

再从中日两国从古代农业文明向近现代工业文明的转型，以及今天面临的产业结构升级和"再工业化"看，历史过程和经验仍然是值得汲取的。著名的管理学学者波特曾经提出四个具有明显特点的国家发展阶段，分别是资源要素驱动阶段、投资驱动阶段、创新驱动阶段和财富驱动阶段。[①] 根据这个理论概括的特征，新中国经过七十多年的发展，现在已经进入创新驱动阶段。而日本经过明治维新以来一百多年的发展，到 20 世纪 80 年代已经进入

---

① 迈克尔·波特.国家竞争优势[M].北京：华夏出版社，2002：46.

财富驱动阶段，其标志就是波特所说的，人们的创新意愿减弱，更多地采用财务投资的方式完成对外投资，典型的特征是广泛的收购和兼并活动造成进步的幻觉。但是日本很快就痛定思痛，从20世纪八九十年代的经济泡沫中吸取教训，开始走出财富驱动的陷阱。2016年1月，日本内阁会议通过第五期（2016—2020年）科学技术基本计划，此次计划的最大亮点是首次提出超智能社会"社会5.0"这一概念。中国也早在20世纪90年代中期就提出了"科教兴国"战略，进入中国特色社会主义新时代后，又提出了建设"创新型国家"战略，制定了"中国制造2025"规划，并将科技创新驱动作为2035年实现现代化、2049年建立现代化强国目标的主要动力。中国和日本都是学习能力很强的国家，相信在未来新的科技革命浪潮中一定能够搏击风浪、挺立潮头，成为成功的弄潮儿。

在这里需要指出，当科技发展关系到国家盛衰命运和国际地位时，国家之间的竞争不仅不可避免，甚至有些国家为了保持自己已有的地位和利益而采取非正常手段。20世纪80年代，美国迫使日本签署"广场协议"，用日元升值消解日本制造业的竞争力，促使日本进入财富驱动阶段和形成经济泡沫。在今天，美国又采取各种手段打压中国的科技发展，以"举国之力"打压中国的高科技企业华为，这种事情在和平年代从来没有过。因此，我们从中既可以看到科技创新在国家盛衰中的作用，也应该看到科技创新不仅仅是科技自身的问题，它与经济、政治、军事、国际关系、社会生活都紧密相关，有时候非科技因素甚至会起决定性作用。因此我们研究科技史的视野要放宽，方法要多样。

今天，中华人民共和国已经走过了七十多年的光辉历程。在中国共产党的坚强领导下，通过中国人民艰苦卓绝的努力，我们的经济总量迅速地增大，产业结构有了很大的改善，科学技术取得了历史性进步，人民群众的生活水平有了巨大的提高，整个国家的面貌可以说发生了翻天覆地的变化。回顾与总结七十多年里所走过的道路，我们清晰地记得今天的成绩得来不易，在自身努力的同时，我们得到了包括日本在内的许多国家的友好支持、帮助，以及有益经验的参考和借鉴。

今后，中国面对世界经济深度调整和不确定性以及国内由高速发展向高质量发展的转型，科技创新在产业结构由中低端向中高端升级中起着决定性作用。因此，深入研究和充分吸取本国历史经验和国外历史经验至关重要。十余年来，我们通过持续举办"传统知识历史学国际研讨会"深深感到，在中国不断改革和扩大开放的大背景下，中日双方以及其他国家学者参与的交流和相互学习，不仅有助于这个学科的发展，而且增进了两国的友谊，加深了双方学者的感情。中国还是一个发展中国家，需要不断地总结与学习国际的有用经验，特别是认识与学习日本等先进工业国家在实现工业化过程中的规律及其成功的实践经验，再结合中国科技和产业发展的实际，向着把中国建设成为现代化国家的目标前进。与此同时，我们也秉承"建设人类命运共同体"的理念，愿意与日本学者一起为发展世界经济和增进两国人民的福祉贡献我们的绵薄之力。

最后，我们在此深切怀念为我们论坛和学科发展做出重大贡献的日本佐贺大学名誉教授长野暹先生、中村政俊先生和中国社会科学院荣誉学部委员樊亢先生，他（她）们为举办论坛、推动本学科的发展出谋划策、奖掖后进、殚精竭虑，令人钦佩和感怀。

武 力

2021年12月

目录
Contents

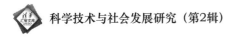

第一篇　科学与技术

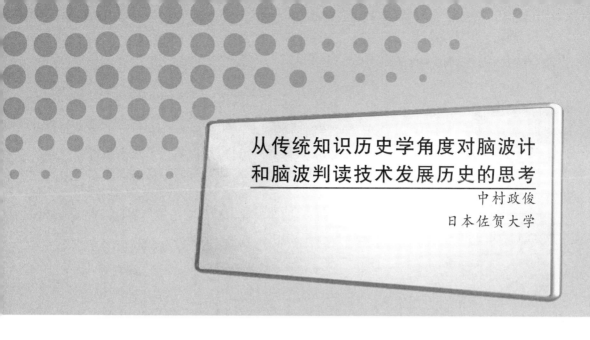

从传统知识历史学角度对脑波计和脑波判读技术发展历史的思考

中村政俊

日本佐贺大学

摘要：脑波是由大脑皮质中存在的 100 亿个神经细胞发出的电位的集合，是表示大脑活动状况的信号，通常是从被检者的头皮上记录的。通过对记录的脑波的判读，能够把握被检者的脑活动状况，脑波常被用在临床（内科、外科等）中。脑波是数十微伏（$1\mu V = 10^{-6} V$）的非常微弱的时序信号，是通过高性能的电压放大装置（放大器）进行测量的。脑波记录精度与脑波计的性能直接相关。脑波时间系列中包含着非常多的信息。脑波视觉判读（解释）很难，需要经过特别的训练。

本论文针对脑波计发展和脑波判读技术提高的历史，从传统知识的角度进行解释。关于脑波计的历史，以脑波计生产台数方面保持着世界领先地位的日本光电工业株式会社为主进行了调查。另外，关于脑波判读，以京都大学医学部的柴崎浩名誉教授（世界临床神经生理学会前会长）为代表的日本的脑波判读为中心进行讨论。另外，本文还介绍了作者（系统控制领域）与名誉教授柴崎浩（医学领域）共同历经 30 多年的医工学研究开发的脑波自动判读系统。一旦将记录的脑波时间序列导入该脑波自动判读系统，几秒后就会自动得到与脑波判读医生进行的脑波视察结果、判读报告书基本相同的结果，是世界上唯一综合脑波自动判读系统。

在上述日本光电的脑波记录仪生产、脑波判读技术的发展、脑波自动判读系统的开发等所有课题中，都可以用传统知识的观点进行解释（如组织中的领导和工作人员、社会的关系、需求的把握、外来知识的吸收、传统知识的活用）。在各种制作、研究开发等方面，无论是顺利进行还是出现问题，都可以通过传统知识的观点解释，找到解决问题的线索，明确解决的途径。

关键词：脑波计，脑波判读，技术发展史，传统知识

一、脑波计产业的发展

（一）脑波的发现与脑波计

脑波是大脑皮质多数神经细胞发出的电位（突触后电位）的集合，人的脑波是 1924 年由

德国精神科医生汉斯·汉堡发现的[1]。脑波通常是从头皮上多个特定的部位(10～20个系统)记录的，其脑波时间序列表示大脑瞬间的活动状况的时间特性和头皮上的空间特性。因为在头皮上记录的脑波是数十微伏非常微弱的电位，所以需要通过高倍率的放大器进行记录。因此，为了保持良好的脑波记录，需要开发具有高倍率高性能放大器的脑波计。

如图1所示，用于测量脑波的时间序列信号的脑波计需要具有用于提高记录电位的倍率放大功能、用于除去噪声成分的滤波功能以及用于记录显示的功能。

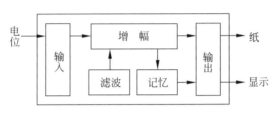

图1　脑波计的功能构成

（二）脑波计的开发与生产历史

初期的脑波计是在德国和美国开发出来的。1935年，基于海外引进的知识，松平正寿(东北大学工学部副教授/教授)等进行了关于脑波计性能发展的研究[1]。

作为实现脑波计构成的放大器和过滤器的电子部件，从脑波发现之初到20世纪60年代使用真空管，70年代开始使用晶体管。从80年代开始，大部分电子部件使用集成电路(integrated circuit)[1]。记录部分最初采用在纸上书写脑波时间序列的形式(模拟脑波计)。从90年代后半期开始，将脑波时间序列数据导入电子存储介质(存储器)，其结果同时再生并显示出来(数字脑波计)[1]。因为在显示器上显示，不需要在纸上保存记录，所以也被称为无纸脑波计。如上所述，脑波计随着电气电子工学和电气电子产业发展而发展。

2010年的世界医疗器械市场总额约21兆日元，其中美国和日本占全世界的50%，之后还会继续扩大。以下叙述关于医疗器械中的脑波计在日本生产的变迁。

在日本，作为工业产品生产的脑波计，从20世纪50年代开始由日本光电(以下简称N公司)和三荣株式会社进行生产销售。在其中的一段时间里，东芝、日立、夏普、岛津制作所也曾参与过脑波计生产，但大企业的脑波计生产却不顺利，被日本光电和三荣两家公司所束缚。2000年以后，日本光电成为日本唯一的脑波计生产商。从目前日本国内外使用脑波计的情况来看，其在日本国内市场的占有率为80%，全球市场占有率是20%。在本研究中将讨论日本光电脑波计生产的历史。

(1) 开创期：N公司在1951年生产了脑波计1号机(图2)。这个脑波计的放大部分使用了真空管。虽然采用了由用于高频切断的电容器(C)和电阻(R)组合而成的简单的一次滤波器，但是噪声的去除不充分。当时的脑波记录为了避免混入噪声，是在电波屏蔽的空间(布满铜线网的房间)进行的。也就是说，脑波计、脑波被检者和检测者都进入了屏蔽室进行了脑波记录。另外，脑波记录部分是用墨水在卷筒纸上记录的。之后，通过内置反馈型Ham滤波器，将放大器半导体化。与真空管时代相比，分类比有所改善，从而可以在没有屏蔽室的普通房间中进行测定。

（2）跃进期：之后，以提高脑波计性能为目标，进行研究开发，提高性能，优质脑波计的生产台数增加。20 世纪 80 年代初期，N 公司生产的脑波计的世界市场占有率为 80%。这个高占有率意味着，与其他企业生产的脑波计相比，它在性能上是优秀的。该脑波计具有优越性（图 3）的主要原因是采用了微机（Z80），将脑波计中的各种机械式开关取代为电子式开关。通过电子开关，脑波计的可操作性和功能性显著提高。因此，当时 N 公司的脑波计博得了很高的人气，占据了很大的世界市场。

图 2　脑波计 1 号机（ME-I）　　　　图 3　具有优势的脑波计（EEG 4200）

（3）停滞期：之后，随着研究机构对脑波研究的进展以及脑波判读结果临床应用的扩大，脑波计的需求在世界范围内增加，脑波计的生产台数也在持续增加。但是，到了 20 世纪 80 年代后半期，N 公司脑波计的生产、销售量的涨幅逐渐停滞不前，在世界市场上的占有率降低到 10% 左右，其最主要的原因是脑波计的功能落后。当时，国外优秀的脑波计连接了个人计算机，脑波记录处理相关的各种功能都有了显著的提高，但是与此相比，N 公司在脑波计上安装计算机的时间推迟了，因此导致了 N 公司的脑波计世界市场占有率下降。

（4）目前：在今天的脑波计（图 4）产品中，通过集成电路、电子开关、PC 的安装，生产出了放大、滤波、记录等性能达到世界领先水平的产品，世界市场占有率提高了 20%，切实实现了脑波计的开发、生产和销售。

这样看来，在脑波计的设计中，将电子学领域的新的优秀知识、先进技术准确地导入产品中，是非常重要的。

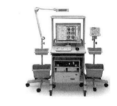

图 4　现在的脑波计（脑波计 EEG-1200）

（三）N 公司的产品开发与生产的理念

长期持续：N 公司于 20 世纪 50 年代作为医疗器械制造商成立，此后 60 多年一直致力于医学电子仪器产品的制作。今天，随着医疗的发展，生产了各种医疗器械，其中脑波计占了世界市场的 20%，生产台数居世界首位。占据首位的原因是脑波计的开发和生产持续了多年。另外，由于该特定领域的开发生产的持续，专业的医生、研究人员的信息也容易得到。通过这样的持续，可以确保积累更多的信息，能够很快地读取医疗现场的需求，以信息、知识、技术为基础，针对需求准确应对仪器开发和仪器生产。

本公司生产：脑波计由许多部件构成，具有放大、滤波、记录的功能。在 N 公司，从脑波计的基板制作到产品完成，全部由自己公司进行。如果只考虑经费，可以从外部低价购买零件，自己公司只进行组装，极端的情况下，只在自己公司进行设计，生产全部交给外部，更极端的是，自己公司只制定需求方针，设计和生产都交给外部等。但是，这是完全不同的企业方针。

本公司交货：将自己公司制作的脑波计产品直接交给终端用户，进行售后服务。这项工作既可以负责任地满足用户的真正需求，同时也有利于直接从用户身上获取新的重要需求。这些重要信息可以反映在下一个脑波计的设计和生产上。把这个产品直接交给最终用户，对生产企业来说意义很大。

员工的使用方法：追求员工制作的优势，让正式员工的比例增加，保证很多员工常年工作。因此，员工能够拥有专业意识，持续工作下去。这是制造好产品的一个重要因素。

二、脑波判读技术的发展

（一）脑波的临床利用

脑波分为觉醒时安静脑波、睡眠脑波、赋活脑波（外部刺激、过呼吸）等种类。因为可以通过脑波知道大脑的活动，所以各种脑波根据各自的目的应用在临床上。作为观察脑活动的手段，近年来CT、MRI等得到普及，这些仪器的输出结果多作为图像显示，具有明显的优点，作为各种生物信号的测量装置，在临床上被广泛应用。虽然脑波在脑各部位的空间分辨率方面不及上述仪器，但在时间序列中的时间分辨率高，能够知道每个瞬间的脑活动，而且装配也比上述仪器方便，因此可以用于实现记录。

脑波中最基本的觉醒时安静闭眼脑波和突发性异常脑波是不可或缺的脑波。除此之外，利用脑波的意义不胜枚举，如为了了解睡眠阶段和睡眠障碍的睡眠脑波，或者是可以判定脑死亡的脑波测量。作为今后的可能性，记录脑波也可以用于认知症的诊断和预测等。

（二）脑波判读技术的历史

到20世纪70年代为止，欧美在脑波研究和脑波相关技术上都很先进。而在日本，有能力的年轻研究者会去海外学习研究。他们先在海外学习，然后留在那里继续从事研究，学成后回到日本。有很多研究人员在脑波研究和技术方面取得了进展。

当初日本的脑波判读技术和临床神经的研究成果，是从海外学习到的。日本是追随海外的方法，但现在逐渐与欧美并驾齐驱。现在，脑波判读技术和临床神经的研究成果处于国际领先水平的研究者有很多。

（三）脑波研究的基础和现状分析

以前，从学习考虑，短时间内在脑波的研究、判读方面，吸收了来自海外的知识。今天日本的临床神经生理研究水平不亚于欧美，处于世界领先地位。实际上，在国际临床神经生理学联盟(International Federation of Clinical Neurology,IFCN)中,日本的学者也曾担任过会长,与欧美一起引领该领域发展。

试着思考日本脑波研究迅速发展的原因。在日本,医学教育很扎实,有很强基础能力的研究者非常积极。他们学习了新的脑波相关领域,迅速吸收欧美的脑波判读、脑波研究内容(外来知识),进而独自进行研究,成为世界顶尖的学者。也就是说,学科基础教育很重要。在日本,医学、工学的大学教育很扎实,培养了有丰富基础学习能力的人才,可以说是广义上的传统知识。

三、脑波自动判读系统的开发

(一)脑波自动判断系统的功能

前面已简单地叙述过,脑波的判读是非常复杂且困难的工作,只有接受过特别训练的人(脑波判读医生)才能完成。另外,从数十分钟到数小时的多频道(头皮上各部位)脑波时间序列中进行脑波判读,即使是熟练的脑波判读医生也需要很长的时间。因此,我们将讨论能够以完全自动的形式实现脑波判读工作的安静脑波综合自动判读系统的开发过程。下面首先介绍脑波自动判读系统的功能。

安静脑波的综合自动判读系统的功能是,在将记录脑波导入系统数秒后,系统自动解析所有的记录脑波时间序列,得出与脑波判读医生的脑波判读大致相同的判读结果,而且与判读医生制作的脑波判读报告书大致相同的脑波判读报告书会以完全自动的形式完成。图5所示的脑波自动判读报告书是以成人被检者的安静闭眼状态记录的20～30分钟的脑波记录数据为基础,通过脑波自动判读系统获得的结果的一部分。图5的左侧表示脑波时间系列5s的片段,右侧表示由脑波自动判断系统得到的脑波自动判读报告书。这个结果与专门的脑波判读医生制作的脑波视察判读的报告书几乎相同。

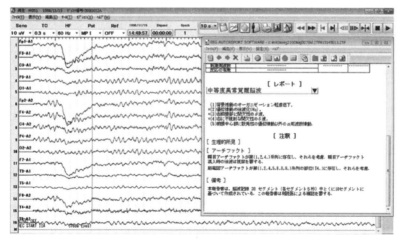

图5 脑波自动判读报告书

该脑波自动判读系统现在已经达到了作为脑波判读医生的辅助装置在临床现场得到有效使用的阶段。

（二）脑波自动判读系统的开发经过

上述脑波自动判读系统是由本文作者和柴崎浩教授共同研究完成的。回顾脑波自动判断系统开发的历史，1982 年两人相遇，在此后到今天的 33 年间持续进行医学研究（举办脑波分析研讨会，现在还在继续中），致力于临床生理的电生理学（主要是脑波分析）的研究课题——"脑波自动判读方法的开发"。

脑波自动判读的流程如图 6 所示，受检者的脑波、判读医生的视觉判读结果与自动判读结果尽可能一致，并对表现形式不断进行修改。

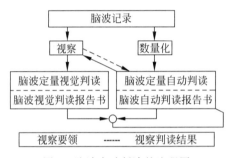

图 6　脑波自动判读的流程图

脑波的判读虽然非常复杂，但最初脑波判读医生 HS 制作了判读项目和与正常、异常的基准值相关的脑波视觉判读基准表，如表 1 所示。这张表将非常复杂的脑波判读整理成适当的项目，并将其基准用数量表示出来。这是表示用于定量判读脑波的一个基准的划时代的表。给出这张脑波判读表，工学方面的人员就可以理解这张表中各个项目的含义，并构建与之相应的公式。详细说明请参考文献[3～4]。另外，关于将脑波自动判读结果自动制作成判读报告书的形式，详细说明请参考文献[5～6]。简单地叙述要点后，根据判读医生所写的被检者的脑波判读报告书，提取整理在其中使用的用词。然后，将报告书的表现形式作为规则进行整理，制定出脑波判读报告书制作规则。也就是说，脑波自动判读报告书制作的一系列方法是制作脑波判读专用的自动翻译机。

表 1　脑波视察判读基准表

项　　目	分　　级			
	正常	轻度异常	中度异常	高度异常
主导波				
有无	有			无
Organization	0	1	2	3
左右差/%	<0.3	0.3～0.6	0.6～1.0	≥1.0
周波数/Hz	≥9.0	8.0～9.0	6.0～8.0	<0.6
左右差/Hz	<0.5	0.5～1.0	1.0～20	≥2.0

项 目	分 级			
	正常	轻度异常	中度异常	高度异常
主导波				
振幅/μV	<100	100~130	≥130	
左右差/%	<50	50~60	60~80	≥80
β波				
振幅/μV	<50	50~100	≥100	
左右差/%	<50	50~60	60~80	≥80
θ波				
持续/%	0	<5	5~50	≥50
δ波				
持续/%	0		<50	≥50
主导波以外的α波				
持续/%	<10	10~30	30~75	≥75

如上所述,脑波自动判读和脑波判读报告书制作的方法,通过集中性的组织,用大约2年时间大致确立了方向。但是在那个阶段的脑波自动判读系统中,理想情况下记录的安静闭眼脑波(没有噪声的混入,记录时处于安静状态的被检者确实保持清醒的脑波)才能够进行适当的自动判读。脑波是非常微弱的信号,除了脑波以外的各种噪声(肌电图噪声、瞬间噪声、电极噪声、电源噪声等)混入其中,即使在记录的时候特别注意,也不能完全排除这些噪声。熟练的脑波判读医生在脑波判读的过程中会发现这些噪声,考虑这些状况,可以做出脑波视觉判断结果。另外,进行安静觉醒时的脑波判定,记录时被检者的觉醒度有时会下降。觉醒度下降的入眠状态的脑波和觉醒脑波,即使是同一个被检者也可能有很大的不同。脑波判读医生在脑波判读时,从记录脑波中选择觉醒度高的区间,进行觉醒脑波的判定。为了自动进行与之等同的状态,必须通过记录脑波自动判断被检者的觉醒状态[5-6]。

能临床应用上述脑波自动判读系统的研究,解决了很多实际问题。通过这段时间的研究,很多学生在获得博士/硕士学位的同时,也倾注了很多努力来验证研究的结果(实用化)。最终,开发的"脑波自动判断系统"[7]自2000年以后,在日本全国数百家医院和研究机构中被使用,而且从2015年开始,英文版的海外脑波自动判断系统也投入使用。

（三）脑波自动判读系统的开发体制分析

从工学方面看上述的医工共同研究,从有能力的脑波判读医生(DHS和周围的医学研究者)那里学习到了脑波特性、脑波判读要领,但是从工学方面看,从医学方面学到的东西可以看作是外来知识。吸收这些外来知识,使工程方面的判读自动化成为可能。在此基础上,工学方面的研究者基本上已经熟练掌握了数学、信号处理、系统控制的内容。另外,通过与该领域专家充分的讨论,形成包括算法开发、编程技术的合作人员在内的开发团队。

四、脑波的研究开发和产业发展的传统知识解释

（一）研究开发和产业发展体制的构建

研究开发和产业发展体制的结构框架如图 7 所示，其中包括社会和组织，组织中有谋求研究开发和产业发展的领导和工作人员。根据需求，以外来知识和传统知识为基础，谋求研究开发和产业发展。该图与 ISHIK 2014 会议论文[11]中的图相同。

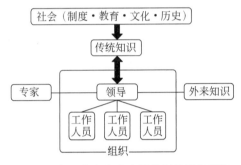

图 7　研究开发和产业发展体制的结构框架

当下的社会环境中，基于某个组织进行产品开发和生产。组织中有致力于课题的领导和提供支撑的工作人员。以领导为中心，领会当时期望的准确需求，引进外来知识，以原有知识为基础，谋求研究开发和产业发展。

在研究开发和产业发展中，领导的作用尤其重要。不管是研究领域、产业领域还是其他领域，都能迅速、准确地获取当时社会的需求，选择适当的课题。要实现课题，需要多方面人员组成的合作团队。明确的课题定下来后，进行相关周边的调查，从外部学习优秀的知识和成果，并以自己的潜在能力为基础进一步发展。从外部学来的知识和成果是外来知识，潜在能力是传统知识。

关于外来知识和传统知识，ISHIK 系列会议数年前就开始了相关的研讨。当初，说到外来知识就是从外国来的知识，说到传统知识就是日本自古以来形成的知识（智慧）。在对产业进展的历史考察中，外来知识比传统知识具有更广泛的意义。如果用传统知识进行解释，各种研究开发和产业的顺利发展都有其共通之处，在现在日本的研究开发和产业发展不太顺利的形势下，期望能从传统知识中找到适当的解决方法。

（二）脑波关联问题的传统知识解释

（1）脑波计生产（N 公司）：前面章节中讨论了脑波计世界市场的变化，其中有关于其他率先引进微机的电子开关化、推迟引进计算机等问题。通过分析看出，微机和 PC 等电子工学领域的技术，对于脑波计的制作，可以快速读取数据，具有很强的优越性。因此，如何快速将其应用于脑波计，是当时技术领先的重要手段。N 公司专门从事医用电子仪器生产，

并且生产和销售了 60 年的相关产品,可以很快把握当时医疗市场的需求,积累了很多技术信息,这对 N 公司来说是传统知识。

(2)脑波判读技术:1930 年以后的 30～40 年间,日本学者从欧美学习了脑波的相关知识和技术,欧美的脑波知识和技术属于外来知识。近年来,有能力的研究人员通过向欧美学习,使脑波知识和技术与欧美达到同样的世界最高水平。在吸收知识和技术能力的基础上,日本优秀的医学工学基础教育是很重要的原因。这个医学工学的基础教育可以看作是一种传统知识。

(3)脑波自动判读系统:通过医学工学的共同研究,从工学的角度考查研制的脑波自动判读系统。从工学方面来看,以脑波判读医生的视觉判读为主,关于脑波的所有知识都是外来知识。通过共同研究很快就捕捉到了脑波自动判读系统的必要性需求。在工学方面,能够准确地将判读医生的视觉判读要领用公式表现出来,是因为在大学充分学习了工学方面的数学、电子工学的基础。数学、电子工学的基础,从工学方面来看是传统知识。另外,在工学方面,在整理公式的同时适当地进行编程。作为研究,硕士、博士、本科生、年轻教师等工作人员的协助也很大。另外,拥有团队负责人和工作人员的大学组织,有助于开展自由研究。

(三)基于传统知识的问题解决

在上一节中,对本文所提出的脑波计生产、脑波技术、脑波自动判读进行了传统知识的解释。无论哪一个,都考察了历史性事物进展顺利的例子。但是,纵观周围,也会发现很多有问题的研究开发和产业。对于这种情况下的问题,期待通过本文原有的知识解释,找到解决问题的线索。企业的问题、研究教育机关的问题都与社会相关,都不可能独自解决,其中也有依赖国家政策的情况。但是,因为有很多事情可以解决,所以期待本文的讨论能成为解决的线索。并且期待在制定国策时,也能参考本论文的思考。

五、总　　结

本论文通过从事系统控制(工程)的作者的角度,对脑波计产业的发展、脑波判读技术的发展、脑波自动判读系统的开发进行了历史性的发展分析和传统知识的解释。

作者在 2019 年的 ISHIK 2014 会议上,就产业机器人的开发对安川电机株式会社进行了企业调查,并对脑波计的制造商日本光电进行了调查。在两个公司的研究开发与产业发展体制的结构框架中,找到了共同的现有知识和外来知识的解释。其共同点是,有社会和组织支持,组织中有谋求研究开发与产业发展的领导和工作人员,并且能够把握需求,以外来知识和传统知识为基础,具体地表现出了谋求研究开发与产业发展的意义。

本论文举出了发展顺利的例子,但是环顾四周,也会看到很多研究开发和产业发展存在问题。对于这种情况下的问题,期待通过本文原有的知识解释,找到解决问题的线索。这不仅适用于制造企业,也适用于从事研究开发的研究机构,以及构建人类幸福生活的社会政治体制。

致谢

在撰写本文时，马濑隆造（日本光电技术部长）、枪田胜（日本光电原技术董事）、白泽厚（Miyuki 技研副社长）在脑波计的历史、日本光电的企业调查中，提供了宝贵的信息，在此深表感谢。

参考文献

［1］ 白泽厚.医疗设备的历史——脑波计［J］.医疗器械,2005,31(343)：13-21.

［2］ 冈田正彦.生物识别设备及系统、生理功能检测设备：脑波计［M］.日本：科罗纳出版公司,2000.

［3］ 中村政俊,今城郁,柴崎浩,等.静息闭眼脑 EEG 综合定量自动判读［J］.医疗电子与生物工程,1991,29(3)：194-203.

［4］ Nakamura M,Shibasaki H, Imajoh K, et al. Automatic EEG Interpretation：A New Computer-Assisted System for the Automatic Integrative Interpretation of Awake Background EEG ［J］. Electroencephalography and clinical Neurophysiology,1992,82：423-431.

［5］ 中村政俊,柴崎浩,今城郁,等.如何在闭眼时自动创建背景脑活动的阅读报告［J］.脑电图和肌电图,1993,21(1)：47-56.

［6］ Nakamura M,Sugi T, Ikeda A, et al. Clinical Application of Automatic Integrative Interpretation of Awake Background EEG：Quantitative Interpretation,Report Making,and Detection of Artifacts and Reduced Vigilance Level ［J］. Electroencephalography and Clinical Neurophysiology, 1996, 98：103-112.

［7］ Shibasaki H,Nakamura M, Sugi T,et al. Automatic interpretation and writing a report of the adult waking ［J］. Electroencephalography and clinical Neurophysiology,2014,125：1081-1094.

［8］ 日本的光电制造［EB/OL］. www. nihonkohden. co. jp/manufacturing/quality/index. html.

［9］ 利用电子设备对抗疾病［EB/OL］. www. nihonkohden. co. jp/information/pdf/corporateprofile_2014. pdf

［10］ 柳泽信夫,柴崎浩.临床神经生理学［M］.日本：医学书院,2008.

［11］ Nakamura M,Shukaku K. History of Industrial Robot Development and its Relation to Indigenous Knowledge—A Production System based on Indigenous Knowledge ［C］//Proceedings of the International Symposium on History of Indigenous Knowledge(ISHIK),Saga,Japan,26-28 October 2014：78-84.

日本嘉濑川和绿道川传统防洪技术的比较

大串浩一郎

佐贺大学大学院工学系研究科教授

摘要：17世纪，在日本佐贺平原的嘉濑川流域，日本防灾技术小组（包括首席 Hyogo Naritomi）实施了全面的防洪措施。另外，16世纪末和17世纪初，在熊本平原的菊池川、白川、绿道川和球磨川等流域，封建领主 Kiyomasa Kato 等开始采取全面的防洪措施。目前，尚有一些历史遗留下来的防洪设施，其中一些防洪减灾设施仍然有效，找出并修复这些遗骸、弄清它们的功能以考虑将来的防洪措施，包括集水流域的运作，是非常有用的。本研究通过文献综述、实地调查和水力模拟，比较了嘉濑川与绿道川之间的传统防洪技术。

为了估算传统技术的防洪功能，我们对绿道川进行了一维水力计算，利用计算的结果，详细研究了传统技术对河流流量的影响。Kutsuwa-Domo 作为减少洪水灾害的传统技术，考虑了河滨缓速盆地和河道平移。基于先前考虑了传统防洪技术对佐贺平原嘉濑川水力模拟的研究，将绿道川的模拟结果与佐贺平原嘉濑川的模拟结果进行了比较。

在佐贺县和熊本平原实施的全面防洪对策是一种将各防洪设施与有效对策配合的系统。Kutsuwa-Domo（熊本平原的河滨缓速盆地）的功能已部分阐明。这种对策可以降低流速，并可以有效地保护河流的薄弱环节。转移河道可以保护居民区，但是有必要通过其他类似 Kutsuwa-Domo 的工作来分散风险。

关键词：集水流域的运作，传统防洪技术，嘉濑川，绿道川，未来防洪，精巧知识

一、引　　言

17世纪，在日本佐贺平原的嘉濑川流域，日本防灾技术小组（包括首席 Hyogo Naritomi[1]）实施了全面的防洪措施。佐贺平原的河中或河附近有许多防洪减灾设施，例如，曾经有许多缓速盆地、溢流堤（Nokoshi）、防洪林带和居民区的辅助堤防。本文逐渐阐明了整个流域的原始防洪技术以及这些防洪减灾设施的协作。

另外，16世纪末和17世纪初，在熊本平原的菊池川、白川、绿道川和球磨川等流域，封

建领主 Kiyomasa Kato 等[2,3]开始采取全面的防洪措施。

在战国时期和江户时代初期，各国的领主都采取了许多全面的防洪措施。目前，尚存有一些防洪设施，可以看作是历史遗迹，其中一些防洪减灾设施仍然有效。2000 年，日本的河务委员会报告了"有效防洪的理想方法，包括集水流域的运作"[4]。在报告中，他们不仅讨论了普通河岸工程的防洪措施，而且还讨论了超过设计水平的洪水减灾措施。找出并修复这些遗骸并弄清它们的功能，以考虑将来的防洪措施，包括集水流域的运作，是非常有用的。

本研究通过文献综述，实地调查和水力模拟，对嘉濑川与绿道川之间的传统防洪技术进行了比较。

二、研究领域：绿道川流域和嘉濑川流域

（一）绿道川流域

绿道川是日本的 A 级河流之一，流经熊本平原。这条河的主干河道长约 76km，其流域面积约 1100km^2。该地区的人口约为 52 万。在约兰，绿道川的设计流量峰值为 5300m^3/s，距河口的距离为 13.4km，而绿道川大坝控制的流量为 1100m^3/s。该河的支流是米芬川、嘉濑川（这是另一个嘉濑川，与（二）中介绍的嘉濑川同名）和哈马多里川。它们的最高设计排放量分别为 1200m^3/s、1100m^3/s 和 600m^3/s。绿道川的下游受到有明海浪潮的影响，经常发生淹没灾难。从战国时代到江户时代初期，管理这条河的领主是 Narimasa Sassa、Yukinaga Konishi、Kiyomasa Kato、Tadahiro Kato 以及 Hosokawa 家族。包括绿道川在内的熊本地区的旧地图绘制于 Keicho 时代（1596—1615 年）和 Shoho 时代（1644—1648 年）。两幅地图之间的比较显示，绿道川的河岸工程是由 Kato 家族完成的。他们利用今昔地图、航拍照片等来估算绿道川流域的防洪减灾减灌设施的分布。领主 Kiyomasa Kato 对绿道川的主要河岸工程如下[3]。

（1）Kiyomasa 堤是嘉濑川的右岸（嘉濑川没有左岸）。

（2）将米芬川的合流从嘉濑川转移到绿道川。

（3）Hachiryu 堤和 Daimyo-Domo 堤是米芬川的右岸。

（4）Kutsuwa-Domo 是一种河滨缓速盆地。

在这项研究中，我们以 Kutsuwa-Domo 和转移米芬川为重点进行了分析。图 1 显示了绿道川中的 Kustsuwa-Domo 的位置。其中的 3 个 Kutsuwa-Domo——Ei、Medo 和 Kuwazuru，恰好位于绿道川和米芬川的汇合点的下游。

（二）嘉濑川流域

嘉濑川也是穿越佐贺平原的日本 A 级河流之一。这条河的主干河道长约 57km，集水盆地面积约 368km^2。该地区的人口约为 13 万。在距进水口 16.6km 的看津桥，嘉濑川的最高设计流量为 3400m^3/s，嘉濑川大坝（正在建设中）的排水量为 900m^3/s。这条河的主要

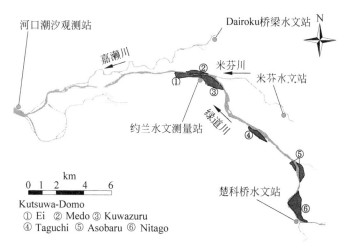

图 1　Kutsuwa-Domo 在绿道川和水文站中的位置

支流是剑川,其高峰设计流量为 $400 \mathrm{m}^3/\mathrm{s}$。与绿道川的情况相比,嘉濑川受有明海浪潮的影响更大,防洪工作也将更加困难。从战国时代到江户时代初期,管理这条河的领主是 Takanobu Ryuzoji 和 Naoshige Nabeshima。在江户时代,Nabeshima 家族一直管理着佐贺县(Hizen 宗族)的嘉濑川等河流。在佐贺平原,Hizen 宗族的首席兼河流工程师 Hyogo Naritomi 在江户时代初期做了许多河岸工程。Hyogo Naritomi 在嘉濑川采用的典型防洪减灾设施和对策如下[1]。

（1）溢流堤(Nokoshi)。

（2）防洪林带。

（3）居民区辅助堤(Mizuuke-tei)。

（4）河滨缓速盆地。

（5）各种用途的分散式住宅缓速盆地。

（6）采用加权土地税的土地利用区域规划。

图 2 显示了嘉濑川防洪减灾设施的位置。如今,这些溢流堤已不存在,为了保护所有居民区和其他有用土地免受洪水侵害,政府改变了政策。在图 2 中,未显示分散的住宅缓速盆地,但我们认为这些缓速盆地能通过与其他设施(如溢流堤、河滨缓速盆地、居民区辅助堤等)协作的方式来减少洪水灾害。因此,在 17 世纪初,该地区采用了集水流域作业。此外,在 17 世纪,对于发生洪灾可能性很高

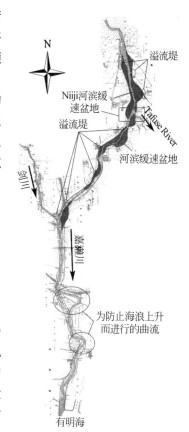

图 2　嘉濑川防洪减灾设施的位置

的地方,该地区的氏族降低了土地税。人们认为政府本身已经指导了集水流域的运作,并有意分散和减少洪水风险。这些操作不仅是为了减灾,而且溢出的河水可能从上游带来肥沃的土壤,使洪水经过的土地更加肥沃,农作物产量增加。

三、绿道川洪水的水力模拟

为了估算传统技术的防洪功能，对绿道川进行了一维水力计算。我们利用计算结果，详细研究了传统技术对河流流量的影响。Kutsuwa-Domo 作为减少洪水灾害的传统技术，考虑了河滨缓速盆地和河道平移。在与米芬川汇合点上游的绿道川中，存在着数个 Kutsuwa-Domo。如今，这些 Kutsuwa-Domo 几乎因为河岸作业全部丢失，但是使用 GIS 恢复了多个 Kutsuwa-Domo。在这项研究中，模拟了 6 个 Kutsuwa-Domo，名称依次为 Ei、Medo、Kuwazuru、Taguchi、Asobaru 和 Nitago。

使用 MIKE11 软件作为此仿真的数值模型，求解的方程是一维横截面平均方程。计算出的伸展度包括 3 个范围：第一个是从河口(0km)到通往绿道川的楚科桥(27km)；第二个是从合流点(0km)到通往嘉濑川的大麓桥(11.3km)；第三个是从米芬川的汇合点(0km)到米芬川上游(5.4km)。所有河流的计算间隔均为 200m。嘉濑川的汇合点与绿道川的河口相距 5.0km。米芬川的汇合点与绿道川的河口相距 14.8km。

在上游边界给出了排放水文图，在下游边界给出了水位水文图。参考数据是 1990 年 7 月 2 日观测到的在边界处给出的排放水文图和水位水文图。其他计算方案均基于 1990 年的洪水。它们是在 1990 年通过扩展水文图而获得的。如图 3 所示，绿道川的峰值流量约为 $3200\mathrm{m}^3/\mathrm{s}$。

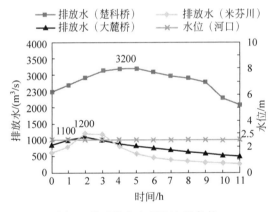

图 3　模型洪水案例的边界条件

图 4 是从 1990 年洪水得到的水位纵向剖面图(楚科桥站的洪峰流量约为 $1211\mathrm{m}^3/\mathrm{s}$)。最大水位的计算剖面与所跟踪的表面高度一致。目前，仅保留了 Ei 和 Medo 的 Kutsuwa-Domo，因此该模拟仅考虑了两个河滨缓速盆地。作为参考，其他 Kutuwa-Domo 在同一图中表示。

图 5 显示了利用楚科桥站设计的高排水量($3200\mathrm{m}^3/\mathrm{s}$)的峰值排水量以及从扩展水文图的结果中获得的水位纵向剖面。水位超过了河滨缓速盆地的地面高度，某些上下游水位也超过了堤防高度。在图 5 中，案例 A 表示只有 Ei 和 Medo 作为 Kutsuwa-Domo 存在。案例 B 表示所有 Kutsuwa-Domo 存在。结果 A 和 B 之间的差异仅在上游边界附近的水位处

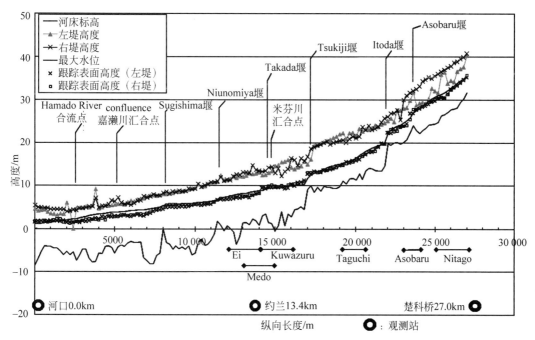

图 4　通过 1990 年洪水的一维计算获得的水位纵向剖面

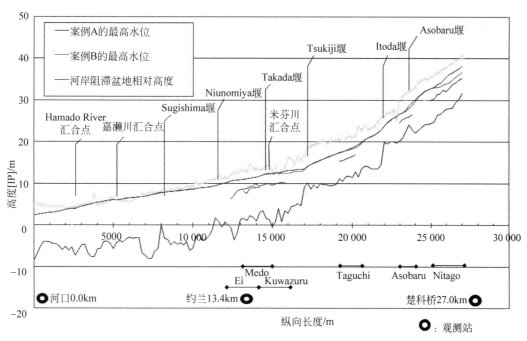

图 5　通过一维计算获得的峰值设计流量得到的水位纵向剖面

可见,但两个结果几乎相同。这两种情况下,在 Kutsuwa-Domo 中都可以看到水速显著下降。特别是在 Nitago Kutsuwa-Domo,平均水速降低到 45%,降低的原因是 Kutsuwa-Domo 扩大了河宽,横截面面积急剧增加。另外,约兰站的水位降低幅度非常小,几乎看不到排放量减少。

对这些案例的第二个比较是将米芬川河道移至绿道川的影响。许多 Kutsuwa-Domo 的修建是从米芬川的汇合点到上游，原因之一是转移河道。计算结果表明，Kuwazuru Kutsuwa-Domo 具有将水位降低 0.5m 的功能，此功能与转移米芬川河道的功能相同。但是，建造另一个 Kutsuwa-Domo 的原因尚不清楚，因为另一个 Kutsuwa-Domo 降低水位的效果与 Kuwazuru 不同。

四、比较佐贺平原的绿道川和嘉濑川水力模拟的结果

基于先前对佐贺平原嘉濑川水力模拟的研究，并结合传统的防洪技术，将绿道川的模拟结果与佐贺平原嘉濑川的模拟结果进行了比较[5]。

（一）水位和流速的纵向剖面

在这两种情况下，在河滨缓速盆地都观察到水位下降，这一点由横截面积的增加来解释。水位的降低导致防洪堤失效。然而，水位降低的幅度很小。

在 Kutsuwa-Domo 所在的位置，和嘉濑川的 Niiji 河滨缓速盆地一样，流速急剧下降。河滨缓速盆地的目的可以解释为保护河流的薄弱点，例如弯曲的河道、汇合点、河流结构等。

（二）改变河流的河道

在这两种情况下，都可以看到水道的移动。在绿道川中，嘉濑川和米芬川被转移并改道以保护包括氏族城堡在内的居民区。Kutsuwa-Domo 被认为是为了驱散洪水而建造的，以便减少下游负荷。在佐贺平原的嘉濑川中，嘉濑川本身和剑川也被转移并改道以分散洪水的风险。在剑川与嘉濑川的汇合点的上游建有许多缓速盆地。

五、结　　论

在这项研究中，通过文献综述、现场调查和水力模拟，对嘉濑川和绿道川之间的传统防洪技术进行了比较讨论，得到以下结论。

（1）在 17 世纪初期，日本在佐贺县和熊本平原实施了全面的防洪措施。这些措施是一种将各个防洪减灾设施与有效对策配合的系统。

（2）Kutsuwa-Domo（熊本平原的河滨缓速盆地）的功能已部分阐明。这样可以降低流速，并可以有效地保护河流的薄弱环节。转移河流的水道可以保护居民区，但是有必要通过其他类似 Kutsuwa-Domo 的工作来分散风险。

参考文献

［1］ Kishihara N. A study on finding and restoration of catchment basin operation against flood in Edo era and its present use［M］//Ohgushi K. A Study on Collaboration of Traditional Technology of Flood Control in Saga Plain and Formulation of Waterside Environment Using River and Watercourse. Report of Joint Research Project on Collaboration Policy of River Basin Management and Regional Planning.

［2］ Takebayashi S. Genealogy of God for Flood Control，Shingen，Kiyomasa and Hyogo Naritomi［M］//Ken-ichi T，Kiyomasa K. Castle Construction and Flood Control. Tokyo：Toyamabo International，2006.

［3］ Kiyomasa Kato. Building of Rivers and Towns［R］. Japanese：Committee of Collection for Public Works，1995.

［4］ River Council in Japan. The Ideal Method of the Effective Flood Control Including Catchments Basin Operations［EB/OL］. http：//www. mlit. go. jp/river/shinngikai_blog/past_shinngikai/shinngikai/shingi/001219index. html.

［5］ Kuroiwa. A Study on Traditional Technology of Flood Control in Saga Plain ［M］. Japanese：Saga University Graduate School of Science and Engineering，2008.

幕末明治时期日本摄影技术相关资料的分析化学研究

脇田久伸[1] 市川慎太郎[2] 栗崎敏[2] 沼子千弥[3]

1 佐贺大学同步加速器光应用研究中心

2 福冈大学理学部　3 千叶大学大学院理学研究科

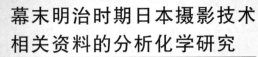

摘要：在幕末期，日本引进的西方技术中形成鲜明对比的是铁制大炮制造技术和摄影技术。铁制大炮制造技术是关系藩与国家存亡的文明技术，而摄影技术可以说是个人喜好色彩浓厚的文化技术。尽管这两种技术都需要高度的化学知识，但在幕末明治时期日本就引进并实现了商品化。对于大炮，就像已经报道过的那样，本土知识的存在使得接收该技术变得容易。而在西方照片的发展始于 19 世纪中期，是一种新的化学技术。本文将以长崎的上野彦马和尾张藩主德川庆胜为例，探讨日本引进这项技术的过程。本研究采用不对资料造成损伤的荧光 X 射线分析法对上野彦马和德川庆胜的照片及摄影笔记进行了化学分析研究。

关键词：幕末明治时期，摄影技术，上野彦马，德川庆胜，分析化学，荧光 X 射线

一、前　　言

我们对被认为是在军事紧张的幕末明治时期以佐贺藩为中心制造的大炮和炮弹的材料进行了科学的分析，以判定材料是国产的还是进口的为目标，采用荧光 X 射线分析法和作为微量成分分析法的 ICP-MS 法进行了分析。

日本自古以来就有利用砂铁铸造刀等铁制品的历史。铁制枪炮在 16 世纪从种子岛传入日本，在整个江户时期，日本国内以国产砂铁为原料制造了很多枪炮。因此，到幕末为止，已经积累了制造大炮所需的相当丰富的本土知识。

在制造刀剑和铁制枪炮的炼铁操作中需要氧化还原等化学反应相关的知识。但是炭这种还原剂在日本不需要特别的化学知识就能得到并使用。因此，制造大炮的困难在于，为了炼钢如何利用木炭等得到 1200℃以上的高温。这也是幕府末期建造反射炉的原因之一。

而幕末明治时期作为文明的工具从海外流入的摄影技术却需要学习当时在国内不曾有过的化学药品类及使用这些药品进行的显影、定影等技术，也就是光化学相关的知识。

摄影技术的发展在西方也比较缓慢。大炮制造技术是关系国家命运的重要技术,而照片由于被认为是肖像画和绘画的延伸,在发明之初具有很强的兴趣性和文化性的因素。因此,摄影技术是根据个人的兴趣爱好发展起来的。

本研究主要围绕长崎的上野彦马和尾张藩主德川庆胜的周围进行了总结[4-5]。本研究中,与本土知识对大炮制造的影响作对比,分析本土知识在学习摄影技术方面的影响。

二、世界摄影技术的发展

幕末明治时期的摄影主要是以针孔像开始的摄影技术,通过映描暗箱投影的像得到与实景相似的绘画。氯化银和卤化银等银化合物在感光时颜色发生变化是自古以来就被熟知的现象。然而,银的感光现象的发现,被认为是指 1724 年约翰·海因里希·舒尔茨发现银和白垩(白垩,碳酸钙,$CaCO_3$)的混合物在光照下变黑的现象。

1827 年,约瑟夫·尼塞福尔·尼埃普斯(法国)将沥青涂在白镴($Sn:Pb=4:1$ 的合金)板上,利用沥青的光硬化现象进行了针孔像的定影,在世界上首次成功地拍摄出照片。后来,尼埃普斯还使用了舒尔茨的感光剂。

1833 年,路易·雅克·曼代·达盖尔以尼埃普斯的笔记为基础,有了重要的发现。他发现将银暴露于碘蒸气后进行曝光,就会得到潜像,之后再接触水银蒸气,就会出现清晰的像。这大大缩短了曝光时间。显影后用盐水浸泡,像就能固定下来,即使在光照下也不会发生变化。

1839 年,达盖尔发明了将碘化银涂在铜板上的方式,并发明了被称为达盖尔式摄影法的方法。这个发明导致了肖像照片的大流行。

1840 年左右,威廉·福克斯·塔尔博特发明了卡罗式摄影法,并取得了专利。卡罗式摄影法是在涂有氯化银的感光纸上得到负像,又将负像紧贴在另一张感光纸上得到正像的方法。只要有负像就可以复制出任意数量的正像,利用这个复制能力,在世界上首次出版了写真集。

1851 年,弗雷德里克·斯科特·阿切尔发明了火棉胶法(湿式火棉胶法)。火棉胶法使用玻璃板作为负版,涂以火棉胶(低氮硝化纤维素,是硝化纤维素的一种,溶于乙醇、乙醚混合溶剂)和碘化钾的混合物,作为感光剂再涂上硝酸银溶液,干燥前进行摄影,并立即显影和定影。由于摄影时间锐减到 10 秒左右,因此使拍摄动态影像成为可能,出现了记录、报道照片。

三、日本的代表性摄影技术[3]

这里叙述日本的摄影技术的发展。1843 年被带入日本的摄影器材被认为是摄影在日本的开端。居住在长崎的上野彦之丞首次在日本进口了达盖尔式照相机[4],但是没有保留下来照片。

1848 年，岛津齐彬入手了达盖尔式的摄影器材，并命令藩士宇宿彦植右卫门学习摄影技术，于 1857 年成功在自藩摄影。

1860 年，自由职业者在横滨开了照相馆，鹈饲玉川从这里购买了摄影器材，第二年在药研掘开了照相馆。

1861 年，尾张藩主德川庆胜用湿式火棉胶法成功拍摄了自己的肖像照片。庆胜和岛津齐彬等作为摄影大名努力学习了摄影技术。值得一提的是，德川庆胜记录自己学习摄影技术期间的细节的两本笔记保留至今。笔记本上有实验家进行实验时经常会用的药品的斑点。本文第 5 节介绍了采用荧光 X 射线分析法对这些斑点进行分析的结果。

上野彦马经过刻苦学习，终于掌握了火棉胶法，开始经营摄影局。彦马的摄影技术被自己的儿子和弟子继承，他们在各处开的照相馆生意都很兴隆。本文第 4 节中对流传至今的数张上野彦马的摄影照片底纸背面的变迁进行了分析。

与这些系谱不同，1862 年下冈莲杖在横滨、1863 年堀与兵卫在京都寺町通、1864 年木津幸吉在函馆相继开设了照相馆。

四、上野彦马的摄影技术[4-6]

（一）彦马的摄影技术的变迁

彦马的父亲上野俊之丞在长崎学习过兰学（注：18～19 世纪，通过荷兰传入日本的西方科学文化知识），精通西洋理化学。他设立了硝石精炼所，并担任萨摩藩等的烟硝御用。

1855 年，幕府在长崎开办了第一期海军传习所（为期 4 年，传习生监为胜海舟），兰馆医方·登堡讲授医学、化学、物理、测量、数学、煤炭矿井法、炼铁方法等。第二次海军传习所医官是 1857 年到达出岛的 29 岁的庞培·范·梅德堡。上野彦马作为自费生入所，与将军御医之子松本良顺、官费生津藩堀江锹次郎、佐贺藩中村嘉助等开始了摄影研究。庞培在舍蜜试验所教舍密学（化学）。

彦马一边向庞培、松本、堀江等学习摄影技术，一边开始合成用于湿式火棉胶法的药品。他合成了酒精、硫酸、氨、氰化钾等，进而利用这些合成了火棉胶液，又用自制的暗箱在湿版玻璃负板上进行了摄影、定影，并获得了像。1859 年，彦马和堀江一起向法国摄影师罗西学习了透镜和连接焦点的原理，掌握了新的技术。

1861 年，堀江的藩主购入了英国制造的最新式摄影器械。彦马和堀江一起被津藩主命令使用这个器材前往江户进行摄影。他们在江户进行了很多摄影和摄影技术的指导，并且应津藩主的邀请，和堀江一起在津的藩校有造馆教授兰学。彦马使用了化学书作为教材。执教期间，与堀江共同出版了由三卷组成的日本版化学教科书《舍密局必携》。这套书中有关于化学当量的记述，用符号表示元素、无机化学与有机化学的区别、使用分子式、化学方程式等值得关注的地方，此外还详细介绍了湿版摄影技术。这套书由江户、京都、大阪的书店负责发行。

1862 年，回到长崎的彦马开了一家照相馆。后成为日本药学之祖的长井长义也在彦马的门下学习了摄影技术和化学[6]。

（二）彦马的照片

彦马的照片留给了亲属,作为幕末明治时期的记录照片而广为人知[7]。

当时,相纸使用了被称为鸡卵纸的纸。但是,由于这种纸太薄,需要贴在底纸上,因而不好使用。底纸不仅仅是为了加固鸡卵纸,背面还用来标记照相馆和摄影师的名字。从明治初期开始,上野摄影局底纸的背面不仅有摄影局的签名,还进行了豪华的设计。这个设计有一定的使用期限,通过设计就可以确定拍摄的时期[4]。另外,由于鸡卵纸很薄,当时使用的药剂往往会渗透到底纸上,通过分析这些斑点,可以确定当时的药剂种类。我们为了做这样的分析,从彦马的亲属那里借到了几张照片。

首先,图1是照片的正面。从服装可以推测拍摄时期为明治初期(这里不去确认被拍到的人)。

图1　彦马摄影局照片的正面

图2是图1的背面,是由摄影局的名字、地点和4枚奖牌(徽章)组成的设计。这些奖牌是明治十三年和明治十四年彦马在国内劝业博览会上获得的奖牌。背面有正面所没有的污点(圆圈),经过分析可以判断出是单纯的污点还是照片显影时的药剂,以及如果是药剂又是何种药剂。

另外,在图3所示其他照片的背面有与图2相同的设计以及铅笔的书写(圆圈)。从所写内容可以确定详细时期。我们也曾试图对这个背面所能看到的污点(圆圈)进行荧光X射线分析。但是后述德川庆胜笔记的分析结果说明,便携式荧光X射线的灵敏度很难进行精确的分析,因此我们决定用更高灵敏度的荧光X射线装置进行分析。

图2　彦马摄影局照片的背面

图3　彦马摄影局另一照片的背面

五、德川庆胜的摄影技术

（一）尾张藩主德川庆胜的摄影技术

尾张德川家的分支高须松平家第10代当主义建有被称为高须四兄弟的孩子，他们都成了德川一族的藩主，并在幕末动乱时期担当重任。本文不涉及政治而重点讨论作为摄影技术家的庆胜。

1858年"安政大狱"时，庆胜被赶下尾张藩主的位子，被命隐居、禁闭（庆胜35～38岁的4年），直到1862年。隐居在户山下宅邸的庆胜开始学习摄影技术。1861年，他在37岁时成功拍摄了湿版肖像照片，1862年亲笔写了4本笔记（现存的庆胜照片研究史料多达30件）。重回政治舞台的庆胜在幕末的政治斗争中就任第一次长州征讨总督。前往长州时，他还带着摄影器材，拍摄所谓的战场照片。

拍摄于这一时期之后的现存照片是明治十年以后的照片，说明了庆胜在幕末、明治初期的繁忙状态[8-11]。

据说庆胜在拍摄照片的时候会附上摄影记录，后期再做成火棉胶反色版，将其嵌入泡桐相框直接成像。火棉胶反色版法是火棉胶法的一种，是在用火棉胶法制作的玻璃负像上涂上香脂涂层使图像显得如正像般清晰的方法。几位藩士跟随庆胜学习摄影技术，并致力于购买药剂和引进知识。据说他们不仅从摄影大名之间的交流中学到了技术，也从市井摄影师那里学到了摄影技术。

本文不涉及庆胜的大量照片，而是从30份史料中，选取他亲笔所写的实验笔记《真写影镜秘传》和《旧习一新记》作为研究对象。这些笔记的详细内容请参考文献[9-11]，其中含有化学知识的部分内容，以及制造酒精、火棉胶、碘、银液等方法的概要，还包括镜头尺寸等的记载。笔记有很多片断性的记述，也有详细叙述的部分，特别是对来自长崎等最新信息发信地的信息进行了详细的叙述。拿起实物，实验笔记上有很多被认为是实验过程中洒出来的药品引起的斑点，也有明显的气味。我们把设备带到保存着实验笔记的德川林政史研究所，对这些斑点进行了分析。

（二）德川庆胜实验笔记的荧光 X 射线分析

利用便携式荧光 X 射线装置（NITON XL3t-950S）在空气中将光束直径设置为 8mm 进行了分析。检测器是 SDD，对阴极是 Ag。在测试过程中，为了不损伤史料，在测试处放上石蜡纸，在石蜡纸上紧贴装置的测试窗进行实验。还进行了石蜡纸的背景测量和无斑点的地方的参照分析。另外，以事先阅读史料所得药材信息为依据，制作了标准样品，并利用标准样品进行了设备的检测。图 4 所示为根据分析结果所生成的光谱。

光谱的测试位置和分析内容的概要如下。

（1）只列出有可能含有的成分，对峰小而难以判断的加了括号。

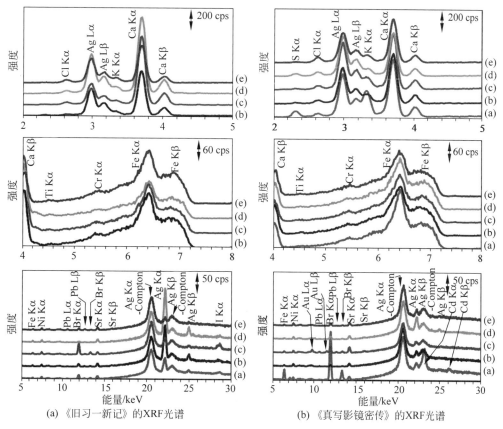

(a) 《旧习一新记》的XRF光谱　　　　(b) 《真写影镜密传》的XRF光谱

图 4　光谱测试

（2）Ag 多来自于管球的靶材，即使样品中含有少量的 Ag 也很难判断。

（3）Ti、Ni、Cr 在所有样品中的强度相同，可能来源于设备或测量环境。与背景光谱相比较，可以判断特征峰是来自设备还是样品。

图 4（a）《旧习一新记》的 XRF 光谱如下。

（1）有"アーテル"这个词的句子旁边"テ"字旁边的污点，可能含有的成分为 Fe、Ni、Pb、Br、Sr、I。

（2）有"水 7 オンス"这个词的句子，"種"字旁边的污点，可能含有的成分为 Cl、K、Ca、(Ti)、Cr、Fe、Ni、Pb、Br、Sr、Ag、I，Ag 的 K 线和 L 线的强度比其他样品高，所以可判断含有 Ag。

（3）"勾"字本身可能含有成分为 Cl、K、Ca、(Ti)、Cr、Fe、Ni、Pb、Br、Sr、I。

（4）"カラス銀"这个词旁边的黑色污点的部分，可能含有的成分为 Cl、K、Ca、(Ti)、Cr、Fe、Ni、(Pb)、Br、Sr、Ag、I。Ag 的 K 线和 L 线的强度比其他样品高，所以可判断含有 Ag。

（5）版权页上方的污点可能含有的成分为 Cl、K、Ca、(Ti)、Cr、Fe、Ni、Pb、Br、Sr。

图 4（b）《真写影镜密传》的 XRF 光谱如下。

（1）有"ソッフルアイロン"这个词的句子下方有黑色污点，只有这个样品中出现了 Cd 的光谱，Cd Kα(与 Ag Kβ 的高能量测重叠)和 Cd Kβ。可能含有的成分为（S）、Cl、K、Ca、(Ti)、Cr、Fe、Ni、(Pb)、Br、Sr。

（2）有"紙の法"这个词的句子旁边的污点,可能含有的成分为(S)、Cl、K、Ca、(Ti)、Cr、Fe、Ni、(Pb)、Br、Sr。

（3）有"ホロールホルム"这个词的句子旁紫红色的污点,可能含有的成分为(S)、Cl、K、Ca、(Ti)、Cr、Fe、Ni、Au、Pb、Br、Sr。出现了 Au Lα 和 Lβ 的光谱,含有 Au。

（4）有"薬順"这个词的句子旁褐色的污点,可能含有的成分为 S、Cl、K、Ca、(Ti)、Cr、Fe、Ni、(Pb)、Br、Sr。

（5）有"カラス寫"这个词的句子所在页面上方的污点,可能含有的成分为(S)、Cl、K、Ca、(Ti)、Cr、Fe、Ni、(Pb)、Br、Sr。

可从分析结果得出的有趣的结论为

（1）从《旧习—新记》XRF 光谱(2)和(4)的结果可以判断这些页面上存在的大量黑色污点是由含有 Ag 化合物的溶液所致。Ag 是必须用到的摄影药剂,可以证明庆胜本人将其用在实验中。

（2）《真写影镜密传》的 XPF 光谱中(1)的黑色污点和(3)的紫红色污点的分析结果非常有趣。从(1)的结果中可确定 Cd 化合物的存在,从(3)的结果中可确定 Au 化合物的存在。这些药剂都有采购记录,分析结果进一步说明这些药剂确实存在并被用于实验。

六、摄影技术和本土知识

上野彦马从 14 岁开始在广濑淡窗的咸宜园学习了 4 年的汉学。这期间日本迎来了《美日和亲条约》的签署和开国。1856 年他回到长崎,向大通词名村八右卫门学习荷兰语。接着彦马与津藩士堀江等一起向 1858 年左右来到日本的庞培学习化学,并对摄影产生了兴趣(此时彦马 20 岁)。彦马在庞培的协助下开始制作摄影技术所需的药品,然后用自制的暗箱在湿版玻璃负板上进行摄影、定影,并得到像。1859 年,彦马和堀江一起向法国人罗西学习了透镜和连接焦点的原理,1861 年在江户使用津藩购买的照相机进行了摄影。

彦马以上述经历中获得的知识和经验为基础,摘译了《舍密局必携》,并在津藩的讲义中作为化学教科书使用。他摘译的可能是几本西方化学书的部分内容,同时也使用了古舍密学者不曾提出的化学术语,详细叙述了自己的摄影技术等,超越了翻译化学的范畴。彦马从原来的本体知识兰学开始,同时也迈出了产生新的本土知识的一步。

关于德川庆胜,虽然本文主要介绍了他作为摄影技术家的一面,但在面临幕府末期危机时,他作为藩主为了保卫国家,也曾努力学习和修炼大炮制造和军事技术。通过军事技术和摄影技术,切身感受到与海外的文明差异和水平差距,可能也是使幕府内部做出开国决定的原因吧。从这一点看,可以认为摄影技术曾是使人切身感受到外国文明和本土文明之间质的差异的工具。

幕府末期有很多对摄影有兴趣的大名,他们被称为摄影大名。有趣的是,政治史上出现的"一桥派"的雄藩大名岛津齐彬、伊达宗城、黑田长溥等都是摄影大名[8-11]。从幕府末期到明治时期的动荡期,摄影也可能起到了避免日本分裂的纽带作用。摄影大名们积极学习摄影技术的主要原因可能是觉得他们具有成熟于江户时期的开明思想(作为思想的本体知识）。

本文是对历史史料直接进行化学分析的第一例，定量分析结果将在后续文章中报告。

致谢

本文的研究过程中受到了以下各位的关照。首先，感谢为我们提供上野彦马照片的彦马的子孙们。另外，感谢为德川庆胜笔记的 XRF 分析提供方便的德川林政史研究所。最后进行本研究的一部分经费来自平成 27—29 年度科学研究费补助金（基础研究（B））（课题编号 15h02943），特此感谢！

参考文献

[1] Kurisaki，Satoshi Y，Numako C，etc. X-Ray Fluorescence Analysis and ICP-MS Analysis of Trace Amount Rare Earth Elements and Yttrium for Several Cannonballs Employed at the End of Edo Period and Meiji Period ［C］//Proceedings of the 6th International Symposium on History of Indigenous Knowledge，2016：34-40.

[2] 佐佐木.火绳锁的介绍及技术[M].日本：吉川广文馆，2003.

[3] 远藤由香里.摄影史：知识的发现[M].日本：曾玄社，2003.

[4] 小泽武史，上野一郎.江户时代末期摄影师上野彦马的世界[M].日本：山川出版社，2012.

[5] 八幡正夫.江户时代末期的职业摄影师上野彦马[M].日本：长崎书房，1976.

[6] 梅本贞夫.明治维新时期的摄影家[M].日本：图书出版协会，2014.

[7] 长崎大学历史[EB/OL]. http：www. nagasaki-u. ac. jp/.

[8] 川添昭二.新订黑田家谱[M].日本：文献出版社，1982.

[9] 德川黎明会.明治维新时期的摄影师大名——德川庆胜[M].日本：NHK 出版社，2010.

[10] 岩下哲典.德川庆胜的摄影研究与摄影[M].日本：出版社不详，1991.

[11] 德川黎明会.德川庆胜照片研究相关资料[M].日本：出版社不详，2005.

古代东亚地区环壕、城墙的构筑及其与自然环境的关系

鬼塚克忠,柴锦春,根上武仁
佐贺大学

摘要：本文主要聚焦于古代东亚地区地面构造物中的环壕与城墙,对中国的黄河流域、长江流域及东北地区,朝鲜半岛的北部及南部,日本九州北部6个区域的相关情况进行了调查。本文将考察的时代限定在中国的商朝之前(包含商朝),朝鲜半岛与日本九州北部地区的弥生时代以前(包含弥生时代),对环壕及城墙的构筑情况、建成、发展、传播等与不同地域的自然环境、时代性及民族性等因素相结合进行了考证。其中,自然环境因素主要包括气象、地形、地质(地基)、河川流量、植被等方面。

环壕用途广泛,而城墙的主要功能是防御。二者的修筑与人(民族)的关系相当紧密。人的技术水平与劳动能力又受制于当地的自然环境,而且人(民族)还有存立或者对立的状况。一般而言,环壕的建造早于城墙,中国东北地区西辽时期的环壕历史尤为悠久。在中国黄河流域的西山遗址(公元前3000年,最古老的版筑遗址)以及长江流域的城头山遗址(公元前3500年,最古老的城墙遗址)中环壕与城墙同时存在。

而在朝鲜半岛南部和日本,多数聚落只有环壕而未见城墙。本文推测这些环壕起源于同处照叶树林带(常绿阔叶林)的中国长江下游流域,经由海路传入上述两地区。

关键词：古代东亚,环壕,城墙,构筑,自然环境

一、前　　言

本文作者之一曾在ISHIK2016研讨会上发表了《〈三国志〉魏志·乌丸鲜卑东夷传中所见东亚地区的土木构造物》[1]。该论文对《三国志》中记载的3世纪东亚地区的地面构造物进行了梳理,并围绕埋葬方式、有无坟丘、环绕聚落的城墙及环壕等方面进行了考察。在论述过程中,除了再次强调著者的观点——地面构造物主要与当地自然环境(气象、地形、地质等)、所处时代等因素关联紧密[2],还对防御型地面构造物加入了其与周边民族的对立情况等因素进行了分析。

本文聚焦于地面构造物中与聚落相关的环壕与城墙,涉及古代东亚地区的中、日、朝三国,具体包括中国的黄河流域、长江流域及东北地区,朝鲜半岛的北部及南部,日本九州北部6个区域。同时,对各国相关区域的考察时代进行了相应的限定,即对中国区域的考察主要是公元前4000年至公元前1000年前后(商及商以前),而对朝鲜半岛与日本九州北部地区的考察主要是公元300年前后(日本弥生时代及其之前)。通过田野走访调查及大量的文献调研,本文对上述限定地域内与聚落相关的环壕及城墙的构筑背景、建成、发展、传播等方面,与不同地域的自然环境、时代性及民族性等方面相结合进行了考察。

在朝鲜半岛南部和日本,古代的聚落内都多有环壕,而未见城墙,也有部分聚落连环壕都没有。出现这种状况的原因为何?环壕起源于何处?本文也将一并进行考察。

二、环壕与城墙

古人们为营造聚落在其外围挖坑形成壕,还会视情况在壕的内、外堆砌土垒。

将挖掘出的坑连接起来就是壕。挖坑与土地耕作也有关系。在古代,人们为满足日常生活的需要而挖坑或者挖沟是较为常见的现象。例如,竖立房屋梁柱、挖地洞储藏物品、埋葬遗体、引水或者排水等。环壕是环绕于聚落四周的壕,但对它的用途学界尚未形成统一的观点。目前,环壕被认为是聚落与周边的分界线、引水通道、聚落向外排水的通道、水患时的泄洪通道、防范动物或敌人入侵的屏障等。有的环壕还充当通往附近河流或者延伸向海洋的通道。

以往的研究一般多用"环濠"一词,但由于未必都与水有关,所以近来趋向于使用"环壕"一词。因此,本文中也使用"环壕"。

修筑土垒,是将挖出的土搬运到其他地方,并将其堆高或者夯实。搬运及夯实作业需要劳动力以及相应的工具、技术。如前所述,目前学界对壕的使用目的仍有不同的解说,而土垒或者城墙则不然,它们的主要功能就是防御外敌入侵。因此,土垒必须具备一定防御级别的坚固度和持久性,这就需要有较高的夯实技术、充足的劳动力以及完善的后期管理。由此看来,即使挖掘出环壕,若无特别需要,应该不会去修筑土垒或者城墙。在田野调查过程中发现的大型聚落遗址一般是以下4种情形:既无环壕也无城墙、只有环壕、只有城墙、既有环壕又有城墙。探究这些差别的形成原因也是本文的研究课题之一。

在中国,壕被称为环壕、护壕、壕沟、护城河、围壕(围沟)等,土垒或城墙被称为城、都城、城墙、城垣、土垣等,本文将前者称为环壕,后者称为城墙。

环壕和城墙都是古人建造的地面构造物。从修筑的历史来看,中国可以追溯到5000多年前,日本九州北部地区可以追溯到弥生时代初期。图1是中国、朝鲜半岛、日本的年表。本文中环壕和城墙的资料信息有一部分来源于本文执笔者的实地调查,大部分参考了徐[5]、中村[6]、刘[7]等学者的多份研究成果。

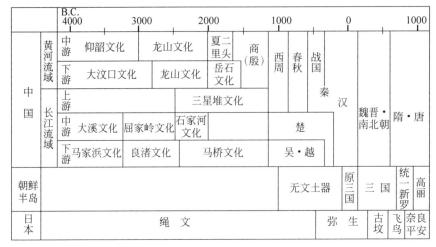

图 1　中国、朝鲜半岛、日本的年表

三、研究的区域范围及自然环境

如前所述,本文的研究范围涵盖了东亚的 6 个区域,即中国的黄河流域、长江流域及东北地区,朝鲜半岛的北部及南部,日本的九州北部地区。其中,中国的东北地区还包含内蒙古自治区的一部分。

自然环境,一般指气象、地形、地质(地基)等,再加入河川比流量、植被等因素,分析考察结论便更为精准。因此,本文从气象、地形、地质(地基)、河川比流量、植被等角度对环壕及城墙的构筑进行考察。先简要概述中国[8-9]、朝鲜半岛、日本等各地域的自然环境状况。

（一）黄河流域

黄河流域是黄土地带。特别中游流域主要是黄土地带,相当于黄土高原。黄土堆积地区的年平均降水量为 250～600mm,属于干燥或半干燥气候。风积黄土因浸水会产生显著的沉降现象,即塌陷(collapse)现象。这种引降塌陷现象的黄土(中文称"湿陷性黄土")主要分布在黄河中游流域,郑州、西安、洛阳等历代王朝都城所在地均位于此区域内。

表述流经某流域的河川特性时会使用参数比流量($m^3/s \cdot 100km^2$),即流域面积 $100km^2$ 对应的河川流量。一般认为以日本为代表的亚洲季风地区的河流比流量值较大[3]。此数值或许能表现出当地的水土、自然环境。对流经干燥或半干燥地区的黄河的比流量进行计算,结果为 0.2。这一数值偏小,与后述的其他河流的数据差距非常明显。

从植被带、植树带分类[4]来看,黄河上游流域属于温带半干燥草原(steppe),黄河中下游流域属于温带落叶阔叶林带。

（二）长江流域

长江中下流域形成了以河姆渡遗址（公元前 5000 年以前）为代表的稻作文化。据悉，年平均降水量大于 1000mm 且年平均气温在 17～18℃的气候最适宜水稻种植。长江中下游流域的年平均降水量为 1000～1200mm，气候温暖湿润，适宜水稻种植。此外，广阔的平原地区是在冲积作用下由沙土堆积形成的，其成因与黄河流域风积黄土完全不同。长江的比流量为 1.6，是黄河流域的 8 倍。位于长江上游的四川省成都平原的年降水量为 870mm。长江流域属于暖温带常绿阔叶林带（照叶树林带）。

（三）中国东北地区及朝鲜半岛北部

辽河向北注入辽东湾。以辽河为界，以西为辽西，以东为辽东。这两个区域再加上东北内陆地区就构成了中国的东北地区。辽西的北部是红山文化（公元前 3500 年前后）繁荣地带，现为内蒙古自治区的一部分。红山文化的中心区域是赤峰市，该市降水量较少，仅有50～450mm。朝鲜半岛北部的年降水量为 800～1000mm。

从植被带、植树带的分类来看，辽西及内蒙古自治区属于温带半干燥草原（steppe），辽东及东北内陆地区属于温带落叶阔叶林带（楢林带）。朝鲜半岛隔鸭绿江与中国东北地区相望，大部分地区与日本列岛东部地区一样，同属于温带落叶阔叶林带（楢林带）。辽河的比流量为 0.1，与黄河的情况较为相同，数值均较小。

（四）朝鲜半岛南部及日本九州北部

朝鲜半岛南部与日本九州北部地区一衣带水，气候环境也大致相同。朝鲜半岛中南部的年降水量为 1200～1300mm，年平均气温为 13℃。日本九州北部的年降水量为 1600～1900mm，年平均气温为 17℃。这两个地区都种植水稻。九州北部是日本稻作文化以及与其紧密相关的环壕聚落较为发达的地区。在朝鲜半岛南部和日本九州北部有许多花岗岩构成的山岳，其间有数量众多的中、小型河流流出。其中，汉江流经首尔市，是韩国的代表性河流，比流量为 1.7。日本江河的比流量较大，一般为 3～7，九州北部的代表性河流——筑后川的比流量是 4.8。朝鲜半岛最南端及西日本地区在气候方面与中国的长江流域相近，都属于暖温带常绿阔叶林带（照叶树林带）。

四、环壕及城墙的构筑

表 1～表 5 是中国的黄河流域、长江流域及东北地区、朝鲜半岛南部、日本九州北部等区域的代表性遗址一览表。该表中的字母指代各区域。其中，中国黄河流域是 Y（Yellow

River）、长江流域是 C（Chang River）、东北地区是 N（Northeastern region）、朝鲜半岛南部是 SK（Southern Korean Peninsula）、日本九州北部是 NK（Northern Kyushu）。因缺少数据，朝鲜半岛北部的情况暂不明确，不纳入本文考察范围。表中数据内容按距今时间的远近顺序排列。

日本九州北部未见残存城墙的遗址。为了研究环壕的有无是因何产生的，表中也将没有环壕或尚未发现环壕的遗址一并列出。

表中内容包括遗址的时代、面积、环壕、城墙以及与之相关的地形、海拔、毗邻的河川及山地等。具体内容不明确或无对应的均用"—"标记。

聚落基本都选址于江河附近。因此，环壕一般邻近江河。数千年前的水土、自然环境的情况如何？气候、地形、地质、江河的流经路线等可能会受到之后的自然力、人力、开发行为的影响而产生改变。本文将这些因素与各地域的环壕及城墙的构筑情况相结合进行考察。

（一）黄河流域

黄河流域现存大量遗址，表 1 列举出其中具有代表性的 8 处。最古老的是 Y1 半坡遗址，其环壕规模巨大，总长度 300m，上宽 6～8m，深度 5～6m，未见城墙。5000 多年前能挖出深达 5m 的壕着实令人震惊。

在黄河流域，既有环壕又有城墙的聚落出现在 Y4 西山遗址（约公元前 3000 年，河南省郑州市）。图 2 为该遗址的平面图。现存的城墙长度为 265m，宽度为 3～5m，高度为 1.8～2.5m，用最古老的版筑技术建造而成。如前所述，黄河中游流域为厚厚的风积黄土所覆盖。风积黄土缺乏黏性，会因降水等水浸透而产生显著的沉降现象（塌陷现象）。为了使用这种特性的黄土材料建造具有一定坚固度和持久性的城墙，在黄河中游地区诞生了版筑技术[2,10]。所谓版筑，是指用木板将四周围住，向中间倒入土并用杵细致地逐层夯实的施工方法。在中国的黄河流域，人们使用这种版筑技术建造了大量的城墙和基座等构筑物。另外，下文即将提及的堆筑，是指仅将土堆高的施工方法，而层筑是仔细地逐层夯实的施工方法，两者都与版筑不同。

Y5 尉迟寺遗址（安徽省蒙城县）严格来说属于淮河水系，在表中被列入黄河流域。

Y8 藤花落遗址（江苏省连云港市）位于临海冲积平原。聚落外侧有环壕，内侧有城墙。环壕的断面呈 U 形，宽 8m，深 0.8m。城墙总长为 1520m，双重城墙，使用了堆筑及版筑建造法。

Y7 郑州商城为现有存于市区的巨型城墙，长度为 1.7km，呈四方形，版筑技术建造而成，城墙顶部用作步行道、公园等。那么，此处为何未建环壕呢？是不是因为城墙内及周围有天然河流，所以就不需要环壕了呢？商王朝最后一任君王将都城建在了安阳。安阳因殷墟闻名于世，虽有环壕却并无城墙。中国某位研究者称，殷王朝实力强大，因此无须城墙。

到了春秋战国时期，战国七雄均各自在边境修筑长城用于军事防御，后又在北境筑长城防御异族入侵。可见，城墙的构筑技术已被应用于长城的建造之中。

表 1 黄河流域的环壕、城墙聚落遗址

序号	遗址名称	地理位置	时代	遗址面积	环壕规模的规模、形态	城墙的规模、形态	地形、标高	毗邻河川	毗邻山地	特征
Y1	半坡遗址	陕西省西安市	公元前5000—前3000年	东西190m 南北300m 0.05km²	总长300m 上宽6~8m 底宽1~3m 深5~6m	无	沿河平地	潇河	—	仰韶文化时期最大的遗址
Y2	姜寨遗址	陕西省西安市	半坡遗址后	东西210m 南北160m 0.03km²	上宽2~3m 底宽1m 深1~2m	无	—	西侧临河	—	有聚落复原图
Y3	岔河口遗址	内蒙古自治区清水河县	—	椭圆形 0.03km²	U形，宽4~6m，深3m，聚落周围圆形环壕	无	标高超1000m，与河流高的比高为70m	黄河与浑河交汇点附近	—	半干燥地区的环壕聚落
Y4	西山遗址	河南省郑州市	公元前3300—前2800年	0.03km²	U形 宽4~8m 深4m	长265m 宽3~5m 高2~3m	标高110m台地，与河流比高为15m	—	—	有环壕及城墙最古老版筑城墙
Y5	尉迟寺遗址	安徽省蒙城县	—	0.1km²	东西220m 南北235m U形，宽25~30m 深4.5m	无	丘陵，比高2~3m	有	—	目的是防御、用水、排水
Y6	城子崖遗址	山东省商丘市	公元前2600年	0.25km²	无	东西460m 南北540m 总长1680m 现存高2~3m 岳石文化时期，版筑层清晰	标高50m台地 比高14m	有	—	版筑城墙保存展示
Y7	郑州商城	河南省郑州市	公元前2000—前1100年	3km²	无	周长约7km 最高处9m 宽约20m，版筑	城内北侧是金水河附近有熊耳河			
Y8	藤花落遗址	江苏省连云港市	—	0.14km²	城墙外有环壕，近U形，宽8m	总长1520m 城墙为堆筑及版筑工艺	临海冲积平原	有	环壕及双重城墙	

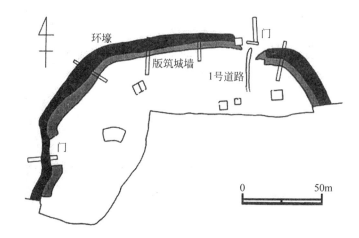

图 2　西山遗址（最古老的版筑城墙）平面图[6]

（二）长江流域

表 2 中整理了长江流域的 5 处代表性聚落遗址。与黄河流域不同，长江流域温暖多雨，早在公元前 5000 年就开始水稻种植。环壕聚落与稻作文化关系紧密，环壕经常用来蓄水。

C1 城头山遗址（湖南省常德市澧县）是中国最古老的城墙遗址，修筑时间可追溯到公元前 3500 年，是将前代的环壕聚落填埋而成的。城墙遗址的周长约 1000m，高 5m，宽 20cm，夯实层每层 20cm。这种施工方法是单纯将土向上堆砌，称为堆筑。

C2 良渚遗址群（浙江省杭州市，公元前 3300—前 2200 年）的核心高地是莫角山遗址，2007 年在该处遗址的四周发现了城墙遗迹。城墙东西长 1.6km，南北长 1.9km，高度达 4m，判断其施工方法为层筑。未发现环壕，原因不明。

C3 石家河遗址（湖北省天门市，公元前 3000 年前后）是同时拥有环壕和城墙的大型聚落。附近有两条河流，环壕最宽处达 100m，断面为 U 形。城墙周长 4km，高 6m，判断其施工方法也为层筑。图 3 是石家河遗址平面图。

C1～C3、C5 均是位于长江中游流域的遗址，C4 三星堆遗址（四川省广汉市，公元前 2500—前 1600 年）是长江上游流域的代表性遗址。包含三星堆遗址在内，成都平原共有 6 处著名的聚落遗址。其中，较小规模的约 0.12km²，较大规模的三星堆遗址约 3.6km²。这些遗址的共同之处在于全都拥有城墙，却均未发现有环壕。为什么会出现这种现象呢？根据徐[5]的论文可知，这些遗址均位于地势稍高台地的高处，标高 470～650m，比高 0.3～3m，且周围河流较多。三星堆遗址的城墙东西长 2.1km，南北长 2km，高 8～9m，底宽 40m，施工方法为层筑。在三星堆遗址内及附近地区也有河流，故而推测这些河流应该发挥着环壕的作用。

从以上介绍可知，就中国长江流域城墙遗址的施工技艺而言，古老的采用堆筑技术，之后的采用层筑技术建造，并未出现版筑技术。中国战国时代的越王陵（大型土坑墓）虽为版筑技术构筑[2]，但一般情况下用版筑建造法修建的城墙很少。这是因为长江流域的土壤与黄土不同，具有黏着性，是较易用于建筑工程的土壤类型。也就是说，即使不采用先进的版筑施工方法，通过层筑技术也能获得预期的坚固度和持久性。

表 2 长江流域的环壕、城墙聚落遗址

序号	遗址名称	地理位置	时代	遗址面积	环壕规模、形态	城墙规模、形态	地形、标高	毗邻河川	毗邻山地	特征
C1	城头山遗址	湖南省澧县	城墙建于公元前3500年,环壕建成时间同早于城墙	直径330m圆形	宽10~100m 深2~4m 水壕	周长约1km 高4~5m 宽20m 堆筑	洞庭湖平原	有	—	最古老的填土遗址
C2	良渚遗址群	浙江省杭州市	公元前3300—前2200年	东西1.6km 南北1.9km 2.9km²	无	东西1.6km 南北1.9km 北侧部分墙壁 高4m 层筑	—	有	—	玉器制造
C3	石家河遗址	湖北省天门市	公元前3000年	东西1.1km 南北1.2km 1.2km²	宽80~100m 水壕	周长4km 高6m 底宽50m 层筑	江汉平原（汉水）	东川西河	—	巨型城墙聚落
C4	三星堆遗址	四川省广汉市	公元前2500—前1600年	东西2.1km 南北2.0km 3.6km²	无	东西2.1km 南北2.0km 高8~9m 底宽40m 层筑	成都平原	北邻鸭子河，遗址内有河流	—	巨型城墙聚落
C5	盘龙城遗址	湖北省天门市	公元前1700年	东西260m 南北290m 0.08km²	宽约14m 深4m 水壕	内侧有1~3m城墙	江汉平原（汉水）	有	—	受黄河流域文化影响

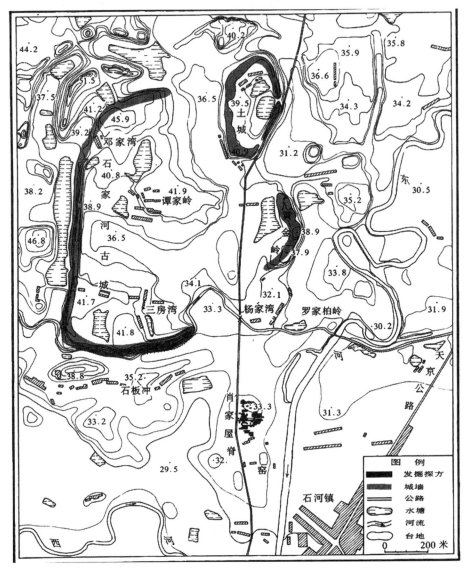

图 3　石家河遗址平面图

（三）中国东北地区

中国辽西地区的赤峰市是红山文化的中心，周边发现了大量聚落遗址，表3列举了其中2处。N1兴隆洼遗址（内蒙古自治区敖汉旗，公元前5500—前5000年）有环壕，长径183m，短径166m，宽1.5~2m，深0.6~1m，规模虽小，却是最古老的环壕聚落之一。令人震惊的是，其年代比黄河文明的半坡遗址还要古老。

表 3　中国东北地区的环壕、城墙聚落遗址

序号	遗址名称	地理位置	时代	遗址面积	环壕规模、形态	城墙规模、形态	地形、标高	毗邻河川	毗邻山地	特征
N1	兴隆洼遗址	内蒙古自治区敖汉旗	公元前5500—前5000年	—	长径183m 短径166m 宽2m 深1m	—	比高20m 丘陵	赤峰市大凌河支流上游右岸1.5km	—	最古老的环壕聚落之一
N2	大甸子遗址	内蒙古自治区敖汉旗	公元前1500前后夏家店下层文化	—	U形,宽10m以上,深2～3m	高2m 版筑	标高102～119m台地,比高2m	—	—	既有环壕也有城墙

约 4000 年后的 N2 大甸子遗址(内蒙古自治区敖汉旗,约公元前 1500)既有环壕,也有城墙。环壕呈 U 形,宽 10m 以上,深 2～3m。版筑填土而成的城墙高 2m。

辽东地区及东北内陆地区与上述的辽西地区相比,大型的聚落遗址较少。笔者曾于 2016 年做过积石冢[1]相关的研究报告,提出积石冢始于红山文化圈(公元前 3000 年以前)辽西地区,公元前 1000 年前后伴随青铜器时代的开始在辽东地区发展。公元前 800 年前后以辽东半岛为中心诞生了支石墓,此后传播至朝鲜半岛西北地区[11]。这种堆砌石头的技术为高句丽的山城建造所用[1]。辽东地区及东北内陆地区有数量众多的高句丽(约公元前 100 年)山城。在高句丽地区有约 150 座之多。可知,在中国东北地区有不少积石冢、支石墓,东北内陆地区也建造了许多山城,但关于内陆地区聚落遗址的研究尚属空白。

(四)朝鲜半岛北部

虽然有乐浪郡时代(公元前 108—313 年)乐浪土城等城墙构造物[12],但很难将其归入聚落。由于聚落相关的信息较少,故本文略去此地区的考察。

(五)朝鲜半岛南部

据考古学家介绍,下文提及的日本九州北部的环壕聚落起源于朝鲜半岛南部。在朝鲜半岛的确有与日本九州北部相同的带有环壕的聚落,且数量众多,但未见残存的城墙。表 4 选取了其中 3 处聚落遗址。

表 4　朝鲜半岛南部的环壕、城墙聚落遗址

序号	遗址名称	地理位置	时代	遗址面积	环壕规模、形态	城墙规模、形态	地形、标高	毗邻河川	毗邻山地	特征
SK1	检丹里遗址	庆尚南道蔚山市	公元前600—前400年无文土器时代中期	环壕内面积0.006km²	长径120m 短径70m 椭圆形环壕 延长300m V形宽2m 深1.5m	无 未发现土垒、木栅栏痕迹	标高110～120m 丘陵 比高23～33m	—	—	环绕式环壕

续表

序号	遗址名称	地理位置	时代	遗址面积	环壕规模、形态	城墙规模、形态	地形、标高	毗邻河川	毗邻山地	特征
SK2	松菊里遗址	忠清南道扶余郡	公元前400—前300年无文土器时代后期	0.61km²	U形断面	无木栅栏列430m	标高30～40m舌形台地	锦江流域石域川莲花川	—	松菊里型住所
SK3	平山里遗址	庆尚南道梁山市	100—200原三国时代	不明	仅见南侧120m倒梯形宽1～3m深30～50m	有土垒、木栅栏的痕迹	标高150m舌形台地比高60m	—	—	仅见部分环壕，其余部分已遭破坏

SK1 检丹里遗址（庆尚南道蔚山市，公元前 500—前 400 年，无文土器时代中期）如图 4 所示，椭圆形的环壕环绕着聚落。环壕的尺寸比下文中的板付遗址更小，但二者形状极为相似。

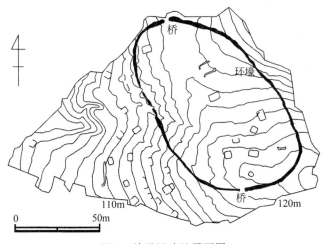

图 4　检丹里遗址平面图

SK1 检丹里遗址、SK2 松菊里遗址（忠清南道扶余郡，公元前 400—前 300 年，无文土器时代中后期）、SK3 平山里遗址（庆尚南道梁山市，100—200，原三国时代）等 3 处遗址均位于海拔 30～150m 的丘陵地带。在 SK3 平山里遗址的环壕外侧发现了土垒的痕迹[12]。

（六）日本九州北部

九州北部是日本稻作文化及与之关联紧密的环壕聚落较发达的地区。日本的环壕聚落数量超过 500 个。根据中村[6]的调查，由福冈、佐贺、长崎三县构成的九州北部地区的环壕聚落遗址数量就多达 119 个，约占日本全国总数的 25％。在弥生时代，包括九州北部在内的日本全国并无环绕聚落的城墙残存。

  表 5 中列举了日本九州北部具有代表性的 12 处遗址。其中,NK8～NK12 遗址群 5 处遗址内尚未确认有环壕的存在。

  日本的水稻种植始于菜畑遗址,其中未见环壕。与水稻种植有关的最古老的环壕聚落是 NK1 江辻遗址,其中发现了"松菊里型"居住遗迹。NK2 那珂遗址同属于弥生时代早期,其中发掘出双层坑壕。NK3 板付遗址(图 5)[13]是呈卵形环绕的环壕聚落,环壕呈 V 形,宽 6m,深 3m 以上,是真正意义的环壕。其形状、大小与朝鲜半岛南部的 SK1 检丹里遗址环壕聚落极为相似。正如考古学家所言,日本九州北部环壕应该起源于检丹里遗址。

  本文共同作者之一认为,吉野里遗址的构筑技术起源于具有相同水土环境的中国长江下流流域江南地区的土墩墓。从传播途径来看,并非经过朝鲜半岛,而是经由海路或从中国山东半岛入海,传入日本九州北部地区[14]。受限于朝鲜半岛北部的相关资料的缺乏,对于半岛北部是否存在环壕聚落无法得出明确结论。假若半岛北部无环壕聚落,则推测环壕的构筑技术应与水稻技术同时自中国经海路传入朝鲜半岛南部及日本九州北部地区。

  NK3 板付、NK5 吉野里、NK6 原之辻、NK7 平塚川添等遗址的环壕以其历史面貌保存至今。通过考察可知,以上 4 处遗址均位于地势微高的丘陵或台地,海拔 10～20m,距高度在 100m 以上的山岳最近的也有 2～3km。也就是说,如果将附近的山岳用于防御则距离过远。因此,为了防御外敌入侵聚落,环壕应该还是必要的。

  吉野里遗址东侧和南侧的推定环壕边线横穿过田手川[15]。据说当时田手川流经区域更偏东侧,后因采用条里制进行土地划分管理,才形成了如今的流动路径[16]。吉野里遗址通过田手川与有明海相连。此外,在原之辻遗址的聚落附近还发现了当时的小船码头,可见聚落有通向大海的路径。

  如上所述,NK8 立岩遗址、NK9 柚比遗址群(遗址群中仅有平原遗址拥有独立的环壕)、NK10 吉武遗址群、NK11 须玖遗址群、NK12 三云遗址群内尚未确认有环绕整个聚落的环壕。通过考察不难发现这些遗址(群)有如下共同点:①均形成于弥生时代中期以后;②几乎都是单个遗址的集合体,缺乏作为聚落的整体性;③NK8 立岩遗址和 NK9 柚比遗址群内有山谷,且 NK9 柚比遗址群和 NK10 吉武遗址群的附近有山岳,都处在防御外敌的有利地势。不过,某位考古学专家也指出,NK8 立岩遗址基本上为墓地遗址,在 NK10 吉武遗址群、NK11 须玖遗址群、NK12 三云遗址群内发现了部分环壕残存,所以不能否定存在环壕聚落的可能性。

  在包含九州北部在内的日本全国以及朝鲜半岛南部都未发现聚落周围有残存的城墙。但根据七田[15]的推测,吉野里遗址应与朝鲜半岛南部 SK3 平山里遗址情况相同,在环壕外侧存在土垒。

  朝鲜半岛及日本九州北部地区未见中国式的、真正意义上的城墙。如前所述,即使有能力修建环壕,但构筑城墙需要更高的技术,尤其需要聚落居民强烈的建造意愿以及充足的劳动力。中国多民族聚居,而朝鲜半岛南部及岛国日本却并非如此,因而外族入侵威胁较小。此外,朝鲜半岛南部及日本九州北部还受惠于陡峭的山岳及中小型河流等天然屏障的保护,于是也就无须修建需要高超技术和大量劳动力的城墙。

  据悉,日本真正以土石构筑的城墙出现在白村江之战(663 年)后,是在百济人的指导下建造的。

表 5　日本九州北部环壕、城墙聚落遗址

序号	遗址名称	地理位置	时代	遗址面积	环壕规模、形态	城墙规模、形态	地形、标高	毗邻河川	毗邻山地	特征
NK1	江辻遗址	福冈县粕屋部	刻目突带纹期	—	—	无	多多良川支流河川的交汇点附近 15～16m	西侧和北侧500m是多多良川	东北、东南2.3km处海拔100m	日本最古老的环壕
NK2	那珂遗址	福冈市博多区	弥生早期	—	140m×160m 椭圆形、外壕宽5～6m，推测为深2m的V形	无	台地 8～11m	东南600m御笠川支流牛颈川、西侧200m那珂河川	东南、西南6km处海拔100m	出现稻作的弥生早期双重环壕聚落遗址
NK3	板付遗址	福冈市博多区	公元前500年前后（弥生早期）	0.15km²	东西82m，南北117m，卵形 宽6m，深3～3.5m	无	低台地约10m，推测曾经深12m	自东向北有御笠川、300m西侧师冈川400m、西侧1.8m那珂河川	东侧2.5km处海拔100m，东南、西南4.5km处海拔100m	未发现环壕内有居住痕迹
NK4	有田遗址	福冈市早良区	—	—	300～200m 椭圆形 宽2～4m 深1.5m	无	独立低丘陵 标高15m，与水田比高8m	东侧1km金屑川、西侧1km室见川	东南2km、南侧，西南3km处海拔100m	—
NK5	吉野里遗址	佐贺县神崎市神崎那	公元前400—300年（弥生前期前半后期）	1km²	东西0.6km，南北1km，约40公顷 宽6.5m，2～4重环壕	土垒痕迹？	丘陵10～20m	东侧紧邻田手川、西侧1km城原川	北侧3～4km处海拔100m	最大环壕聚落
NK6	原之辻遗址	长崎县壹崎市	公元前200年前后（弥生中期前半期）	1km²	东西350m，南北750m，三重环壕外壕24公顷，内壕19公顷	无	丘陵5～18m	北侧为幡锋川距海1.7km	无100m以上连绵山地	一支国都城

续表

序号	遗址名称	地理位置	时代	遗址面积	环壕规模、形态	城墙规模、形态	地形、标高	毗邻河川	毗邻山地	特征
NK7	平塚川添遗址	福冈县朝仓市	公元前200—300年（弥生中期~后期）	11公顷 现存	东西250m、南北400m，椭圆形，七重环壕，U形，宽6~10m，深1m，深度较浅	无	丘陵 冲积平原 超20m	东侧2km 佐田川，西侧1.3km小石原川，二俣川东西环绕	北侧4km处海拔100m，北侧10余千米处有高度不足1km的山峰	七重环壕
NK8	立岩遗址	福冈县饭塚市	公元前200年前后（弥生前期）	1km²	无	无	远贺川河口30km上游立岩丘陵50m，流入小小谷与周围相比高20m	西侧800m 远贺川	东侧4km，南侧10km，西侧5km处海拔100m	制造石包丁（石制刀具）
NK9	柚比遗址群	佐贺县鸟栖市	绳文至奈良时代的30处遗址群	东西3km 南北2km	仅平原遗址有环壕	无	内有丘陵，狭长山谷42~47m	北侧数百米山下川	西侧1km处海拔100m	—
NK10	吉武遗址群	福冈市西区	公元前100年前后（弥生中期）	0.4km²	无	无	扇状地10~20m	东侧300m室见川、西、北侧川、日向川、南侧邻龙谷川	西侧约1km处海拔100m	最古老的王墓？
NK11	须玖遗址群	福冈县春日市	弥生中期后半	南北约2km	无	无	春日丘陵18~20m	西侧数百米师冈川、西侧800m御笠川、东侧3km那珂川	东侧8km，南侧6km，西南7km处海拔100m	奴国中心地区
NK12	三云遗址群	福冈县丝岛市	公元前100年前后（弥生中期）	—	无	无	平原约40m	东侧赤崎川（川原川）、西侧瑞梅寺川、二者相距900m	东侧5km，南侧3km处海拔100m，南侧是脊振山地	—

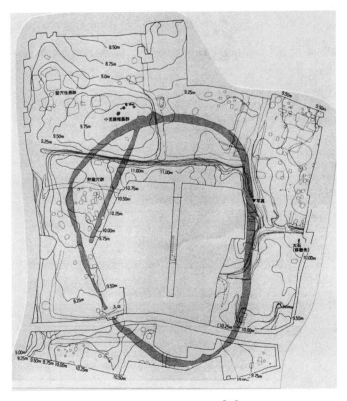

图 5　板付遗址平面图[13]

五、总　　结

　　古代，人们在聚落周边修筑的环壕及城墙均属于地面构造物。本文论述了东亚地区中国、朝鲜半岛、日本九州北部等地区的地面构造物的筑造技术与自然环境的关联性。

　　环壕的用途广泛，而城墙主要作为防御设施用于抵御外敌入侵，后者的修筑需要较前者更高的技术和更充足的劳动力。因此，即使在环壕、城墙修筑方面较发达的中国，最初也是修建环壕。迄今为止发现的最古老的环壕出现在公元前 5000 年气候干燥的东北辽西地区，而并非黄河流域。并且，仰韶文化时期最大的聚落遗址——半坡遗址（黄河流域）内也只有环壕。

　　在中国黄河中游流域的西山遗址（公元前 3000 年）聚落内既有环壕，又有城墙。这是用最古老的版筑工艺施工而成的。版筑技术诞生于黄河流域，是从工程角度夯实黄土，并用以建造具有一定坚固度及耐久性的构造物，体现了古人在建筑方面的智慧与技艺。

　　而在中国的长江流域情况则有所不同。长江中游流域城头山遗址（公元前 3500 年）在拥有环壕的同时，还有最古老的城墙遗址。长江流域温暖多雨，该地区遗址多有城墙，但修筑技法并非版筑，而是堆筑或层筑。这与自然环境有关。长江流域的土地与风积黄土不同，具有黏着性,较易填充、夯实。位于长江上游流域的四川省成都平原上的聚落虽有城墙,但并无环壕,应该是将周围的江河作为环壕使用的缘故。

朝鲜半岛南部和日本九州北部的水土环境与中国长江流域基本相同,存留至今的遗址也多有环壕,却未见城墙。究其原因,应该也是与自然环境密切相关。这些地区受外族侵略攻击的威胁较小,而且山岳和江河都可用作自然防御,无须动用人工修筑城墙。朝鲜半岛南部的检丹里遗址与板付遗址的环壕形状极为相似。

本文的共同作者之一认为,日本九州北部的吉野里遗址内坟丘墓起源于中国长江江南地区的土墩墓。两处遗址的自然环境极为相近,且坟墓的修筑技术并非经过朝鲜半岛,而是直接经海路传播而来[14]。故而推断环壕聚落同样也应该与水稻种植技术同时自中国长江下游流域或山东半岛直接传入朝鲜半岛南部以及日本九州北部地区。

参考文献

[1] 鬼塚克忠.<三国志>魏志·乌丸鲜卑东夷传中所见东亚地区的土木构造物[C]//Proceedings of the 6th International Symposium on History of Indigenous Knowledge,2016:95-99.

[2] 鬼塚克忠.古代东亚各种地面构造物与气候的关系[J].土木学会论文集D2(土木史),2016,72(1):86-96.

[3] 高桥裕.河川工学[M].东京:东京大学出版会,2008.

[4] 佐佐木高明.日本史诞生[M].日本:集英社,1991.

[5] 徐光辉.中国的农耕聚落[M]//后藤直·茂木雅.东亚日本考古学 V,聚落和城市.日本:同成社,2003.

[6] 中村慎一.东亚城墙-环壕聚落[J].考古学资料,2001,25.

[7] 刘叙杰.中国古代建筑史——原始社会、夏、商、周、秦、汉建筑:第一卷[M].北京:中国建筑工业出版社,2003.

[8] 中国科学院中国自然地理编辑委员会.中国自然地理地貌[M].北京:科学出版社,1980.

[9] 任美锷.中国自然地理纲要[M].3版.北京:商务印书馆,1992.

[10] 鬼塚克忠,陈佩杭,Peihua T,等.黄河流域地面构造版筑技术及地质特征[J].地质工程杂志,2007,2(4):287-295.

[11] 田中俊明,森浩一.高句丽历史遗迹[M].日本:中央公论社,1995.

[12] 早乙女雅博.朝鲜半岛考古学⑩[M].日本:同成社,2000.

[13] 福冈市教育委员会.史迹-板冢遗址-环境改善报告[R].日本:福冈市教育委员会,1995.

[14] 鬼塚克忠·原裕.吉野古坟墓建造技术的根源与传播[C].土木学会论文集,2012,68(4):621-632.

[15] 七田忠昭.吉野里遗址——重建弥生村,日本遗址[M].日本:同成社,2005.

[16] 南出真助.佐贺县吉野里遗址的条里制[R].条里制研究第6号,条里制研究会,1990:129-143.

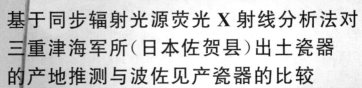

基于同步辐射光源荧光X射线分析法对三重津海军所（日本佐贺县）出土瓷器的产地推测与波佐见产瓷器的比较

田端正明　上田晋也

佐贺大学

摘要：平成二十七年7月6日（公元2015年）被世界文化遗产登录的三重津海军所遗迹（佐贺市川富镇、诸富镇）出土了为数众多的陶瓷。这些出土的瓷器拥有其他地方瓷器所没有的绘画或文字图样。尽管这些瓷器被用于隶属幕府末期锅岛藩重要部门的海军所，这些瓷器的购买记录缺失，其生产地也不明确。为了明确这些瓷器的出产窑，本研究对当时陶瓷生产盛行的有田近郊的波佐见镇（长崎县东彼杵波佐见镇）幕府末期旧窑出土的瓷胚土进行了分析。波佐见镇与有田临近，当地使用三股陶土与天草陶土的混合物，在江户时代拥有巨大的联房式攀登窑，为一般大众生产了为数众多的日用陶瓷。波佐见陶土中不同金属元素荧光X射线强度比，$\log(\mathrm{Rb/Sr})$ vs. $\log(\mathrm{Zr/Sr})$、$\mathrm{Rb/Sr}$ vs. $\mathrm{Zr/Sr}$ 以及 $\mathrm{Rb/Nb}$ vs. $\mathrm{Zr/Nb}$ 均与三重津海军所出土的拥有"御船方"图案碗具呈现类似的倾向。因此，三重津海军所遗迹出土的"御船方"碗具可以判断为波佐见镇烧制。

关键词：陶瓷，波佐见，三重津，同步辐射光源荧光X射线分析，民间传统知识

一、前　　言

三重津海军所遗迹作为"九州及山口地区明治时期日本产业革命遗产"的一部分，于平成二十七年7月6日（公元2015年）被联合国教科文组织登录为世界文化遗产。从该遗址中出土了日本最早的全木结构的船坞，在佐贺的锅岛藩则出土了日本最早的蒸汽船和其他蒸汽船维修所需的金属构件。在三重津海军所遗迹则出土了众多海军所专供的日用陶瓷。考虑到当时海军所的重要性，这些出土文物意义重大。然而尽管锅岛藩拥有为数众多的陶瓷烧制窑，海军所出土的这些日用陶瓷却完全没有相关的购买记录，或者原产地的记录。

出土瓷器的一部分因为拥有生产制作过程中残留的白化支撑痕迹而判断为佐贺县嬉野市盐田镇的志田窑烧制[1]。不过，出土瓷器的胎土分析表明大部分的瓷器都不是志田陶瓷。当时的锅岛藩御用窑生产的瓷器主要用作皇室及幕府将军的贡品，因此推测三重津海

军所所用的瓷器是由有田以外的窑烧制。本研究将目光放在有田附近,陶瓷烧制盛行的波佐见镇旧窑,对该地出土瓷器的陶土进行了分析。透过这些分析以及与海军所瓷器相关特征的比较,作者希望能够由此推测海军所出土瓷器的出产地。此外,作为锅岛藩重要部门的海军所使用的陶瓷为何采用该地制品等,明确海军所瓷器原产地也对进一步了解幕府末期在蒸汽船的建造与维修,以及海军建设等多方面领先日本的锅岛藩的全貌提供更多的线索。

二、实　验

长崎县东彼杵波佐见镇出土的江户后期到明治初期的五大旧窑中的瓷器样本(三股本登窑 14 件、永尾本登窑 6 件、三股上登窑 10 件、大新登窑 12 件、中尾登窑 14 件),合计 56 件在九州同步辐射光源研究中心 BL07 站点开展了如下的荧光 X 射线分析。对出土瓷器样本的测定表面进行清洁后,用激发能量为 30keV 的同步光辐射进行照射,并使用硅迁移检测器(SII Nano Technology USA Inc. Vortex-EM)获得荧光 X 射线光谱。入射光斑大小为 1.0mm(W)×1.0mm(H)。照射位置由与入射 X 射线相同方位的激光光束定位。由于有效照射强度会因为目标样本表面形状而改变,不同样本的入射光强度均换算成强度相同的相对强度进行计算。同时,每个样本均进行多点测定。

三、结果与讨论

(一) 波佐见镇出土的瓷器与陶土

波佐见镇陶瓷拥有江户时代巨大的联房式,为一般社会大众提供大量的日用瓷器。中尾上登窑(1664—1929 年)拥有长达 160m 的巨大烧制窑[1]。陶土则主要使用当地的三股乡陶土。明治十六年以后也开始使用天草陶石[2]。图 1 是三股本登窑出土的瓷器(小盘子、653_SHK_22_0168)与当地的三股陶土的荧光光谱。光谱仅显示了主元素的 K 峰与 K 峰。测定的元素除铁(Fe)之外,还有钾(K)、钙(Ca)、锰(Mn)、铷(Rb)、锶(Sr)、钇(Y)、锆(Zr)、铌(Nb)等。同步光源的荧光 X 射线分析的激发能量在 30keV 附近,对吸收的几乎所有元素都能够以较高灵敏度检测到,因此十分适合对瓷器中微量的 Rb、Sr、Y、Zr、Nb 进行测定。下面对这些元素在瓷器及陶土中的组成逐一进行分析。

如图 2 所示,尽管瓷器中的构成元素与陶土一致,但是比例有明显的不同。陶土中 Sr 与 Y 的含量基本相同,但是瓷器中 Sr 的含量则明显大于 Y 的含量。同时陶瓷中 Rb 含量高于 Zr,但是陶土中两者几乎相同或略低。因此,陶土的元素组成并不直接决定陶瓷中元素的组成。其原因推测与陶土制作过程中的水洗而导致的可溶性组分的流失相关。

为了确定瓷器中不同元素的含量比例,我们计算了 Rb、Sr、Y、Zr 的 K 峰的荧光 X 射线

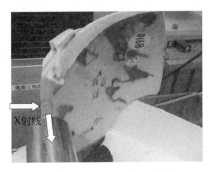

图 1　三股本登窑出土瓷器

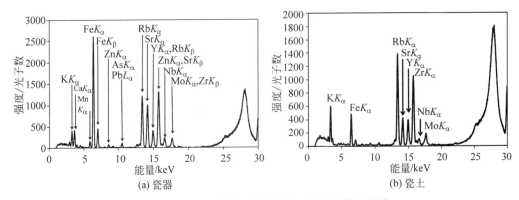

图 2　三股本登窑出土的瓷器与三股瓷土荧光光谱

总强度以及各元素的分强度的比值。由于 Fe 的含量远比其他元素高,为了与陶土以及其他瓷器间进行有效比较,我们计算了 Rb、Sr、Y、Zr 等元素的荧光 X 射线强度的总和与 Fe 的荧光 X 射线强度的比。此外,因为 Y 的 K 峰与 Rb 的 K 峰重合,以及 Zr 的 K 峰与 Sr 的 K 峰重合,这些成分的浓度采用一致浓度的标准物质进行校准[3]。

1. 三股本登窑的胎土组成

为了把握波佐见瓷器的特征,对三股本登窑出土的 5 个样本进行了分析。

图 3 展示了 Rb、Sr、Y、Zr 等不同元素的荧光 X 射线强度,单一元素与荧光总强度的比,以及 Fe 元素对所有元素荧光强度的比。与其他地方的瓷器相同,Fe 元素的荧光 X 射线强度最大,但是 Rb 元素的荧光 X 射线强度与 Zr 的强度相同或略大,是波佐见瓷器的典型特征。Y 元素相对稀少(不同样本间无差异)。另外,Sr 在不同样本间差异较大,其含量与 Rb 大致相同或略低的样本均有发现。其他窑中常见的 Sr/Rb 荧光 X 射线强度比较大的现象在波佐见瓷器中没有观察到。

图 4 进一步分析了 Rb、Sr、Zr 的荧光 X 射线强度比。图中的样本展现为 3 条直线。直线 A 对应的是样本碗(637_SHK22_0152)以及一起出土的瓷器碎片。元素的相对组成除了 Sr 不同外,其他元素均没有差异。直线 C 则归纳了 Zr 比 Rb 含量高的瓷器。两个托盘上出土的瓷器(631_SHK22_0146、631_SHK22_0147)有着不同的图案,在强度比图中却显示在同一条直线上,表示它们的胎土是一致的。

我们检查了影响瓷器白度的铁元素含量。图 5 显示了 Fe/Rb 与 Sr/Rb 的荧光 X 射线

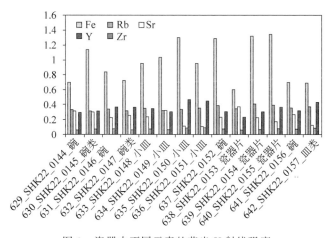

图 3　瓷器中不同元素的荧光 X 射线强度

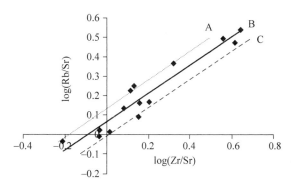

图 4　Rb、Sr、Zr 的荧光 X 射线强度对比

对比,左下部为 Fe 和 Sr 低含量区域。然而大部分的检测瓷器几乎都出现在该区域之外,表明这些瓷器的 Fe 元素含量较高。瓷器胎土的元素构成与陶土原料以及陶土制作工艺密切相关。对于 Fe 含量较高的陶石,在陶土制作时通常会进行多次水洗操作。在此过程中,相对而言水溶性较高的 Sr 含量会降低,但是水溶性较低的 Zr 含量不会发生变化。由图 3 中 Rb 的含量几乎不变可知,水洗导致的 Rb 溶解很小。与之相比,Zr 的含量变化则大得多。由此可以判断,瓷器胎土元素的组成主要受陶石的影响,而且在胎土制作过程中水洗去铁的次数不多。

　　陶石中元素的含量容易受到流纹岩的形成过程的影响[8]。离子半径[9]较小的 Zr/Nb 在岩石形成时容易残留在岩石当中,而离子半径较大的 Rb 和 Sr 则容易与热水同时流失。因此,Rb/Nb 对 Zr/Nb 作图能够揭示陶土及陶石的组成特征。

　　图 6 描绘了三股本登窑出土瓷器的 Rb/Nb 与 Zr/Nb 的荧光 X 射线对比。Zr/Nb 集中于 5~7,而 Rb/Nb 则大部分位于 4~8。斜线则表示 Rb 与 Zr 的强度相同。Rb 和 Zr 均衡分布在斜线上下。不同瓷器间的 Rb 元素的变化大于 Zr 元素的变化,主要是因为 Rb 非常容易溶解于水,在流纹岩形成过程以及胎土水洗过程中都容易流失所致。

　　由以上结果可知,三股本登窑出土的瓷器胎土拥有以下特征:①胎土可以根据 Rb/Zr 的荧光 X 射线强度比分为三群,即 Rb>Zr、Rb≈Zr、Rb≤Zr;②Fe 的含量偏高;③Rb/Nb

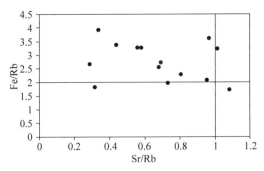

图 5　三股本登窑出土瓷器 Fe/Rb 与 Sr/Rb 的荧光 X 射线对比

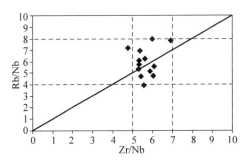

图 6　三股本登窑出土瓷器的 Rb/Nb 与 Zr/Nb 的比较

和 Zr/Nb 的几乎相同或相似。

2. 与其他窑出土瓷器元素组成的比较

对三股本登窑以外出土的瓷器的特征进行同样的分析，包括胎土中 Fe，Rb、Sr、Y、Zr 的含量对比图、log(Rb/Sr) 与 log(Zr/Sr) 对比图、Fe/Rb 与 Sr/Rb 对比图及 Rb/Nb 与 Zr/Nb 对比图。分别对不同窑中出土的瓷器结果进行分析，此后进行整体比较。

（1）永尾本登窑出土了 6 个碗及陶瓷碎片各元素（Fe、Rb、Sr、Y、Zr）的荧光强度比如图 7 所示。大部分样本中表征铁含量的 Fe/(Rb+Sr+Y+Zr) 值小于 1，比值大于 1 的样本只有一个（644_SHK22_0159）。由此可知，该窑陶瓷的铁含量较低。Rb 的含量几乎不变。Sr 的含量由低到高分布较宽。Zr 的含量与 Rb 相同或略低。相比三股本登窑，显然该窑使

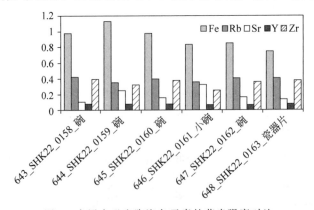

图 7　永尾本登窑陶瓷各元素的荧光强度对比

用的胎土品质更高。log(Rb/Sr)与log(Zr/Sr)的对比可以表示为斜率为0.84、截距为0.10的直线。与图4相比,尽管斜率相同,但是截距比直线B更大(图8)。图9是铁含量的数据,可见样本聚集在$0 < Sr/Rb \leqslant 1$以及$2 \leqslant Fe/Rb < 4.0$的两个区间,与三股登窑的铁含量没有明显的不同。图10中列出了Rb/Nb与Zr/Nb的对比趋势,Rb/Nb集中在5.5~8,而Zr/Nb则集中在5~7。与三股本登窑(图6)相比,Rb/Nb的分布更窄。这意味着Rb的水洗流失率更低。这应该是因为胎土中Fe的含量更低,因此水洗次数更少所致。另外,所有的数据都分布在斜线上方,表明$Zr \leqslant Rb$。

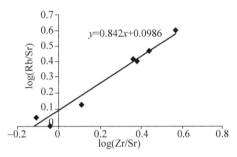

图8　永尾本登窑陶瓷 Rb、Sr、Zr 的荧光 X 射线强度对比

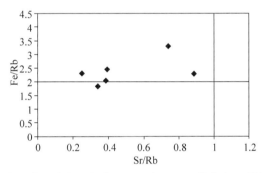

图9　永尾本登窑出土瓷器 Fe/Rb 与 Sr/Rb 的荧光 X 射线对比

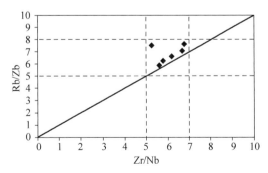

图10　永尾本登窑 Rb/Nb 与 Zr/Nb 的荧光 X 射线对比

(2) 三股上登窑出土的11个碗及陶瓷碎片各元素(Fe、Rb、Sr、Y、Zr)的荧光强度比如图11所示,Fe/(Rb+Sr+Y+Zr)的比值几乎都小于1,大于1的只有两个样本(656_SHK22_0171、657_SHK22_0172),等于0.9的有3个样本。Rb的含量几乎都小于0.4。因此,Sr的含量高于Rb的3个样本,比Y略多的有1个样本。整体而言,该窑的胎土中Sr的

含量偏高。Zr 的含量略高于或等于 Rb 含量。低于 Rb 的样本只有一个。log(Rb/Sr)与 log(Zr/Sr)作图可以得到两条直线(图12)，截距分别为 1.0 和 0.0。优质瓷器的胎土通常出现在截距 2 以上或者 3 左右，图中位于直线以上，属于普通质量瓷器的样本只有 3 个，其他的样本基本都来源于劣质胎土。Fe/Rb 与 Sr/Rb 对比，可知样本聚集于 2≤Fe/Rb<4 和 0<Sr/Rb≤1.4(图13)。与三股本登窑类似(参考图5)，Rb/Nb 集中于 4.5～7，Zr/Nb 则集中于 4.6～6.2(图14)，在以上的 3 个窑中，Zr/Nb 的值最低。与之相应，Rb/Nb 的比值也略有减少，分布集中于 4～7。大部分的数据分布在直线附近，另有 3 个样本则远离直线。其中 2 个样本(650_SHK22_0165、658_SHK22_0173)中 Rb>Zr，1 个样本(656_SHK22_0172)中 Rb<Zr。

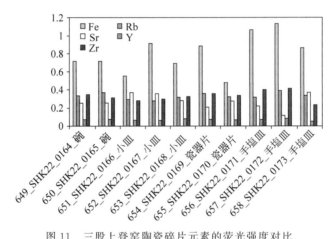

图 11　三股上登窑陶瓷碎片元素的荧光强度对比

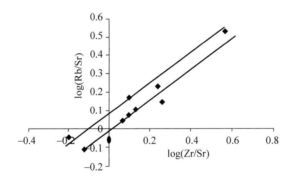

图 12　三股上登窑陶瓷 Rb、Sr、Zr 的荧光 X 射线强度对比

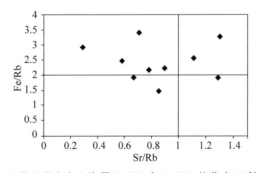

图 13　三股上登窑出土瓷器 Fe/Rb 与 Sr/Rb 的荧光 X 射线对比

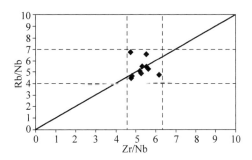

图 14　三股上登窑 Rb/Nb 与 Zr/Nb 的荧光 X 射线对比

（3）大新登窑共检测 12 个出土瓷器和碎片。这些样本的 Rb、Sr、Y、Zr 荧光 X 射线特征如图 15 所示。同时，Fe 含量由 Fe/(Rb＋Sr＋Y＋Zr) 来表征，比值大于 1 的样本有 6 个，等于 0.9 的样本有两个。Sr 比 Rb 多的样本有 2 个，比 Y 略大的样本也仅有 2 个。此外，大部分的样本中，Zr 比 Rb 含量高。log(Rb/Sr) 与 log(Zr/Sr) 对比图可得 3 条直线（图 16）。其中截距为 0 的直线与图 4 中的直线 C 接近，其他的两条直线截距分别为 0.1 和 0.2。与其他的窑相比，该窑瓷器胎土的组成不稳定，是品质最差的胎土。Fe/Rb 与 Sr/Rb 对比图（图 17）也可见数据聚集于左下方，Fe/Rb 为 8 的样本有 2 个。另外，Sr/Rb 大于 2 的样本有 3 个，属于铁含量较高的瓷器。因此，成品瓷器的颜色多为灰色。水中溶解度较高与较低的元素 Rb/Nb 的比集中在 3.0～7.0，Zr/Nb 集中在 4.5～7.0(图 18)。仅有两个数据点位于直线上方，其余所有数据集中在直线下方。因此，Rb 的含量低于 Zr 的含量。

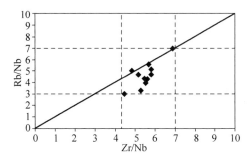

图 15　大新登窑陶瓷碎片元素的荧光强度对比

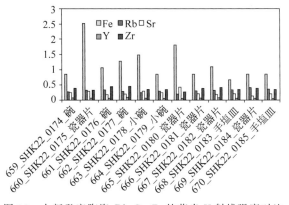

图 16　大新登窑陶瓷 Rb、Sr、Zr 的荧光 X 射线强度对比

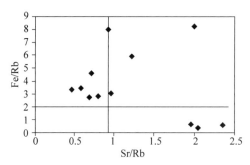

图 17　大新登窑出土瓷器 Fe/Rb 与 Sr/Rb 的荧光 X 射线对比

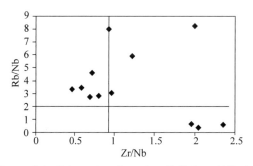

图 18　大新登窑 Rb/Nb 与 Zr/Nb 的荧光 X 射线对比

（4）中尾上登窑共检测 14 个出土的瓷器和碎片。一部分出土瓷器上有黏附的碎片（675_SHK22_0190、679_SHK22_0194、682_ SHK22_0197）。表征瓷器胎土的组分的 X 强度分布图见图 19。Fe/（Rb＋Sr＋Y＋Zr）值最大为 1.6 的样本有 2 个，其他接近 1 的样本有 6 个与大新登窑类似，属于铁含量较高的瓷器。Rb 的含量低于 0.4，Sr 的含量高于 Rb 的样本有 3 个。作为瓷器的胎土组成，是比较罕见的例子。Sr 的含量与 Y 接近或略大的样本只有 3 个，其他的都远远高于 Y。波佐见地区的陶石组分如图 2 所示，Sr 的含量接近于 Y 的含量。log（Rb/Sr）与 log（Zr/Sr）对比图可得 3 条直线（图 20），其中接近图 4 中直线 A 的一条，以及截距分别为 0.05 和 0.2 的直线两条，显示该窑中瓷器组成的多样性。Fe/Rb 与 Sr/Rb 对比图，除样本 683_SHK22_0198 之外全部位于直线的左下区域。同时，Fe/Rb

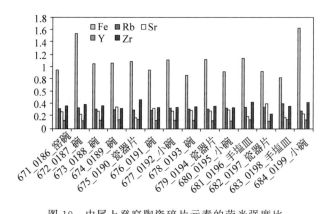

图 19　中尾上登窑陶瓷碎片元素的荧光强度比

的比值为 6 的样本有一个(684_SHK22_0199,见图 21)。对 Rb/Nb 与 Zr/Nb 对比图(图 22)则显示除了两个样本(682_SHK22_0197、683_SHK22_0198)外所有的样本都在直线的下方,即 Zr≥Rb。Zr/Nb 多为 4.5～6.2、Rb/Nb 集中在 3～8.5。整体而言属于铁含量偏高,Zr 含量高于 Rb 的瓷器,其表明颜色多为灰色,与大新登窑的瓷器类似。

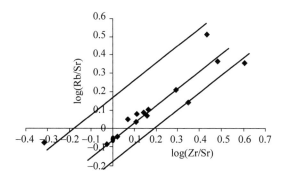

图 20　中尾上登窑陶瓷 Rb、Sr、Zr 的荧光 X 射线强度对比

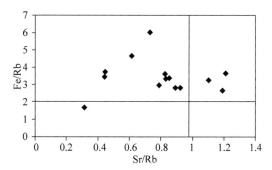

图 21　中尾上登窑出土瓷器 Fe/Rb 与 Sr/Rb 的荧光 X 射线对比

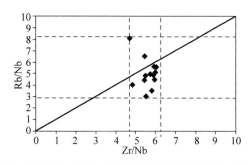

图 22　中尾上登窑 Rb/Nb 与 Zr/Nb 的荧光 X 射线对比

(二) 波佐见登窑出土瓷器的整体比较

以上作者比较了 5 个登窑出土瓷器的特征,其中大新登窑与中尾登窑出土的瓷器中铁的含量偏高,永尾登窑瓷器的 log(Rb/Sr) 与 log(Zr/Sr) 对比显示为一条直线之外,其他窑出土的瓷器分散为 2 条直线(三股上登窑)或 3 条直线(三股本登窑、大新登窑、中尾上登窑)。其中大新登窑的直线截距全部为负数,中尾上登窑中有 2 条直线的截距为负数。类似

的差异在 Rb/Nb 与 Zr/Nb 对比图中也得到体现。永尾本登窑的样本均集中在直线的上方,大新登窑和中尾本登窑的样本则大部分集中在直线的下方。另外,三股本登窑与三股上登窑的样本则均匀分散在直线的上下。这些数据显示,Rb 与 Zr 的比能够区分不同窑的瓷器。大新登窑与中尾上登窑的特征为 Rb<Zr。由于硅酸锆的熔点较高,成品瓷器的硬度因此得到提升。Rb 的比例越高,硅酸盐的熔点也相应降低。

图 23 比较了所有 5 个登窑中出土瓷器的 Rb/Nb 与 Zr/Nb,其中斜线表示 Rb/Nb 与 Zr/Nb 均为 1。为了方便后续与三重津海军所出土瓷器的比较,对永尾本登窑的数据进行了区分。斜线以下的数据表示 Zr 的含量高于 Rb 的含量。由图可见,即使是相同瓷器生产地不同登窑出产瓷器的胎土组成也各不相同。这种现象在本研究中首次得到明确。此外,Zr/Nb 大部分集中在 5~7。

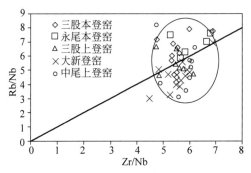

图 23　5 个登窑出土瓷器的 Rb/Nb 与 Zr/Nb 的荧光射线对比

（三）三重津海军所出土瓷器比较

三重津海军所出土了大量的瓷器。其中,带有「御船方」、「役」以及「海」品牌标记碗具的 Rb/Nb 与 Zr/Nb 特征图与波佐见出土瓷器的比较见图 24。不同品牌碗具的数据分布各不相同。「御船方」品牌的碗具分布在图的右侧（5≤Zr/Nb≤6）,而「役」品牌碗具则集中在图的中央（4≤Zr/Nb≤5）。此外,「海」品牌的碗具则主要集中在图的左侧（3≤Zr/Nb≤4）。不过这其中有两个样本分布在 5 附近。由此可以推断这三种品牌碗具来自不同的产地。比较图 23 与图 24,「御船方」的碗具与波佐见生产瓷器的胎土特征十分类似,特别是与永尾登窑出土的瓷器胎土组成高度相似。波佐见与盐田津相邻,产品可以通过海运运输到海军所。

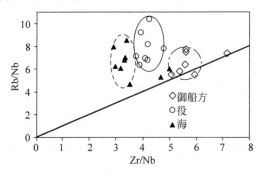

图 24　碗具与波佐见出土瓷器比较

「海」与「役」品牌的碗具也可以通过类似的分析而推断其远产地。尽管这些数据目前还在整理分析中,三重津海军所出土的「海」品牌碗具的生产地大致可以推断为有田的年木古、广漱向;而「役」品牌的碗具则与志东山、志田西山、吉田生产的瓷器的化学组成类似。详细结果将在未来发表。

四、总　结

为了推测三重津海军所出土瓷器的产地,本文注目于幕府末期瓷器烧制业高度发达的波佐见,并分析了当地不同登窑出土瓷器胎土的同步光 X 射线光谱,波佐见拥有 5 座不同的登窑,本次分析清晰地揭示了不同登窑出土瓷器胎土的元素组成以及其相应特征,并得出以下推断。

(1) 从 Fe 元素的含量看,有田的年木古,广漱向出土瓷器的铁含量明显高于佐贺成第二丸出土的瓷器。志田与吉田生产的瓷器的胎土成分类似。

(2) 从 $\log(Rb/Sr)$ 与 $\log(Zr/Sr)$ 对比分析可知,除永尾登窑之外,其他登窑的胎土均非单一来源。

(3) 胎土成分中,对水溶性高的元素与水溶性低的元素比,如 Rb/Nb 与 Zr/Nb 对比图,可以特定出波佐见陶瓷的特征。其 Zr/Nb 为 5.0～6.5。

(4) 即使同为波佐见登窑,不同登窑的 Rb/Nb 比值也不同,可以划分为 Rb＞Nb、Rb＝Zr、Rb＜Zr 三类。永尾本登窑的特征为 Rb≥Nb,而大新登窑与中尾上登窑特征为 Rb≤Zr、三股本登窑与三股上登窑的瓷器则包含两种情形(Rb≤Zr 或 Rb≥Nb)。

(5) 三重津海军所出土瓷器中「御船方」品牌碗具的特征与波佐见出土瓷器胎土的特征高度相似,并与永尾本登窑出土的瓷器高度相似。

(6) 针对瓷器胎土的元素组成,作者从陶石的形成过程,以及陶土制作过程中的水洗工序出发,考虑不同溶解度元素在这些过程中的变化,从而实现对出土瓷器生产地的推测,属于本研究首创。在此之前,一般认为肥前瓷器与胎土的原产地识别非常困难,透过本研究创立的方法则可以解决这一问题。

五、民间传统知识

波佐见陶瓷尽管不如有田陶瓷华丽,但是在江户时代的关西地区,被昵称为「くらわんか碗」(ku Ra Wan Ka,一种九州的料理)而广泛销售。此外,也以「コンプラ瓶」(Kon Pu Ra Bin,一种九州特产的陶瓷瓶)的品牌向东南亚以及欧洲出口。即使现在,这些传统也得到了良好的继承,为普通大众提供本土风味的瓷器制品。这些技术一般认为与三重津海军所出土瓷器的「御船方」品牌碗具的制作技术相关。不过江户时期主要使用的陶石为本地的三股陶石为主,而现在则主要使用天草陶石。此外制品也从传统的碗或盘子,开始作为创新的素材与瓷器的制作。

致谢

本研究得到佐贺市"重要产业遗迹出土遗物科学分析研究（平成二十八年度）"委托，同时研究的一部分经费源自科学研究费基础资助基金（C）（平成三十一年度—令和三年度，19K01126），特此致谢。此外，实验在佐贺县九州同步光研究中心的以研究编号1605031P开展进行。同时，佐贺县鉴于委员会的中野充先生为三重津海军所出土瓷器的材料准备，以及波佐见产瓷器的外借提供了诸多帮助，而且从考古学的角度给予了众多建议。波佐见教育委员会的中野雄二先生则提供了实验材料。在此一并致谢。除此以外，本文的工作还得到了很多人士的帮助，作者深表谢意。

参考文献

［1］ 波佐见陶瓷促进会.陶艺专业培训［M］.日本：出版者不详，2007.

［2］ 波佐见教育委员会.波佐见史［M］.日本：出版者不详，1981：265.

［3］ 田端正明，中野，等.同步加速器X射线荧光分析世界文化遗产——三重津海军所遗迹出土瓷器土壤：与佐贺遗址出土瓷器的比较［J］.分析化学，2016.

［4］ Hamasaki S. Volcanic-related alteration and geochemistry of Iwodake volcano，Satsuma-Iwojima，Kyushu，SW Japan［J］. Earth Planets & Space，2002.

［5］ Structure of (Ph3P)2Pt(μ2-CS2)W(CO)5［EB/OL］.［2020-05-19］. http://scripts. iucr. org/cgibin/paper?S0108270185008113.

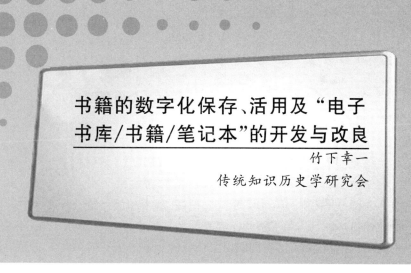

书籍的数字化保存、活用及"电子书库/书籍/笔记本"的开发与改良

竹下幸一
传统知识历史学研究会

摘要：为了应对由于纸质书籍损坏而造成的信息丢失问题，使用数字媒介进行书籍的储存变得十分必要。本文探讨了通过数字化进行书籍的储存所需的电子媒介、信息处理设备以及相关软件。通过使用作者开发的"电子书库/书籍/笔记本"，可以数字化保存和使用书籍。在本文中，我们介绍了"电子书库/书籍/笔记本"的各种功能以及使用方法。另外，由于将图书数字化在图书馆和大学等公共机构中推广十分重要，本文将讨论其在公共机构的保存和利用。

关键词：电子书库

一、引　　言

纸质印刷体书籍是记录、传输和获取信息的手段。书籍作为图书馆、阅览室、研究室和私人的藏书，被保存、管理和利用。但是，使用纸质书籍存在一些问题。造纸过程中形成的酸性纸会因为劣化和破损无法保存百年之久。

既然书籍的保存是对记载在纸上的图片信息的保存，存储介质不必限于纸，信息的表现方法也不必限于可视化图片。使用数码相机、扫描仪等设备和信息处理软件，可以将图片表示为二进制数字。该数字信息既能在显示器上显示与书籍内容相同的图片，又能还原成纸质书籍。

数字化书籍拥有轻松解决纸质媒体所存缺陷的潜能。利用 OCR 软件从字符图像中获取字符代码，则可以通过搜索字符代码，轻松地从书本中检索所需信息。当访问和获取信息时，其在效率、便捷和准确性方面明显优于纸质书籍。

2013 年以来，笔者开发了"电子书库/书籍/笔记本"，在书籍数字化和使用数字信息方面积累了经验和技术。在本文中，我们展望了通过数字化来保存和利用书籍的新时代，并探讨了使之成为可能的"电子书库/书籍/笔记本"的开发和改进。

二、情报的保存

（一）罗塞塔石碑的教训

从罗塞塔石碑（Rosetta Stone）挖掘、解密和保存的经验教训中，可以学习如何处理不可避免的损坏和丢失的书籍的保存和利用。罗塞塔石碑是于1799年拿破仑在埃及探险时被发现的，目前在大英博物馆展出。该石碑记载着公元前196年的古埃及的信息，使用三种类型的文字描述了碑石。商博良（Jean-Francois Champollion）于1822年对其进行了解密。无须访问大英博物馆，就可以在互联网上轻松获得该铭文。由此案例，我们总结出以下经验。首先，罗塞塔石碑在两千年里免受风化和火灾的损失是由于使用了石头作为记录介质。因此，选择适当的记录介质对于保存历史资料尤为重要。其次，由于用相应的希腊字母灯进行记载，因此可以解码石碑上的古埃及文字。人类使用的语言不会永远持续下去，随着文明和种族的兴衰有可能消失。因此，记录格式的多样化对于传递信息很重要。第三，必须由公共机构管理历史资料并公开信息。目前，罗塞塔石碑由公共机构大英博物馆管理。这是继承石碑上历史信息的可靠方法。

（二）电子情报的记录媒介

1. 记录媒介的寿命

数字信息可以存储在 CD 等记录介质上。从视觉上观察记录介质无法获取信息，但经由读取设备和信息处理设备则可获取该信息。其次，信息的记录也借助于信息处理和输出设备。因此，不仅对于记录介质，对于信息处理设备、输入输出设备等，都需要考虑数字信息的保存。

这里讨论的通过数字化来存储书籍的记录介质不是诸如计算机的 CPU 或主存储设备的内部存储器，而是例如硬盘（HD）或光盘（CD）的外部存储设备。关于外部存储的选择，下面回顾其发展历史。

20 世纪 70 年代以来，在公用计算机的普遍使用中，磁带和磁盘已用作外部存储设备。在 20 世纪 70 年代，诸如 2400 英尺①（180MB）的磁带是用于个人用户存储的，并且可以使用安装在公用计算机上的输入/输出设备来记录和读取信息。但是，随着高速、大容量磁盘的普及，磁带的使用减少了，计算机上的输入/输出设备也随之被删除。因此，磁带上累积的信息需要复制到其他存储介质进行保存和利用。

到了 20 世纪 90 年代，个人计算机开始普及。原始的记录介质是软盘。软盘的大小从 8 英寸②减小到 5.25 英寸和 3.5 英寸，容量则从 80KB 增加到 1.6MB。使用软盘需要专门

---

① 1 英尺＝0.3048m。

② 1 英寸＝0.0254m。

的输入/输出设备。此后,USB 存储器和 HD 的普及使得软盘的利用减少。存储在软盘上的信息,如果在输入/输出设备可用时未进行复制,此后的访问将会变得困难。

在存储介质和输入/输出设备的历史上,发展方向是增加容量、提高速度、减小尺寸并节省功率。每次开发新的存储介质时,都会淘汰传统的存储介质,并将其所需的输入/输出设备从市场上删除。假设该发展方向将来不会改变。新存储介质的开发使传统的存储介质的使用变得困难,于是传统存储介质中的信息变得难以访问。因此,为了继承传统介质中所存储的信息,必须及时将其复制到新的存储介质中。为了信息安全,不仅要考虑存储介质的物理寿命,还要考虑存储介质和输入/输出设备的市场寿命。

2. 记录媒介的容量

通过数字化存储书籍时,不仅要考虑所需记录介质的寿命,还要考虑其容量。

假定通过复制将一本书数字化时一页约为 100KB,一本 500 页的书则需要 50MB 的存储容量,100 本则需要 5GB 的存储介质,1000 卷需要 50GB,10 000 卷需要 500GB,100 000 卷需要 5TB。另外,在 1GB 的存储介质中可以存储 20 本书,在 1TB 中可以存储 20 000 本书,在 100TB 中可以存储 200 万本书。

截至 2019 年 3 月,台式机的内置高清硬盘的最大容量为 4TB。外部高清硬盘的最大容量为 40TB。使用磁带的 MSS 的容量已达 120TB。此外,市售 USB 存储器的容量为 2GB 至 2TB。CD 的容量为 700MB,单面单层(DVD)的容量为 4.7GB。当今的存储介质可以在单个介质上存储超过 100 万本书。在选择存储介质时,重要的是考虑使用目的及相对应的容量。

3. 数字信息的记录格式

使用文字处理器等制作的书籍有特定于所使用软件的记录格式。由于软件制造商退出市场、计算机操作系统或型号的更改,不能保证当前记录的书籍信息将来会可用,因此,在存储数字化书籍时,重要的是使用不依赖软件、操作系统或计算机型号的通用记录格式。通用性的条件是记录格式向公众开放。由此,可以解密数字信息并还原书籍。

目前,存在便携式文档格式(Portable Document Format,PDF)文件、联合图像专家组(JPG)文件和文本文件这几种通用记录格式。扫描仪所扫描的书籍可以作为图像信息保存为 PDF 文件。

PDF 文件的记录格式向公众开放,并且可不限计算机型号或操作系统读取记录内容。通过使用诸如文字处理软件,电子表格软件或演示软件之类的打印功能可将 PDF 文件创建为打印文档。在此创建的 PDF 文件包括由文字处理软件等创建的文本信息。

使用数码相机等保存的书作为图像信息记录在 JPG 文件中。在 JPG 文件中,除了图像外,还记录诸如拍摄日期和时间以及拍摄设备的制造商名称的文本信息。在使用具有 GPS 功能的数字照相机中,拍摄位置的纬度和经度则被记录为 GPS 信息。

文本文件仅使用字符代码记录。以日语字符代码为例,8 位二进制数表示一个字符的 JIS X 0213 字符代码、2B(16 位)的移位 JIS 日语字符代码为标准格式。

在数字化书籍中,复用记录格式很重要。在 PDF、JPG 文件中,书籍的图像信息被记录为数字信息。在解码中,通过诸如信息处理软件和显示器之类的设备,字符图像被人眼和大脑识别为字符信息。通过复制书籍获得的 PDF、JPG 文件的字符图像不是字符代码。为了从字符图像获得字符代码,必须使用与人的视觉观察和大脑相似的光学字符识别(OCR)软件。其可将单个字符图像识别为字符代码并记录为文本信息。从以二进制数描述的文本信息中无法用人眼检测到目标文本，但是通过使用具有关键字搜索功能的信息处理软件可以轻松完成。因此，在数字化书籍中，重要的是使用 OCR 软件以及字符图像的 PDF 或 JPG 文件来获取文本信息，将文本信息记录为文本文件，实现记录格式的多样化。

（三）PDF、JPG 和文本文件的创建

1. PDF 文件

使用扫描仪扫描书籍可以创建 PDF 文件。考虑到被扫描书籍需保持平坦以及扫描的工作效率，书脊被拆开的书最为适合。如果无法拆分书脊，那么纸张内侧可能弯曲或扫描之后产生难以阅读的部分。使用自动给纸装置（ADF）时，对 500 页 A4 尺寸、300 DPI 的书籍进行扫描时大约需要 10 分钟。由扫描仪获得的 PDF 文件，会将多页集合成一个集成型 PDF 文件。"电子书库/书籍/笔记"中使用的则是每页一个文件的分割型 PDF 文件。因此，有必要使用 Acrobat Standard 等从集成的 PDF 文件中创建分割的 PDF 文件。另外，在显示器上显示图像，以及对图像进行放大或缩小时，使用 PDF 文件要优于使用 JPG 文件。将记录在 JPG 文件中的信息转换为 PDF 文件也可以使用 Acrobat Standard 等进行。

2. JPG 文件

通过使用数码相机或扫描仪复制书籍时会创建 JPG 文件。通过使用图像处理软件，去除复写图像中书本以外的部分，并删除书页上下左右的空白区域，可使字符区域所显示的比例变大，字符变大且更易于查看。此外，可以实行旋转来校正图像。另外，考虑到存储容量和图像的分辨率，需要将图像的分辨率改为必要的最小值。在某些情况下，使用图像处理软件可将 JPG 文件转换为 PDF 文件。

3. 文本文件

从图像信息中获取字符代码可使用 OCR 软件。OCR 软件使用 JPG 文件、PDF 文件等作为图像信息。字符识别的结果作为文本文件输出。"电子书库/书籍/笔记"中使用的文本信息需要每一页的文本信息。因此，为了从字符识别结果中提取每个页面的文本信息，识别结果需要包括分页符信息（页面分隔符）。根据市售的 OCR 软件，可能不存在分页符信息，因此在购买时需谨慎选择 OCR 软件。当图像信息具有简单布局时，OCR 软件的解码率接近 100％。在诸如报纸等布局复杂的情况下，可能会出现无法识别的区域。当识别诸如风景照之类的字符以外的图像信息时，结果在视觉上为乱码。

三、开发"电子书库/书籍/笔记本"

（一）"电子书库/书籍/笔记本"文件和文件夹的结构

1. 电子书所使用的文件

电子书所使用的文件由电子书文件和"电子笔记本"的 3 种文本文件组成。这些文件有

以下规格。

(1) 电子书文件通过复印书得到图像信息文件,书的每一页是一个 PDF 或 JPG 文件。电子书文件的文件名是"书名_序列号.扩展名"。序列号是从 1 开始的自然数,用来表示页码。用扫描仪或数码相机复印获得的文件名与本软件中使用的格式不一致。因此,可使用"电了书的准备"来改变文件名。

(2)"电子笔记本"的 3 种文本文件分别是"书名_Index.txt""书名_Text.txt"和"书名_Memo.txt"。"书名_Index.txt"文件记录目录、索引和书签之类的信息。"书名_Text.txt"文件记录由 OCR 软件获得的文本信息等。"书名_Memo.txt"文件用作记事本。

(3) 电子笔记本所用的文本文件采用以下格式。

1&⋯&⋯& 换行代码

2&⋯&⋯& 换行代码

3&⋯&⋯& 换行代码

⋯

n&⋯&⋯& 换行代码

每一行记述电子书每一页的文本信息。每行开头的数字表示页码。& 用作页面中的换行代码。使用"电子书的准备"来初始化三种类型的文本文件。使用"电子书的准备"中的"OCR 数据的处理",可将 OCR 软件获得的文本信息导入到"书名_Text.txt"文件中。

2. 电子书文件夹和电子书库文件夹

"电子书库/书籍/笔记本"中使用的电子书用文件存储在电子书文件夹或电子书库文件夹中。电子书文件夹包括多个电子书文件和三种类型的文本文件。电子书库文件夹包括电子书文件夹和电子书库文件夹,并可具有分层结构。

(二)"电子书库/书籍/笔记本"的结构和功能

"电子书库/书籍/注释"使用 Visual Basic 2005(VB2005)进行编程,由"电子书籍""电子书库""电子书籍的准备""序列号文件的处理"以及"PDF 文件的检索"软件构成,如图 1 所示。

图 1　启动画面

每个软件具有以下功能。

（1）"电子书籍"以电子书文件夹中的电子书籍为对象，逐页显示图像信息和文本信息；以文本信息为对象，在每个页面实行关键字搜索。

（2）"电子书库"以页面或书籍为单位，在电子书库文件夹和电子书籍中进行关键词搜索。

（3）"电子书籍的准备"能更改图像文件的名称使其成为电子书籍用文件，并初始化文本文件；将 OCR 信息导入到文本文件中；集成书籍文件夹。

（4）"序号文件处理"可以编辑电子书籍用文件。

（5）"PDF 文件的检索"可以对通过文字处理器、电子表格软件、演示软件等的"打印"功能创建的 PDF 文件执行关键字搜索。

（三）电子书籍

本软件中使用的电子书需要使文件夹中存在具有给定文件名的电子书籍文件和三种文本文件。激活"电子书籍"时，将确认所选文件夹中是否存在必要的文件。当必要文件存在时，可以"打开"电子书，并且该书的图像信息和文本信息可在每个页面的显示器上的窗口中显示。

"电子书籍"由"电子书籍""电子笔记本""搜索"三个区域组成，如图 2 所示。

（1）"电子书籍"在个人计算机的显示器上显示图像文件。

（2）"电子笔记本"可以显示、输入、更正和利用文本信息。

（3）"搜索"对文本信息执行关键字搜索并显示相应的页面。

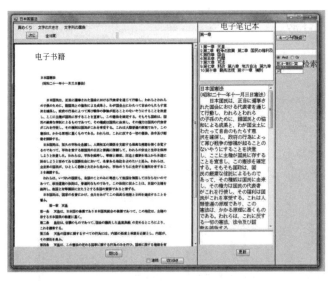

图 2 "电子书籍"的结构

（四）"电子笔记本"的功能

"电子笔记本"显示三种类型的文本文件的文本信息，可利用、输入和校正文本信息。

文本信息的显示画面分为"目录/索引/书签""文本""备忘录"三种类型。

（1）"目录/索引/书签"由输入区域和显示/选择区域组成。用户可以在输入区域中的每个页面输入、修改和删除与目录、索引和书签相对应的信息。在显示/选择区域中,显示目录列表、索引和书签的一览。选择其中之一时,将显示相应页面的图像和文本。输入或修改的"目录/索引/书签"存储在"书名_Index.txt"中。

（2）"文本"显示由 OCR 获得的"书名_Text.txt"的文本信息。文本信息的修改和输入是可能的。

（3）"备忘"用于备忘。输入或修改的"备忘录"保存在"书名_Memo.txt"中。

（4）单击"更新",输入或修改的文本信息将覆盖三种类型的文本文件。

（五）"搜索"功能

"电子书籍"的"搜索"具有以下功能。

（1）在"目录/索引/书签""文本"和"备注"中为每个页面执行关键字搜索。

（2）可以使用多个关键字进行搜索,以空格（半角或全角）分隔。

（3）对于多个关键字搜索,需设置关键字之间的逻辑运算。当包含所有关键字时使用 and,当包含任何关键字时使用 or 进行搜索。

（4）搜索结果显示与搜索条件匹配的页码。当选择并单击页码时,将显示相应页面的图像信息和文本信息。在文本信息中,关键字部分显示为蓝色。

（六）电子书库的功能

参考书目等用于从大量书籍中检索出包含目标信息的书籍。此外,用户通过使用每本书的目录或索引来获得目标信息。这需要大量的精力、时间和耐心。但是,当使用以大量电子书为对象的搜索功能时,可以通过搜索书本在短时间内完成搜索。"电子书库"具有以下功能。

（1）从电子书库文件夹的电子书文件夹中,通过关键字搜索,在三种类型的文本文件中搜索包含所需信息的电子书。

（2）对要搜索的电子书库文件夹及其下相关文件夹,逐页或按书进行关键字搜索。可以使用多个关键字,并且在它们之间设置逻辑积和逻辑和的条件。

（3）搜索结果会显示相应的文件夹,可以参照"电子书库"。在"电子书库"中,可以显示相应的页面。另外,上述"电子书库"的功能也可以使用。

四、数字化保存和利用书籍以及"电子书库/书籍/笔记本"

（一）数字化保存书籍

使用纸作为记录介质的书,由于纸的劣化,会不可避免地丢失记录的信息。如今,扫描仪和数码相机的发展使复印书籍变得更加容易。另外，个人计算机之类的数字设备和数字技术的进步使得数字化存储和使用书籍成为可能。HD之类的记录介质可以存储数百万本书。

在数字设备中存储信息时，不仅要考虑记录介质的寿命，还要考虑输入/输出设备和相关软件的寿命。鉴于当今输入/输出媒体和设备的新旧交替，复制信息到新的媒体和设备上以保存信息尤为重要。信息的保存格式不应受限于信息设备的操作系统或软件，应使用记录格式公开的通用信息存储格式。当今的通用记录格式包括PDF文件和JPG文件。

（二）管理和公开书籍的数字化信息

通过信息处理设备进行数字化，可以无纸化储存和使用书籍。但是，个人如何操作仍是一个难题。数字化取决于个人的兴趣和需求。私人定制的数字化书籍限制了其使用范围。此外，数字化信息的长时间保存也无法保障。保存数字化信息时，需将其复制到最新的记录介质上，但个人很难应对日新月异的信息处理设备。

数字化书籍的创建和保存必须由中央政府、地方政府和大学等公共组织的图书馆进行。书籍的数字化已经在日本国立国会图书馆启动，预计未来会成为一个国家项目。

由公共机构创建、存储的书籍的数字化信息有望以以下方式公开和使用。

（1）使用互联网下载数据。数据使用了通用的集成PDF文件。互联网用户可以将数据下载到个人计算机，并在"电子书库/书籍/笔记本"中使用。

（2）可以在图书馆、教育机构等内联网上使用。在服务器的数据库中构造分级电子图书馆，并且该数据库可以被指定为终端上的"电子书库/书籍/笔记本"中的驱动器。将在个人计算机上创建的电子书传送到服务器可以创建数据库中的电子书。

（3）"电子书库"可以在互联网之外的各个组织中使用。通过网页服务器上的CGI程序可以访问数据库中的"电子书库"。可以使用诸如目录的"书名_Index. txt"文件来创建具有目录的网页。网页的创建在个人计算机上执行。此外，可通过网页服务器上的CGI程序对文本信息执行关键字搜索，并显示搜索页面。

（三）版权

与书籍的数字化信息的创建和公开相关的版权保护也十分重要。书籍的购买者切断书脊，使用扫描仪获得图像的数字化信息是一种不涉及版权保护的行为。问题在于数字化信息的利用方法。私人购买者在个人计算机上使用书籍的数字化信息不会产生版权问题。但在公开或转让该信息时则必须考虑版权。图书馆等公共机构的书籍的所有者，如果与公开图书等同，则可以在图书馆内部公开书籍的数字化信息。此外，若与书本复制服务类似限制复制数量，也可以复制数字化信息。互联网上的出版方法是纸质书所未曾假定的，因此有必要考虑版权问题。

（四）使用"电子书库/书籍/笔记本"的可能性

"电子书库/书籍/笔记本"的使用不仅缩短了访问时间，而且还具有如下优势。

（1）通过使用"电子书库"或"电子书"的关键词搜索，可以以书或页为单位访问目标信息，搜索时间为几秒到几十秒。

（2）访问百科全书的常规信息时使用按字母顺序排列的索引。"电子书库"或"电子书"的搜索将以整个百科全书为对象，并且不会遗漏任何相关信息。

（3）使用"剪切"和"合并书籍文件夹"功能，可以对多本书籍进行编辑。

（4）使用文本信息的复制和粘贴、"剪切"和"文本输出"功能可以获得文本信息，以供文字处理或电子表格软件使用。

（五）"电子书库/书籍/笔记本"的多功能性

该软件不仅限于存储和利用书籍，也可用于以下一般目的。

（1）从报告和资料中获取注意事项的信息。从数千页的报告和材料中，有时需要立即确认或获取注意事项相关的信息。在这种情况下，花费数小时创建 PDF 文件并通过 OCR 软件获取文本信息以创建电子书，可以在几秒钟内通过关键字搜索获取所需信息。

（2）保存和活用办公文件。使用扫描仪创建 PDF 文件，使用 OCR 软件创建文本信息并建立电子书文件夹，可以保存历史积累的大量办公文件。通过使用"电子书库"的关键字搜索功能，可以访问目标文档并根据需要执行打印。在 IT 时代，办公文件是使用文字处理器或电子表格软件创建的。这些办公文件以 PDF 文件输出，并且可以通过"电子书库/书籍/笔记本"轻松存储和使用。

（3）创建和利用旧报纸。每天创建一个书籍文件夹，并使用"合并书籍文件夹"功能建立每月和每年的存档文件夹。灰色模式下一张纸大小的面积的存储容量约为 1MB。

（4）利用 JPG 文件中的 exif 信息，其可以显示具有 GPS 功能的数码相机拍摄照片的日期和时间，并且可以在地图上显示拍摄位置。这样就可以保存和利用野外调研和建筑工地之类的记录。

（5）在 IT 时代，文字处理和电子表格软件被用作通用软件。在书籍的数字时代，"电子书库/书籍/笔记本"则具有通用软件功能。

（6）使用非日语的字符代码作为文本信息，可以利用日语以外的"电子书库/书籍/注释"。因此，通过使文本信息和关键词搜索的字符代码与各国语言对应，"电子书库/书籍/便笺"具有在每个国家中使用的潜力。

五、改进"电子书库/书籍/笔记本"

使用"电子书库/书籍/笔记本"时，用户需要准备 PDF 或 JPG 文件作为图像文件。可以利用扫描仪或数码相机扫描书籍或在互联网下载以获取图像文件。但是，"电子书库/书籍/笔记本"中使用的图像文件需使用图像处理软件和 PDF 软件进行处理。另外，有必要使用 OCR 软件从图像文件中获取文本信息。现有的软件可用于这些任务，如果考虑到软件购买和工作效率，"电子书库/书籍/笔记本"的使用将受到限制。因此，为了便于使用"电子书库/书籍/笔记本"，合并图像处理软件、PDF 软件和 OCR 软件的功能，使本软件可执行一系列任务的改进十分重要。

（一）图像处理

现有的图像处理软件可以全方面编辑和处理图像。但是，在电子书中处理图像只需以下功能。未来有必要改良软件使其具备以下功能。

（1）裁剪。裁剪功能是指从图像中裁剪出所需区域。书本以外被扫描的是与书本无关的、不必要的区域。另外，书本上下左右的页边空白区域，使得字符信息在显示器上所占面积减小。这些都可以剪掉。

（2）图像旋转。为了易于观看，将图像左右旋转 90°或稍微旋转。分辨率或图像尺寸的改变。减小图像的存储容量，并改变图像尺寸以适应显示器的尺寸。

（3）将 JPG 文件转换为 PDF 文件。

（4）批量处理。现有软件针对每个文件进行分辨率更改。对文件夹执行批量处理可以减少工作量并提高效率。

（二）PDF

在本软件中使用由扫描仪等复写而获得的 PDF 文件时，需要利用其他软件处理。应改良本软件使其具有以下功能。

（1）本软件的电子书籍利用的 PDF 文件是以页为单位的分割 PDF 文件。然而，用扫描仪获取的 PDF 文件是多页面的集成 PDF 文件。因此，需使本软件具有将 PDF 文件从集成转换为分割文件的功能。

（2）使用扫描仪进行扫描时，一次操作能处理的页面有限。扫描页数超过限定值的书时，会生成多个集成 PDF 文件。因此，需从多个集成 PDF 文件创建可用于电子书的分割型 PDF 文件。

（3）可左右旋转图像 90°。

（三）OCR

通过改良本软件，使得无须使用其他市售软件即可执行 OCR 处理。通过合并已有的 OCR 库，可将 OCR 软件合并到本软件中。需要拥有以下功能。

（1）现有的 OCR 软件对单次操作所处理的文件数量有限制。若超过限值，则需多次处理。在本软件的改进中，应取消设置该限值。

（2）在图像布局复杂时，OCR 中的识别结果可能出现乱码。因此，需在识别功能中引入范围设定,使用户通过设置识别目标范围来解决上述问题。

合并市售的 OCR 库会产生 OCR 库的购买费和各种软件的使用许可费。目前,本软件虽然免费,但如果合并 OCR 库,其产生的费用开发人员将无法负担。因此,如何处理这些费用是未来的讨论课题。

六、结　　论

使用纸作为记录介质的书籍由于纸张劣化而无法获取信息。为了存储记录在书中的信息,有必要考虑纸以外的记录介质。在当前的 IT 时代,可以用 HD 和磁带等电子介质代替纸作为记录媒介。这样的一个电子介质可存储 100 多本书。为了应对快速发展的电子设备,向新的存储介质上复制信息非常重要。

用来记录书籍的图像信息需要 PDF 或 JPG 文件之类的通用格式。此外,需要通过 OCR 获得图像信息中字符信息的字符代码,并将其保存为文本文件。使用文本文件和关键字搜索功能可轻松访问目标图像信息。

笔者开发了"电子书库/书籍/笔记本"这一可数字化存储和利用书籍的软件。本软件可以创建和显示电子书、可以提取和编辑文本信息、通过关键词搜索以页面为单位访问目标信息。与使用实体书籍相比,这些功能大大减少了获取信息所需的时间和精力。此外,该软件还具有可用于各种目的的通用性。本软件具备书籍数字时代的标准化软件功能,并可能在各个国家和地区使用。考虑到便利性和发展,需要考虑合并 OCR 功能等来改良此软件。

重要的是,应在图书馆和大学等公共机构中推动数字化图书的保存和利用。考虑到通过复制到纸介质来复原书本,获取的数字化信息需确保图像的平坦、分辨率和颜色。书籍的数字化信息,应处理好版权相关的问题,通过互联网等大范围普及。

参考文献

[1]　竹下幸一."电子书库/书籍/笔记本"软件的开发[C].ISHIK2015,2015:138-143.

[2]　竹下幸一.使用"电子书库/书籍/笔记本"对史料进行保存和活用[C].ISHIK2017,2017:239-245.

[3]　北海道大学信息技术中心在线数据库、宇和岛研究数据库[EB/OL].https://almus.iic.hokudai.ac.jp/databases/x10804/.

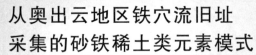

从奥出云地区铁穴流旧址采集的砂铁稀土类元素模式

市川慎太郎[1]　三木凉介[1]　胁田久伸[2]　沼子千弥[3]

米津幸太郎[4]　横山拓史[4]　栗崎敏[1]

1 福冈大学　2 佐贺大学同步辐射光应用研究中心

3 千叶大学大学院理学研究科　4 九州大学大学院工学研究院

摘要：稀土元素(REE)模式图是判断以岩石和土壤为原料的考古遗物产地的有效指标。本研究以推测幕府末期到明治时代初期佐贺藩使用的铁制炮弹的产地为目的。奥出云的砂铁被认为是铁质炮弹的原料,现在正在验证其 REE 模式图是否能成为推断产地的有效指标。这次调查了砂铁采集地点的地质对砂铁 REE 模式图的影响。在岛根县的奥出云地区有从幕末到明治初期使用铁穴流采集砂铁的露头(13 个地点)。我们从这些露头采集了土壤,并通过磁选选出了砂铁样品。将砂铁样品酸分解后,用电感耦合等离子体质谱法(ICP-MS)测试并制作 REE 模式图。通过比较各样品的 REE 模式图,旨在明确促使这些模式图形成的关键因素。

关键词：奥出云,砂铁,感应耦合等离子体质谱法,稀土类元素模式图,本土知识

一、引　言

在幕末到明治时代初期的数十年间,日本的制铁技术从长期沿用的脚踏风车制铁(本土知识)发展到引进海外技术的反射炉法(外来知识),再到西式高炉法(外来知识),有了长足的发展。但是,随着第二次世界大战的发生,金属制铁向兵器转行和制铁相关资料被烧毁,导致当时的铸铁技术、铁制品的材料及其起源的详细情况不详。

本研究小组为了明确日本本土和外来制铁技术的融合过程,正在进行幕末到明治时代初期铁制遗物产地的推测。至今,使用 REE 模式图,试着进行了幕末到明治时代初期佐贺藩使用过的炮弹等历史性金属遗物的产地推测[1,2]。REE 模式图[3]是将 REE 含量按球粒陨石等标准物质的浓度标准化后,将它们的常用对数值按原子序数顺序绘制而成的。这个图形根据样品地球化学的由来显示出各自独特的形状,所以不仅是地质样品,还作为以岩石和土壤为起源的考古遗物产地推测的有效指标被广泛认可。

研究小组重点关注了作为上述炮弹的原料候补的岛根县奥出云砂铁的 REE 模式图。但是,岛根县砂铁的科学分析目前很少,只有对岛根县仁多郡东出云町横田地区砂铁的相关

分析[4]。在这项研究中，通过荧光 X 射线法（XRF）和 X 射线衍射法（XRD）分析了横田地区斐伊川河川区域的土壤和土壤中磁选出的砂铁，并探讨了横田地区的地质和脚踏风车制铁的关系。但是，该研究只对主要化学成分和矿物质进行了分析，完全没有提到 REE。

为了将砂铁 REE 模式图用于产地推测，必须明确形状的由来。由于砂铁是从土壤中采集到的，所以其 REE 模式图可能受到采砂点的地质和从岩石到土壤的演变过程等因素的影响。因此，上一年度为了验证奥出云产的砂铁 REE 模式图是否具有地域性[5]，我们对脚踏风车制铁全盛时期的铁穴流[6]砂铁采集遗址进行了研究。从地质图上被分类为花岗闪绿岩地带的 3 个地点（大谷、竹崎、奥山田）和花岗岩地带的 1 个地点（梅木原），以及辉长岩地带的 1 个地点（上鸭仓）的土壤中采集的砂铁的 REE 模式图，根据其 Ce 和 Eu 的不同分成了三类。

此次，利用 ICP-MS 法，对铁穴流遗址的 13 个地点（这里也包括上一年度报道的地点）的 19 种土壤中采集到的砂铁的 REE 浓度进行了定量化测定，并继续上一年度的研究比较了各砂铁的 REE 模式图，探讨了砂铁的采集地与 REE 模式图的相关性。

二、样 品 采 集

土壤样品的采集地点如图 1 所示。根据地质图，采集地点分为花岗岩质地带 4 个点（宇根山、梅木原、上阿井川东、小屋谷）、花岗闪绿岩地带 8 个点（大谷、奥山田、上阿井福原、上分、佐白、高田、竹崎、福赖）、辉长岩地带 1 个点（上鸭仓）。

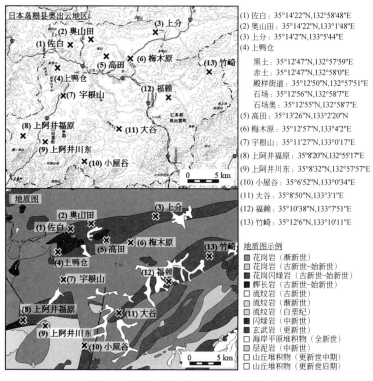

(1) 佐白：35°14'22"N,132°58'48"E
(2) 奥山田：35°14'22"N,133°1'48"E
(3) 上分：35°14'2"N,133°5'44"E
(4) 上鸭仓
　　黑土：35°12'47"N,132°57'59"E
　　赤土：35°12'47"N,132°58'0"E
　　殿样街道：35°12'50"N,132°57'51"E
　　石场：35°12'56"N,132°58'7"E
　　石场奥：35°12'55"N,132°58'7"E
(5) 高田：35°13'26"N,133°2'20"E
(6) 梅木原：35°12'57"N,133°4'2"E
(7) 宇根山：35°11'27"N,133°0'17"E
(8) 上阿井福原：35°8'20"N,132°55'17"E
(9) 上阿井川东：35°8'32"N,132°57'57"E
(10) 小屋谷：35°6'52"N,133°0'34"E
(11) 大谷：35°8'50"N,133°3'1"E
(12) 福赖：35°10'38"N,133°7'51"E
(13) 竹崎：35°12'6"N,133°10'11"E

地质图示例
■ 花岗岩（渐新世）
□ 花岗岩（古新世-始新世）
■ 花岗闪绿岩（古新世-始新世）
■ 辉长岩（古新世-始新世）
□ 流纹岩（古新世）
□ 流纹岩（渐新世）
□ 流纹岩（白垩纪）
■ 闪绿岩（中新世）
■ 玄武岩（更新世）
□ 海岸平原堆积物（全新世）
□ 层泥岩（中新世）
□ 山丘堆积物（更新世中期）
□ 山丘堆积物（更新世后期）

图 1　采样地点概略（由导航系统导出）

采集样品的露头情况如图2所示。这些露头被认为是在脚踏风车制铁的全盛时期（幕末到明治时代初期）通过铁穴流采集砂铁的场所。土壤的采集是在没有植物根系生长分布的区域，除去土壤表层 10～20cm 左右后进行的。在上鸭仓和梅木原的露头，不同区域都有不同颜色的土壤。因此，在上鸭仓采集了红色土壤和黑色土壤，在梅木原采集了黑色土壤和

图2　地质样品的采样地点（露头的样子），括号的数字与图1对应

灰色土壤。在上阿井福原,从露头的侧面和上面分别采集了土壤。在上鸭仓,除了上述露头外,还从多个露头(殿样街道、石场、石场奥)采集了土壤。

三、实　　验

(一)样品处理[8]

(1)土壤粉碎。土壤风干一周后,除去土壤中植物叶片等异物后,取 $400\sim600g$ 土壤样品用球磨仪(ANZ-52D;日陶科学)以 $390r/min$ 转速研磨 $120min$ 后,用氧化铝研钵进行粉碎,直至通过 $500\mu m$ 的尼龙筛。

(2)磁选。在 $5L$ 的三角烧瓶中加入样品粉末(粒径 $<500\mu m$)和纯水,用搅拌机(MAZALAZ;东京理化器械)在 $400r/min$ 的转速下搅拌 $24h$。搅拌后的悬浮样品进行水簸和磁选,分离砂铁。然后风干一周后酸分解进行 ICP-MS 测量。

(3)酸分解。砂铁的酸分解利用高纯度的 HCl 和 HNO_3(均为多摩化学 TAMAPURE-AAA-10,金属杂质等级 10ppt 以下),利用 Millipore Milli-Q Integral3 超纯水系统精制的超纯水进行稀释。将砂铁 $0.05g$ 倒入特氟龙烧杯,加入 $20mL$ 的 HCl。在 $200℃$ 的电热板上加热 $24h$ 左右,将砂铁溶解。在加热过程中,HCl 挥发时再适当追加,并且用滤纸盖住烧杯的口。随后,慢慢加入 $2mL$ 的 HNO_3 氧化 Fe 后蒸发溶液使样品凝固,最后再滴下 $3mL$ 的 HCl 后再次蒸发凝固。

加入 $4mL(1+1)HCl$,溶解凝固物。用塑料针管和膜过滤器过滤残渣,用 $(1+1)HCl$ 清洗过滤器,虑液总量为 $25mL$。将上述滤液倒入分液漏斗中,用 $25ml$ 的甲基异丁基酮提取并除去 Fe,同样的提取操作再重复进行一次。在聚四氟乙烯烧杯中将水分大致蒸发后,以 $0.1M$ 的 HNO_3 定容稀释为 $25mL$。每种砂铁制备五种样品溶液。

(二)ICP-MS

使用 Agilent 7700x 进行电感耦合等离子体质谱分析,使用 Ar 作为等离子体气体对 La、Ce、Pr、Nd、Sm、Eu、Gd、Tb、Dy、Ho、Er、Tm、Yb、Lu 等元素进行定量分析。使用 ICP 混合标准液 F(关东化学)制作 REE 校准曲线,用 $0.75M$ 的 HNO_3 稀释标准液,制作 3 种($0\sim0.1ppb,0\sim1ppb,0\sim10ppb$)校准曲线,根据测定成分的浓度区分使用。使用酸分解后的砂铁样品的质量(去除残渣),根据样品溶液中各成分浓度计算出 $1g$ 砂铁样品中的浓度(ppb,$ng\cdot g^{-1}$)。

四、结果与分析

(一)利用磁选采集砂铁

奥出云采集的 $400\sim570g$ 土壤磁选后,砂铁的含量为 $0.13\%\sim7.66\%$(表1)。砂铁含量最高的地方是竹崎（花岗闪绿岩质），其次是上鸭仓石场奥（辉长岩）、上鸭仓石场（辉长岩）。另外，含量最低的地点是上阿井川东（花岗岩质），其次是大谷（花岗闪绿岩质），上分（花岗闪绿岩质）。因此，砂铁的含量与采集样品的露头地质之间没有相关性。

表1　奥出云地区采集的土壤中砂铁含有率

土壤采集地点	地质[*]	磁选样品/g	砂铁含有率/%
宇根山	花岗岩质	549.83	0.97
梅木原灰色土壤		468.17	1.72
梅木原黑色土壤		419.35	1.90
上阿井川东		520.67	0.13
小屋谷		510.29	2.57
大谷	花岗闪绿岩质	497.40	0.52
奥山田		455.41	1.14
上阿井福原露头侧面		518.32	1.24
上阿井福原露头上		405.32	2.53
上分		520.02	0.68
佐白		542.42	0.82
高田		520.85	1.39
竹崎		573.36	7.66
福赖		517.02	1.76
上鸭仓黑色土壤	辉长岩质	415.62	1.10
上鸭仓红色土壤		465.28	1.22
上鸭仓殿样街道		528.28	0.82
上鸭仓石场		496.99	3.43
上鸭仓石场奥		506.65	6.63

＊参照地质图Navi[7]

（二）奥出云地区的砂铁REE模式图

ICP-MS测定的砂铁中REE浓度值如表2所示。分析中有的样品如上鸭仓（黑色土壤）的相对标准偏差非常大。而对同一个样品进行五次测量时，所有样品的REE相对标准偏差均为5%以下。因此，可以认为表2中较大的相对标准偏差是由于砂铁样品的均匀性所致。

为了将砂铁REE模式应用于金属遗物产地的判断，必须明确该模式的促成因素。因此，以表2的浓度值制作了REE图案，分析了采样地点的地质对其模式图的影响。作为球粒岩REE浓度，使用了Barrat等[9]报道的值。在这里，根据岩浆（岩浆是土壤的起源）的氧化还原环境，由具有两个化合价的Ce（3价和4价）和Eu（2价和3价）的变化，将模式图分成了四组。

（1）Ce正异常以及Eu负异常的有小屋谷、大谷、高田、奥山田、福赖、上阿井福原（露头侧面及露头上面）。

（2）Eu负异常的有上阿井川东、宇根山、梅木原（灰色及黑色土壤）、佐白、竹崎、上鸭仓（殿样街道）。

（3）Ce 正异常的有上鸭仓（黑色土壤、红色土壤及石场）。

（4）Ce 和 Eu 正异常的有上鸭仓（石场奥），如图 3 所示。

表 2　奥出云地区 ICP-MS 测定的砂铁中 REE 浓度值

佐白	奥山田	上分	上鸭仓 黑色土壤	上鸭仓 红色土壤	上鸭仓 殿样街道	上鸭仓 石场
花岗闪绿岩质	花岗闪绿岩质	花岗闪绿岩质	辉长岩质	辉长岩质	辉长岩质	辉长岩质
La $2.03×10^4$ (6.2)	$1.76×10^4$ (35)	$1.65×10^4$ (1.8)	$1.71×10^3$ (46)	$1.86×10^3$ (41)	$5.58×10^3$ (1.9)	$1.47×10^3$ (15)
Ce $4.32×10^4$ (5.9)	$6.65×10^4$ (25)	$4.24×10^4$ (1.7)	$5.53×10^3$ (36)	$9.27×10^3$ (16)	$1.33×10^4$ (1.3)	$2.72×10^4$ (14)
Pr $3.71×10^3$ (5.8)	$4.02×10^3$ (33)	$2.60×10^3$ (2.4)	$4.43×10^2$ (44)	$5.38×10^2$ (32)	$1.44×10^3$ (2.2)	$4.94×10^2$ (14)
Nd $1.19×10^4$ (5.4)	$1.35×10^4$ (38)	$8.80×10^3$ (2.8)	$1.54×10^3$ (41)	$1.88×10^3$ (29)	$5.52×10^3$ (2.2)	$2.13×10^3$ (15)
Sm $2.01×10^3$ (4.0)	$2.33×10^3$ (25)	$1.78×10^3$ (2.9)	$2.91×10^2$ (37)	$4.38×10^2$ (22)	$1.26×10^3$ (3.1)	$5.25×10^2$ (15)
Eu $9.65×10^1$ (4.0)	$2.63×10^2$ (14)	$3.50×10^2$ (1.5)	$6.49×10^1$ (19)	$1.06×10^2$ (7.4)	$3.00×10^2$ (1.7)	$1.80×10^2$ (15)
Gd $1.98×10^3$ (3.4)	$2.59×10^3$ (20)	$1.78×10^3$ (2.9)	$2.78×10^2$ (35)	$4.29×10^2$ (18)	$1.34×10^3$ (3.6)	$6.74×10^2$ (14)
Tb $3.04×10^2$ (2.4)	$4.11×10^2$ (14)	$3.09×10^2$ (2.1)	$4.80×10^1$ (34)	$8.44×10^1$ (13)	$2.31×10^2$ (1.0)	$9.09×10^1$ (14)
Dy $1.95×10^3$ (1.9)	$2.65×10^3$ (10)	$1.79×10^3$ (2.4)	$2.32×10^2$ (33)	$4.30×10^2$ (11)	$1.51×10^3$ (2.8)	$5.58×10^2$ (14)
Ho $3.98×10^2$ (2.8)	$6.00×10^2$ (8.3)	$3.74×10^2$ (2.1)	$5.54×10^1$ (34)	$8.87×10^1$ (6.1)	$3.25×10^2$ (0.9)	$1.12×10^2$ (15)
Er $1.40×10^3$ (2.0)	$1.94×10^3$ (10)	$1.14×10^3$ (2.3)	$1.40×10^2$ (39)	$2.55×10^2$ (10)	$1.09×10^3$ (2.7)	$3.30×10^2$ (15)
Tm $2.58×10^2$ (1.8)	$3.26×10^2$ (10)	$2.18×10^2$ (1.5)	$2.73×10^1$ (42)	$5.21×10^1$ (11)	$1.90×10^2$ (0.8)	$4.61×10^1$ (14)
Yb $2.14×10^3$ (1.9)	$2.26×10^3$ (10)	$1.45×10^3$ (2.2)	$1.62×10^2$ (45)	$3.23×10^2$ (11)	$1.60×10^3$ (2.9)	$3.23×10^2$ (15)
Lu $3.36×10^2$ (2.0)	$3.44×10^2$ (11)	$2.62×10^2$ (1.5)	$2.93×10^1$ (39)	$6.41×10^1$ (14)	$2.83×10^2$ (0.8)	$4.70×10^1$ (14)

上鸭仓 （石场奥）	高田	梅木原 （黑色土壤）	梅木原 （灰色土壤）	宇根山	上阿井福原 （露头上）	上阿井福原 （露头侧面）
辉长岩质	花岗闪绿岩质	花岗岩质	花岗岩质	花岗岩质	花岗闪绿岩质	花岗闪绿岩质
La $7.39×10^2$ (1.2)	$1.11×10^4$ (4.5)	$1.17×10^4$ (20)	$1.57×10^4$ (51)	$1.20×10^5$ (11)	$7.02×10^3$ (13)	$7.76×10^3$ (12)
Ce $2.86×10^3$ (7.0)	$3.09×10^5$ (5.9)	$2.91×10^4$ (30)	$3.57×10^4$ (44)	$2.63×10^5$ (11)	$3.96×10^4$ (7.6)	$2.30×10^4$ (10)
Pr $2.21×10^2$ (1.7)	$2.84×10^3$ (5.4)	$6.77×10^3$ (41)	$5.37×10^3$ (34)	$2.59×10^4$ (11)	$1.98×10^3$ (11)	$1.60×10^3$ (11)

上鸭仓（石场奥）	高田	梅木原（黑色土壤）	梅木原（灰色土壤）	宇根山	上阿井福原（露头上）	上阿井福原（露头侧面）
辉长岩质	花岗闪绿岩质	花岗岩质	花岗岩质	花岗岩质	花岗闪绿岩质	花岗闪绿岩质
Nd 9.67×10^2 (4.9)	9.72×10^3 (4.6)	1.95×10^4 (35)	1.55×10^4 (39)	9.15×10^4 (11)	7.63×10^3 (10)	5.57×10^3 (11)
Sm 2.59×10^2 (3.2)	2.37×10^3 (6.6)	2.49×10^3 (14)	3.92×10^3 (25)	1.42×10^4 (10)	1.67×10^3 (8.1)	1.00×10^3 (11)
Eu 1.45×10^2 (2.6)	4.21×10^2 (5.5)	3.88×10^2 (26)	2.65×10^2 (9.2)	4.24×10^2 (8.0)	2.06×10^2 (8.3)	1.10×10^2 (11)
Gd 2.98×10^2 (2.5)	4.91×10^3 (5.9)	2.81×10^3 (18)	3.94×10^3 (20)	1.16×10^4 (10)	1.84×10^3 (7.8)	1.05×10^3 (10)
Tb 5.04×10^1 (2.9)	5.92×10^2 (6.1)	4.54×10^2 (19)	5.92×10^2 (18)	1.34×10^3 (8.8)	2.84×10^2 (7.7)	1.44×10^2 (11)
Dy 3.38×10^2 (1.7)	3.97×10^3 (5.9)	2.84×10^3 (22)	3.01×10^3 (11)	6.21×10^3 (7.2)	1.69×10^3 (7.7)	8.70×10^2 (11)
Ho 6.65×10^1 (2.9)	8.44×10^2 (6.0)	5.30×10^2 (21)	6.62×10^2 (11)	1.03×10^3 (7.3)	3.66×10^2 (7.5)	1.76×10^2 (11)
Er 2.06×10^2 (2.3)	2.77×10^3 (6.5)	1.56×10^3 (19)	1.81×10^3 (8.4)	3.01×10^3 (6.3)	1.10×10^3 (7.3)	5.44×10^2 (11)
Tm 2.99×10^1 (2.0)	4.16×10^2 (6.0)	2.38×10^2 (20)	2.68×10^2 (8.0)	4.52×10^2 (5.3)	1.74×10^2 (7.3)	9.05×10^1 (10)
Yb 2.12×10^2 (2.8)	2.79×10^3 (6.4)	1.55×10^3 (20)	1.75×10^3 (7.5)	3.37×10^3 (5.4)	1.20×10^3 (7.3)	5.74×10^2 (11)
Lu 3.06×10^1 (2.6)	3.78×10^2 (5.6)	2.27×10^2 (20)	2.91×10^2 (7.2)	4.67×10^2 (4.9)	1.90×10^2 (7.1)	1.01×10^2 (9.2)

上阿井川东	小屋谷	大谷	福赖	竹崎		
花岗岩质	花岗岩质	花岗闪绿岩质	花岗闪绿岩质	花岗闪绿岩质		
La 1.08×10^5 (13)	2.60×10^4 (25)	3.88×10^4 (14)	1.00×10^4 (11)	6.95×10^3 (29)		
Ce 2.47×10^5 (9.2)	1.29×10^5 (23)	6.84×10^5 (6.8)	2.88×10^4 (11)	1.67×10^4 (23)		
Pr 1.81×10^4 (11)	8.94×10^3 (25)	1.09×10^4 (14)	2.90×10^3 (12)	3.69×10^3 (19)		
Nd 6.11×10^4 (12)	3.23×10^4 (25)	3.49×10^4 (12)	1.14×10^4 (11)	9.69×10^3 (16)		
Sm 9.03×10^3 (9.4)	8.78×10^3 (24)	6.13×10^3 (7.1)	2.40×10^3 (11)	3.21×10^3 (13)		
Eu 6.70×10^2 (4.6)	1.08×10^3 (23)	6.09×10^2 (6.9)	2.13×10^2 (12)	2.63×10^2 (12)		
Gd 9.40×10^3 (7.1)	1.09×10^4 (24)	1.06×10^4 (8.6)	2.51×10^3 (11)	3.42×10^3 (12)		

续表

上阿井川东	小屋谷	大谷	福赖	竹崎		
花岗岩质	花岗岩质	花岗闪绿岩质	花岗闪绿岩质	花岗闪绿岩质		
Tb 1.35×10^3	2.22×10^3	1.27×10^3	3.71×10^2	4.68×10^2		
(4.7)	(25)	(7.2)	(12)	(34)		
Dy 8.23×10^3	1.56×10^4	7.67×10^3	2.26×10^3	2.87×10^3		
(3.8)	(26)	(7.9)	(12)	(11)		
Ho 1.71×10^3	3.54×10^3	1.49×10^3	4.74×10^2	5.65×10^2		
(3.3)	(25)	(6.9)	(12)	(34)		
Er 5.34×10^3	1.13×10^4	4.35×10^3	1.47×10^3	1.81×10^3		
(3.6)	(25)	(6.1)	(12)	(11)		
Tm 7.94×10^2	1.92×10^3	6.87×10^2	2.29×10^2	2.71×10^2		
(3.6)	(25)	(6.2)	(11)	(11)		
Yb 5.29×10^3	1.35×10^4	4.65×10^3	1.53×10^3	1.77×10^3		
(3.6)	(25)	(6.0)	(12)	(11)		
Lu 7.05×10^2	2.10×10^3	6.53×10^2	2.50×10^2	2.99×10^2		
(3.4)	(25)	(6.5)	(12)	(11)		

（　），相对标准偏差（n=5）。

组(1)是从花岗岩质和花岗闪绿岩质土壤采集的砂铁,组(2)是从花岗岩质、花岗闪绿岩质和辉长岩质土壤采集的砂铁,组(3)和组(4)是从辉长岩质土壤采集的砂铁。也就是说,砂铁的 REE 模式图,不是按照采样点的地质,即花岗岩质、花岗闪绿岩质、辉长岩质分类的。这说明,有必要对采样点的地质进行详细调查。

本次是通过地质图对土壤取样点的地质进行了判断,没有验证采集的土壤的地质是否与地质图记载的相一致。地质图[7]表明了表土下有哪些种类的石岩或地层以及都有怎样的分布。因此实际采集的土壤也有可能与地质图记载的不一样。因此,为了明确采集地的地质,本研究中除了取得砂铁的 REE 模式图外,还有必要对磁选前的各种土壤,通过 XRF 分析其主要成分元素的浓度,通过 XRD 分析所含有矿物质。所以不仅要增加采样点的数量,要是再能确定砂铁采集地的土壤地质,也许就能说明 REE 模式图与地域的相关性。所以不仅要增加采样点的数量,要是再能确定砂铁采集地的土壤地质,也许就能说明 REE 模式图与地域的相关性。

五、结　论

本研究以判断幕府末期到明治时代初期佐贺藩使用的铁制炮弹的产地为目标,验证了作为原料候补的岛根县奥出云产砂铁的 REE 模式的地域性。研究中从奥出云地区被认为是脚踏风车制铁鼎盛时期的 13 个砂铁采集露头(佐白、奥山田、上分、上鸭仓、高田、梅木原、宇根山、上阿井福原、上阿井川东、小屋谷、大谷、福赖、竹崎)采集了土样。对从这些土壤中磁选出的砂铁进行酸分解后,用 ICP-MS 测试了 REE 含量。

通过制作各采集点土壤的砂铁 REE 模式图（如图 3 所示），并根据 Ce 和 Eu 的变化情况进行了分类。可以分为 4 种 REE 模式图，但与图 1 所示的地质图不完全一致。因此，奥出云的砂铁 REE 模式图虽与地质图不相符，但持有其他地域性的可能性很大。

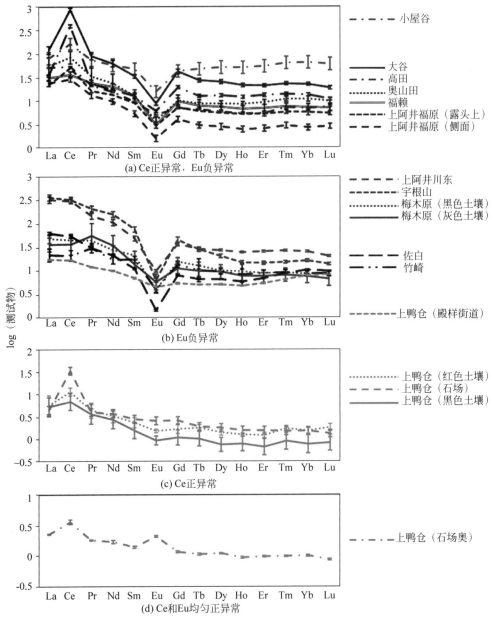

图 3　奥出云的土壤中采集的砂铁 REE 模式图

如果能通过 XRF 和 XRD 明确采集土壤的地质，就可以更详细地讨论砂铁采集地点的地质与 REE 图案的相关性。并且，如果对磁选后的残渣（从土壤和岩石中去除砂铁的部分）进行 REE 测定，或测定主要成分元素和 REE 以外的微量成分元素，也许能够明确促成模式图的关键因素。

　　主要成分元素和微量成分元素是考古遗物和地质样品原产地判断的有效指标。今后，将通过 XRF 与 ICP-MS 结合使用，明确磁选前后样品的化学组成，以明确在铁制遗物的产地判断中 REE 模式图的有用性。

　　综上所述，到目前为止的研究对科学推测幕府末期到明治时代初期铁制炮弹的产地具有一定的作用。并且，可能会明确这些炮弹是根据佐贺藩的本土知识还是外来知识制造的。另外，如果进一步进行研究，还可成为考察铁穴流采集砂铁和脚踏风车制铁制造铁制品等奥出云地区本土知识起到的作用的研究资料。

致谢

　　感谢科学研究项目（基础研究 C，项目负责人：脇田久伸，项目号：18K 00261）的资助。另外，在研究的进行中，奥出云町地域建设推进课的高尾昭浩氏、高桥千昭，岛根大学教授大平宽人博士协助了奥出云地区的野外采样工作，在此深表谢意！

参考文献

［1］　Wakita H，Kurisaki T，Obana Y，et al. Analytical Chemistry Study on Cannon Balls Prepared at Late Edo and Meiji Period from Saga，Izumo，and South Morioka［C］//Proceedings of the 5th International Symposium on History of Indigenous Knowledge，Beijing，China，2015.

［2］　Kurisaki T，Yamashita Y，Numako C，et al. X-ray Fluorescence Analysis and ICP-MS Analysis of Trace Amount Rare Earth Elements and Yttrium for Several Cannonballs Employed at the End of Edo Period and Meiji Period［C］. Proceedings of the 6th International Symposium on History of Indigenous Knowledge，Saga，Japan，2016.

［3］　Coryell C D，Chase J W，Winchester J W. A procedure for geochemical interpretation of terrestrial rare-earth abundance patterns［J］. Journal of Geophysical Research，1963，68（2）：559-566.

［4］　武部胜道，鹤留裕和，赤川史典，等. 岛根县东部新田郡奥出云地区土壤化学成分与炼铁的关系［J］. 名古屋大学博物馆，2005，22：33-41.

［5］　Ichikawa I，Kamito H，Wakita H，et al. Geological Dependency of Rare Earth Element Pattern in Iron Sand from Okuizumo Region（Shimane，Japan）［C］//Proceedings of the 8th International Symposium on History of Indigenous Knowledge，Saga，Japan，2018.

［6］　日立金属：Tarata Iron Hole（Kanra）Sink 的历史［EB/OL］.［2017-3-25］. http://www. hitachi-metals. co. jp/tatara/nnp020605. htm.

［7］　日本国立先进工业技术研究所/日本地质调查局：地质图［EB/OL］.［2018-5-28］. https://gbank. gsj. jp/geonavi/.

［8］　Ichikawa S，Okamoto M，Wakita H，et al. Migration Process of Rare Earth Elements in Iron Sand from Okuizumo Region（Shimane，Japan）［C］. Proceedings of the 6th International Symposium on History of Indigenous Knowledge，Sanya，China，2017.

［9］　Barrat J A，Zanda B，Moynie F，et al. Geochemistry of CI chondrites：Major and trace elements，and Cu and Zn Isotopes［J］. GeochimcaetCosmochimica. Acta，2012，83：79-92.

人工智能技术发展及其在产业中的应用

张涛，米威名

清华大学自动化系

摘要：人工智能技术经过几十年的发展，终于在近几年发生了巨大的突破。以深度学习为代表的人工智能新技术引起了产业界的高度重视，在不同领域逐步发挥了巨大作用，由此引起了人工智能热。各国政府也期待着人工智能技术带来新的工业革命。本论文将重点阐述人工智能技术发展及其在产业中的应用，主要内容包括人工智能发展的三个阶段、人工智能发展的三大因素以及人工智能技术在产业中的应用。通过上述介绍充分肯定了人工智能技术对当今世界科技与经济发展所发挥的巨大作用，同时也期待着新的人工智能技术的涌现和新的工业革命的爆发。

关键词：人工智能技术，人工智能发展，产业，深度学习，大数据

一、引　言

人工智能（Artificial Intelligence，AI）是研究、开发用于模拟、延伸和扩展人的智能的理论、方法、技术及应用系统的一门新的技术科学。它试图了解智能的实质，并生产出一种新的能以人类智能相似的方式做出反应的智能机器，该领域的研究包括机器人、语言识别、图像识别、自然语言处理和专家系统等。人工智能从诞生以来，理论和技术日益成熟，应用领域不断扩大，可以设想，未来人工智能带来的科技产品将会是人类智慧的"容器"。

二、人工智能发展的三个阶段

人工智能研究始于 20 世纪 40 年代，从人工智能概念的诞生至今已有七十余年。根据人工智能技术及产业发展的整体形势，可以将其分为三个阶段。

第一阶段是 20 世纪 50 年代中期到 80 年代初期。1943 年,神经元模型建立[1];1950 年,图灵发表文章,探讨机器是否会思考,提出了"图灵测试"[2]。1956 年,达特茅斯会议召开,首次确立了"人工智能"概念,代表了人工智能的正式诞生与兴起。

但好景不长,1969 年,作为主要流派的连接主义与符号主义进入消沉阶段。1973 年英国发表 James Lighthill 报告[3],指出 AI 在解决更宽泛和更难的问题时效果均不理想。此后不久,美国、英国相继缩减经费支持,人工智能研究进入低谷。

第二阶段是 20 世纪 80 年代初期至 21 世纪初期。1986 年,D. E. Rumelhart 等发明 BP 算法[4],基于人工神经网络的算法研究突飞猛进。20 世纪 80 年代初期,人工智能已逐渐成为产业,第一个成功的商用专家系统 R1 为 DEC 公司每年节约 4000 万美元左右的费用。截至 20 世纪 80 年代末,几乎一半的财富 500 强都在开发或使用专家系统。

受此鼓舞,日本、美国等国家斥巨资开发第 5 代计算机——人工智能计算机。20 世纪 90 年代初,IBM、苹果公司推出的台式机进入普通百姓家庭,确定了计算机工业的发展方向。第 5 代计算机由于技术路线明显背离计算机工业的发展方向,项目宣告失败,人工智能再一次进入低谷。

尽管如此,支持向量机、Boosting 和最大熵等方法在 20 世纪 90 年代得到了广泛应用。

第三阶段是 21 世纪初期至今。2006 年,Geoffrey Hinton 和他的学生在 *Science* 上提出基于深度信念网络(Deep Belief Networks,DBN)[5]可使用非监督学习的训练算法,使得深度学习在学术界持续升温。2012 年,应用 DNN 技术,Hinton 的学生在 ImageNet 评测中取得了非常好的成绩。另一方面,摩尔定律和云计算带来的计算能力的提升、移动互联网带来的海量数据的积累,以及产业融资规模的快速增长,人工智能商业化高速发展,深度学习算法在各行业得到快速应用。围绕语音、图像、机器人、自动驾驶等人工智能技术的创新创业大量涌现,人工智能迅速进入发展热潮。

未来,人工智能的热度将可能会有所回落,但人工智能技术的发展将深入金融、交通、医疗、工业等各个领域,逐渐改变人类的生产生活方式。

三、人工智能发展的三大因素

人工智能的概念虽然在 20 世纪已经出现,但由于彼时软硬件条件的不成熟,数据资源的缺乏,人工智能并未实现广泛的应用。人工智能的发展依赖数据、算法和运算能力三大因素(图 1)。如今,随着算力、算法等基础条件日渐成熟,行业数据大量积累,人工智能得以应用于各个领域。

(一)计算能力

图形处理器(Graphics Processing Unit,GPU)拥有多内核,擅长完成与显示相关的数

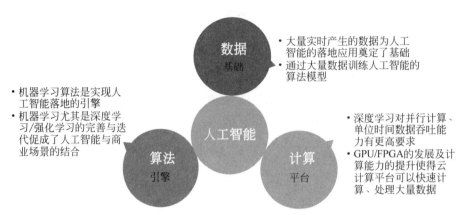

图 1　人工智能发展的三大因素①

据处理,拥有远超 CPU 的并行计算能力。此外,FPGA 也在越来越多地应用于 AI 领域。其作为专用集成电路领域中的一种半定制电路出现,既解决了全定制电路的不足,又克服了原有可编程逻辑器件门电路数有限的缺点。

由于深层神经网络包含多个隐含层,大量神经元之间的联系计算具有高并行性的特点,具备大规模并行计算的 GPU 和 FPGA 架构已成为了现阶段深度学习的主流硬件平台。

（二）算法

深度学习(Deep Learning,DL)是目前人工智能领域最流行的技术。具体来讲,深度学习模型由一系列相互关联的神经元组成,经训练后得到关联权重,数据通过整个网络便可自动得到具有语义的特征表示,进一步解决分类和归纳问题,甚至是控制问题。

如图 2 所示,深度学习使用包含复杂结构的多个处理层对数据进行高度抽象,与人脑的神经元模型接近,符合人类层次化地组织概念的认知过程。深度学习可以模拟人脑从外界环境中学习、理解甚至解决模糊歧义问题的过程。与浅层学习相比,深度学习可以利用神经网络实现更层次化的特征表示,取代人工挑选特征表示,并能够在具体任务上达到更好的效果。

强化学习也进一步重新成为焦点,2016 年 Google 的子公司 DeepMind 研发的基于深度强化学习网络的 AlphaGo,与人类顶尖围棋棋手李世石进行了一场"世纪对决",最终赢得了比赛。AlphaGo 突破了传统程序,搭建了两套模仿人类思维的深度学习网络,价值网络承担棋局态势评估,策略网络选择如何落子。

（三）大数据

随着大数据时代的到来,来自全球的海量数据为人工智能的发展提供了良好的基础。据 IDC 统计,2011 年全球数据总量已经达到 1.8ZB,并以每年翻一番的速度增长,预计到 2025

---

① 图片源自阿里研究院。

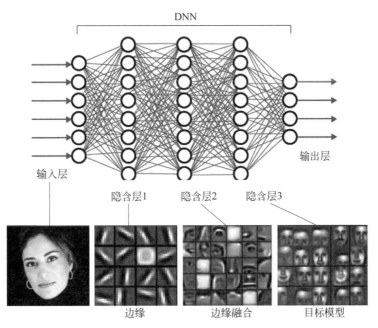

图 2　深度学习结构示意图[6]

年,全球总共拥有 163ZB 的数据量;数据规模方面,2020 年,我国大数据产业规模突破万亿元。

四、人工智能技术在产业中的应用

目前,人工智能产业格局在逐步形成"基础层—技术层—应用层"的生态模式。基础层主要由运算平台和数据工厂组成,通过部署大规模 GPU 构成的计算资源池解决人工智能所需要的存储与运算问题。基于基础层提供的存储和计算资源,通过机器学习建模,技术层开发面向不同应用领域的应用技术。而应用层则是利用技术层的技术为用户提供智能化的服务与产品。

特别地,人工智能技术是人工智能发展的核心,智能产品和服务是否能够切中用户的关键需求,依赖于人工智能技术在产品背后能够给予多大的支持。当前,国内的人工智能技术在产业中的应用主要聚焦于计算机视觉、语音识别和自然语言处理领域。

(一)计算机视觉

计算机视觉指计算机从图像或视频中识别出物体、场景及活动。其终极研究目标是使计算机能像人一样通过视觉观测世界并理解世界,具有自主适应环境的能力。该领域最早尝试深度学习,从早期 LeCun 的卷积神经网络,到 Hinton 的更深层次网络,整个领域逐渐从人工特征挑选和浅层学习,转向基于大数据和深度学习。

2012 年,深度学习模型首次被应用于图像识别大赛(ImageNet),将错误率降至 16.4%。

2015 年,微软公司通过 152 层深度学习网络,将图像识别错误率降至 3.57%,而人眼的识别错误率约在 5.1%,深度学习模型的识别能力已经超过了人眼。

（二）语音识别

语音识别领域关注的是自动且准确地转录人类语音的技术,目的是改变人机间的交互方式。该技术必须面对不同口音处理、背景噪声去除、同音异形/异义词区分等方面的问题,同时还需要具有跟上正常语速的工作速度。

在语音识别领域,深度学习技术能够较好地描述特征空间,并能更好描述特征间的相关性,取代了长久以来占据垄断性地位的混合高斯模型。如百度采用深度学习技术,进行声音建模的语音识别系统相比于传统的高斯混合模型(Gaussian Mixture Model,GMM)语音识别系统,相对误识别率能降低 25%。

（三）自然语言处理

自然语言处理是指计算机拥有的人类般的文本处理的能力。该领域是近两年来深度学习逐步渗透的一个领域,比起图像和语音,自然语言单词带有较强的语义内涵,需要更细致更扩展的表示方法才能在最大程度上保留信息。

2003 年,加拿大蒙特利尔大学教授 Yoshua Bengio 等提出用 embedding 方法将词映射到一个矢量表示空间,然后用非线性神经网络表示 N-Gram 模型,此后语义变得可计算。通过大规模未标注文本和无监督学习,可以自动学习出字、词、句子的语义表示,一举摆脱知识库、词法、句法等传统自然语言障碍。

以具体的技术应用为核心,人工智能正在颠覆和重塑整个产业,包括制造、教育、金融、广告、医药、汽车等。

在工业制造领域,第四次工业革命使用信息物理系统(Cyber-Physical-System,CPS),通过强大的算力,完成价值挖掘与资源配置,提升制造业的智能化水平,在商业流程及价值流程中整合客户及商业伙伴,建立具有适应性的智慧工厂和高效率物流网络。

在教育领域,"因材施教"是人工智能技术的一个重要发展方向。其可以将获取到的学习者的数据分析反馈给已有的知识图谱,为学习者提供个性化难度和个性化节奏的课程与习题,从而提升学习者的学习效率与学习效果。

金融行业以其拥有的大量数据而闻名——从交易数据到客户数据,以及两者之间的所有数据。迄今为止,金融机构已经使用各种统计分析工具进行大量数据的分析,但对海量数据的实时分析与排序仍然是一项挑战。目前,金融行业内已经有很多部署机器学习的讨论和试点行动,依靠机器学习进行市场行情分析与预测,为客户提供个性化服务,以及信用风险管理等。

在广告的精准投放领域,通过获取用户在购物网站的浏览信息,利用深度学习与联想,分析其何时何地会对何种广告感兴趣,以实现广告本身的智能化交互,提升其价值。

在医药领域,人工智能技术应用的领域较多,例如虚拟助理可以通过语音识别、自然语言处理等技术,将患者的病情描述与标准的医学指南对比,为用户提供医疗咨询、自诊、导诊等服务；医学影像辅助诊断可以通过图像识别技术对医学影像进行分析，辅助医生进行病情诊断；在药物开发方面，通过预测建模可以帮助制药公司降低研发成本、提高研发效率，通过分析临床试验数据和病人记录可以确定药品更多的适应症和发现副作用，通过对药物化学成分的组合和药理进行挖掘可以激发研发人员的灵感等。

汽车的无人驾驶领域具有极大的社会价值和经济价值。在该领域，人工智能技术利用采集到的数据进行环境感知、标识识别，进而进行车辆的行为决策以实现更为安全的驾驶体验。BCG 公司在报告《回归未来：通向自动驾驶之路》中指出以美国为例，如果自动驾驶汽车得到普及，每年可减少 3 万多因交通事故死亡的人，节约超过 40％的出行时间成本，并减少 40％的燃油消耗，这些社会效益的价值高达 1.3 万亿美元。

五、结 束 语

随着人工智能技术的快速发展及其在产业中的不断应用，人们已经看到了人工智能技术的巨大作用和潜力。目前，计算机计算能力的迅猛提升、互联网的广泛应用、大数据处理和分析能力的飞跃发展，促成了人工智能技术的发展。仅仅机器学习方法的突破，就充分显现了人工智能技术的巨大作用。因此，可以判定人工智能技术的不断进步，必然会推动产业的快速发展。人工智能技术的应用将不局限于计算机视觉、语言识别、自然语言理解等若干领域。人类的目标是将机器智能达到人类智能，为人类社会的发展与进步做出更大贡献。我们相信随着人工智能技术的发展，新的工业革命会在不远的将来爆发。

参考文献

[1] Mcculloch W S,Pitts W. A Logical Calculus of the Ideas Immanent in Nervous Activity[J]. Bulletin of Mathematical Biology,1943,52(1-2)：99-115.

[2] Turing A M. Computing Machinery and Intelligence[M]//Epstein R,Roberts G,Beber G,ed. Parsing the Turing Test. Dordrecht：Springer,2009.

[3] Lighthill J. Review of "Artificial intelligence：a general survey"[C]. Artificial Intelligence：A Paper Symposium,Science Research Council,1973.

[4] Rumelhart D E,Hinton G E,Williams R J . Learning representations by back-propagating errors[J]. Nature,1986,323(6088)：533-536.

[5] Hinton G,Salakhutdinov R . Reducing the dimensionality of data with neural networks[J]. Science, 2006,313(5786)：504-507.

[6] Deep Learning Smarts Up Your Smart Phone[EB/OL]. （2015-11-80）[2020-5-6]. http://www. amax. com/blog/? p=804.

中国机械史研究的七十年

冯立昇

清华大学科学技术史暨古文献研究所

摘要：中国机械技术史的研究发端于20世纪二三十年代，但早期的研究工作进展比较缓慢。中华人民共和国成立之后，科学技术史在中国开始成为一项有组织的学术事业，中国机械史的研究也受到重视，得到了较快的发展。20世纪五六十年代，在专题研究和复原研究取得重要进展的基础上，刘仙洲编写出版了中国机械史的通史性著作。改革开放后，中国机械史研究工作获得全面发展，不仅深化了中国古代机械史的研究，也开拓了中国近现代机械史的研究，推进了传统机械的调查研究，同时培养了一批中国机械史研究方向的研究生，研究队伍不断扩大，成立了机械史的学术团体。本文回顾了中华人民共和国成立以来中国机械史研究在中国的发展概况，并对今后的研究进行了展望。

关键词：中国机械技术史，古代，近现代，回顾

一、引言：中国机械史研究的开端

为了回顾70年来中国机械史的研究，有必要对中国机械史的开端和早期研究情况做一简要介绍。

中国学者对本国机械史研究当始于20世纪二三十年代。张荫麟、刘仙洲和王振铎先生是这一领域早期研究的主要开拓者，他们的工作为中国机械史学科的形成奠定了基础。

张荫麟（1905—1942）早在20世纪20年代就开始了中国古代机械史的某些专题研究，如他对指南车、记里鼓车进行了考证复原研究，对其他古代机械发明也进行文献梳理与考证研究。虽然他在1942年英年早逝，亦未专于机械史研究，但其成果却开创了中国机械史专题研究的先河。

刘仙洲（1890—1975）从20世纪30年代初期开始从事机械史的研究。他不仅开展了一些专题研究工作，还致力于中国机械史的系统整理研究工作，成为这一研究领域最重要的奠基人。他于1935年编写并出版了《中国机械工程史料》[1]（约6万字），图1为图书封面和版

权页书影。本书首次依据现代机械工程分类方法整理了中国古代机械工程的史料,包括绪论、普通用具、车、船、农业机械、灌溉机械、纺织机械、兵工、燃料、计时器、雕版印刷、杂项、西洋输入之机械学13章,分别考述了重要机械的发明人、古代机械的构造与记载,并附有许多插图,初步勾勒出中国古代机械工程的基本轮廓。1948年,他又发表了《续得中国机械工程史料十二则》[2],对《中国机械工程史料》进行了必要的补充。

(a)封面

(b)版权页

图1 《中国机械工程史料》封面和版权页书影

王振铎(1911—1992)在20世纪30年代中后期开始从事中国古代机械史的研究,他对地动仪、指南车、记里鼓车、罗盘等古代机械与仪器开展了考证和复原研究,并进行了实验和模型研制工作。他在1937年所写的《指南车记里鼓车之考证及模制》一文中,提出研究和复原古代科技器物的三条准则,体现了历史主义的治学原则。

上述中国机械史的研究工作虽然具有开创性质,但总体上看,还比较零散,不够系统和全面,研究成果以古代机械文献资料的整理和专题性史料考证为主,进展也较缓慢。中国机械史研究作为一个研究领域的形成和学科分支的建立是在中华人民共和国成立之后。

二、20世纪五六十年代中国机械史研究领域的形成

1949年之后,科学技术史在中国开始成为有组织的科学事业,逐渐实现了建制化,促进了研究工作的发展。20世纪五六十年代,中国机械史研究得到了较快的推进,形成了一个独立的研究领域,并成为中国科学技术史的一个重要学科分支。刘仙洲在20世纪50年代初继续致力于中国机械史的系统研究工作,推动了中国机械史学科的建立。

中华人民共和国成立后,刘仙洲先后担任过清华大学院系调整筹备委员会主任、第二副校长、副校长、第一副校长。1955年被选聘为中国科学院学部委员和中国科学院中国自然

科学史研究委员会委员、中国古代自然科学及技术史编辑委员会委员。

1952年，刘仙洲向教育部提议在清华大学成立"中国各种工程发明史编纂委员会"，当年10月获得批准，不久这一机构改为"中国工程发明史编辑委员会"[3]。刘仙洲随即在清华大学图书馆组织专人着力搜集和整理资料，邀请数位专门帮助搜集资料的人员，共同检阅古书。后来中国科学院又支援了一位专人，在城内的北京图书馆和科学院图书馆阅书[3]。中国工程发明史编辑委员会办公地点设在图书馆，隶属于学校，由刘仙洲直接领导，主要工作是进行中国工程史料的搜集、抄录和整理研究。起初的资料搜集工作主要集中在机械工程、水利工程、化学工程和建筑工程四个方面，查阅范围遍及丛书、类书、文集、笔记、小说、方志等多种古籍。他们使用统一格式印制的资料卡片抄录有关的工程技术史资料，使整理工作得到顺利推进。到1961年，他们已查阅了9000余种古籍。

抄录的资料卡片存放在清华大学图书馆，供校内外专家学者使用和参考，对当时机械史整理研究有重要的作用。刘仙洲重视原始资料的搜集，经常光顾北京的古旧书店，搜集古籍资料。他对考古发掘成果也很关注，努力搜集与机械相关的文物资料，并得到国内一些博物馆的帮助和支持，获得不少文物照片和拓片等资料。刘仙洲依据文献史料和文物资料，开展了一系列机械史专题研究工作。在此基础上，他完成了中国机械史研究的奠基之作《中国机械工程发明史》（第一编）。该书初稿完成于1961年4月，全书正文127页，1961年10月由清华大学印刷厂铅印并精装发行，初稿内封如图2(a)所示。刊印不久，他将初稿提交到中国机械工程学会1961年的年会上，供同行参考并征求意见。初稿修改后，于1962年5月由科学出版社正式出版，同时印刷了16开的精装本和平装本，定稿版图书封面如图2(b)所示。比较初稿和正式出版本，可以发现书的内容有所删改和补充，插图有较多调整和替换。正式本增加了结束语，讲述了刘仙洲对科学技术史与发明的一些规律性问题的认识，还讨论了社会制度对科技发展的影响。正式本的自序较初稿自序多了修改内容的说明[4]。

(a) 初稿内封　　　　　　　　　　(b) 定稿封面

图2　《中国机械工程发明史》（第一编）初稿内封与定稿版封面

《中国机械工程发明史》（第一编）是第一部较为系统的中国古代机械史的著作，从机械原理和原动力角度梳理了中国古代机械工程技术发展的脉络。刘仙洲在该书绪论中指出"根据现有的科学技术科学知识，实事求是地，依据充分的证据，把我国历代劳动人民的发明创造分别整理出来，有就是有，没有就是没有。早就是早，晚就是晚。主要依据过去几千年可靠的记载和最近几十年来在考古发掘方面的成就，极客观地叙述出来。"[4] 该书《中国在原动力方面的发明》一章很快被译成英文在美国 *Engineering Thermophysics in China* 上发表[5]。

刘仙洲在编撰《中国机械工程发明史》（第一编）过程中，还招收了中国机械史方向的研究生[6]。他指导研究生与中国历史博物馆研究人员一起开展了古代重要机械的复原工作，书中多幅插图都是按照他提出的方案复原的古代机械和仪器模型照片。

刘仙洲自幼生活在农村，对中国传统农具和农业机械情有独钟，早在20世纪20年代他就设计过水车和玉米脱粒机。他反对盲目照搬外国的大型农业机械，主张从我国农村具体情况出发，改良传统农业机械，使其符合机械学原理，从而实现古为今用。他一直关注我国农业机械的发展，中国农业机械史自然也成为他的重点研究方向。1963年，他撰写的《中国古代农业机械发明史》问世，这是第一部较全面论述中国古代农业机械成果及其发展的著作。该书出版后，引起日本学术界的重视。著名农史专家天野元之助在《东洋学报》上发表了"中国农具的发达——读刘仙洲《中国古代农业机械发明史》"为题的文章，对该书内容详加介绍和评论[7]。

上述两部著作在国内外长期被科技史和相关领域学者反复引用，成为研究中国机械史的奠基之作。在这两部书出版之前和之后的十多年里，刘仙洲先后发表了一系列专题研究论文，反映了他的研究工作不断扩大和深化的过程。

（1）中国在原动力方面的发明，机械工程学报，1953年第1卷第1期。

（2）中国在传动机方面的发明，机械工程学报，1954年第2卷第1期。

（3）关于"中国在传动机方面的发明"一文的修正和补充，机械工程学报，1954年第2卷第2期。

（4）中国在计时器方面的发明，天文学报，1956年第4卷第2期。

（5）介绍《天工开物》，《新华》半月刊，1956年第10期。

（6）王徵与我国第一部机械工程学（修订版），机械工程学报，1958年第6卷第3期。

（7）中国古代对于齿轮系的高度应用（与王旭蕴合作），清华大学学报，1959年第6卷第4期。

（8）中国古代在简单机械和弹力、惯力、重力以及用滚动摩擦代替滑动摩擦等方面的发明，清华大学学报，1960年第7卷第2期。

（9）中国古代在农业机械方面的发明，农业机械学报，1962年第5卷第1、2期连载。

（10）我国独轮车的创始时期应上推到西汉晚年，文物，1964年第6期。

（11）关于我国古代农业机械发明史的几项新资料，农业机械学报，1964年第7卷第3期。

这些专题研究成果，在学术界产生了较大影响。如《中国在计时器方面的发明》一文，1956年9月5日在意大利召开的第8届国际科学史会议上宣读（图3）。他在文中提出，东汉张衡的水力天文仪器中，已采用水力驱动和齿轮系，并对水运仪象台（北宋苏颂和韩公廉主持研制的一座大型天文和计时装置，于 1086 年开始设计，历时 7 年完成）的机构进行了研究。刘仙洲的报告恰好被排在英国科学史学者李约瑟之后，李约瑟的论文题目是《中国天文钟》，该文给出了对水运仪象台某些机构的解释、看法，两篇论文也有些不同。刘仙洲认为李约瑟的某些推断有些不正确的地方，并向他指出。李约瑟很诚恳地承认，并声明要更正原稿[8]。他接受了刘仙洲认为"天条"是链条的观点。李约瑟、王铃和普拉斯在 1960 年出版的英文专著《天文时钟机构——中世纪中国的伟大天文钟》中引用了刘仙洲上述关于古代计时器、原动力和传动机件的三篇文章[9]。此后，刘仙洲进一步对张衡的水力浑象进行了复原研究，在《中国古代对于齿轮系的高度应用》中提出了张衡浑象的齿轮和凸轮传动机构复原模型。

图 3　参加第八届国际科学史会议的部分中外学者合影（左二为刘仙洲，左三为李约瑟）

复原研究一直是古代机械史的重要研究方向，王振铎先在这方面做出了独特贡献。他在 20 世纪五六十年代负责全国博物馆的筹建和陈列设计，持续开展古代机械的复原研究，其中一项重要成果是成功复原了水运仪象台实物模型，成为复原水运仪象台的第一人。水运仪象台集计时报时、天象演示和天文观测功能于一身，综合运用了水轮、通车、漏壶、秤漏、连杆、齿轮传动、链传动、凸轮传动等多种技术与方法，采用水轮-秤漏-杆系擒纵机构控制水轮运转并实现其实用功能，是当时世界领先水平的大型综合机械。1956 年，国务院科学规划委员会与中国科学院召开研讨会，提出复原水运仪象台的建议。1957 年 1 月，中国科学院与文化部文物局指定王振铎主持复原工作。王振铎在对《新仪象法要》内容进行校勘和研究的基础上，依据原文和绘图及图说进行复原的设计，再结合机械传动原理和仪象台功能要求进行推算，细致地复原了动力装置、传动机构及各种零部件和浑仪、浑象的构造与尺寸，精心绘制了全套图纸，最终于 1958 年春完成了 1∶5 的实物模型的制作[10]。水运仪象台复原结构示意图如图 4 所示。该实物模型被长期用于中国历史博物馆新馆中国通史陈列展中。复原装置展出后，引起国内外学术界和广大观众的长久关注，对当时和之后国内外的复原研究和研制工作都产生了重要影响。为了丰富中国通史陈列展的内容，王振铎先生在清华大学、故宫博物院、中央自然博物馆、中国科学院自然科学史研究室等单位的支持和协作下，复原研制了水运仪象台、候风地动仪、指南车、记里鼓车、水排等一系列古代机械，据不完全统计达 76 件[11]。王振铎的复原工作不仅丰富了国家博物馆的陈列内容，对中国古代机械史的研究也起到了促进作用。

王振铎从 1956 年起兼任中国科学院自然科学史研究室研究员，参与中国机械史的研究和相关人才培养工作，在 20 世纪五六十年代先后培养了周世德、华觉明两位与机械史领域相关的研究生。周世德后来成为著名的中国造船史专家，而华觉明则后来成为著名的冶铸

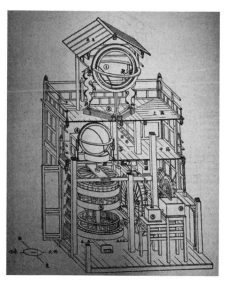

图 4　王振铎先生的水运仪象台复原结构示意图(采自《文物参考资料》1958 年第 9 期)

史专家和中国传统工艺学科的主要奠基人和开拓者。

古代冶金机械设备,特别是鼓风装置是 20 世纪五六十年代引人关注的研究课题。在《文物》杂志上先后发表了王振铎、李崇洲、杨宽等的多篇研究论文,其中对"水排"的复原讨论还产生了争议。

这一时期一些年轻学者的相关研究引起了学界关注,他们的工作涉及中国古代机械的制造工艺问题。如 1956 年华觉明在清华大学读书期间就开始了冶铸史的研究,他在夏鼐、刘仙洲两位前辈学者的帮助下开展了相关研究工作。1958 年,华觉明发表了《中国古代铸造方法的若干资料和问题》[12],这是最早研究古代机械工艺问题的专题论文之一。之后,他又撰写了《中国古代铸造技术的发展》[13],并发表在《第一届全国铸造年会论文选集》中。他还与年轻学者杨根、刘恩珠一起检测了一批战国、两汉铁器,撰写了《战国西汉铁器金相学考察的初步报告》,于 1960 年年初发表在《考古学报》上[14]。周世德于 1963 年发表的《中国沙船考略》一文,是最早专门研究沙船的开拓性成果[15]。

正当中国机械史的研究被引向深入之时,1966 年由于遭遇"文化大革命",机械史的研究工作被迫中断,直到 20 世纪 70 年代王振铎才再次回到博物馆工作。清华大学的机械史整理研究工作也曾暂停一段时间,中国工程发明史编辑委员会的工作得到部分恢复后,刘仙洲也重新开始了机械史研究工作。1973、1975 年,他发表了两篇机械史的论文,后一篇是他根据新的资料对之前关于古代计时器研究论文的修订稿。

(1) 我国古代慢炮、地雷和水雷自动发火装置的发明,文物,1973 年第 11 期。

(2) 我国古代在计时器方面的发明,清华北大理工学报,1975 年第 2 卷第 2 期。

1970 年,在刘仙洲 80 岁生日那天,他工工整整写下《我今后的工作计划》,并拟出《中国机械工程发明史》(第二编)共 10 章的写作提纲。此后文献资料逐渐齐备,可惜因客观情况和疾病缠身,未能如愿完成。

三、改革开放后中国机械史研究的推进和学科的建制化

1975 年,刘仙洲先生去世,设在清华大学的中国工程发明史编辑委员会被撤销,相关工作又陷入停顿状态。但多年来搜集的数万条珍贵史料保留了下来,它们是研究者开展相关学术研究的重要资料,具有很高的史料价值,所以学校开始考虑恢复开展资料整理与研究工作。1980 年,经校长工作会议批准,决定在清华图书馆成立科技史研究组,继续从事中国工程发明史料的整理和研究工作,对已搜集的资料进行增删,按专题编辑《中国科技史料选编》多个分册,中国古代机械史料的整理是首选内容之一。1982 年,科技史研究组所编《中国科技史料选编-农业机械》由清华大学出版社出版,在学术界产生了较大的影响。

与此同时,机械史的研究工作在其他高校和研究机构也开展起来。中国科学院自然科学史研究所、同济大学、北京航空航天大学、西北农业大学、中国科技大学和内蒙古师范大学等单位也在 20 世纪八九十年代积极推动中国机械史的研究工作,并通过招收机械史方向的研究生,努力培养新一代专业研究人员。有的大专院校开设了机械史的选修课,取得了良好的效果。

进入 20 世纪 80 年代,机械史的研究有了新的进展,研究内容有的涉及新史料、新问题和新方向。如同济大学陆敬严在 1981 年发表了他的第一篇题为“中国古代的摩擦学成就”机械史论文[16],首次对古代文献中的摩擦学知识及其应用进行了整理和分析,填补了空缺。中国近现代机械史的研究也开始受到关注,王锦光、闻人军探讨了中国近代蒸汽机和火轮船的研制问题[17],陈祖维考查了欧洲机械钟的传入和中国近代钟表业的发展过程[18],钟少华撰文概述了中国近代机械工程的发展历程[19]。农业机械史在 20 世纪 80 年代成为非常活跃的研究方向,在《农业考古》《中国农史》和《古今农业》等学术刊物上发表了大量论文,涉及古代农业机械和传统农具的不同方面。限于篇幅,这里不做一一介绍。中国科学院自然科学史研究所和北京科技大学等单位对中国古代金属制造工艺开展过研究,并发表了专题研究论文。如 1986 年文物出版社出版了华觉明主撰的《中国冶铸史论集》,共有论文 23 篇,涉及钢铁冶炼和加工工艺、青铜冶铸技术、编钟设计制作及机理研究、失蜡法、叠铸、金属型 6 个方面。其中 7 篇由华先生自撰,其余是他与合作者共同撰写的,不少论文是中国古代铸造技术和金属工艺方面的重要研究成果。

20 世纪 80 年代在复原研究方面也有重要进展。同济大学中国机械史课题组在陆敬严主持下,先后复原、复制了古代兵器和立轴式风车等古代机械多种,分别陈列于军事博物馆和中国科技馆。王振铎 1984 年发表了《燕肃指南车造法补正》一文,根据新的认识,对先前关于燕肃指南车模型进行了几项修正,该文收入他于 1989 年出版的论文集《科技考古论丛》中。该书集结了王振铎有关古代机械模型复原和科技考古研究论文 14 篇,全书共约 48 万字,包含了他关于机械复原研究的最重要的成果,水运仪象台复原的总结性论文《宋代水运仪象台的复原》(带有成套图纸)也收入其中[20]。苏颂的故乡福建厦门同安的有关部门对水运仪象台的复原研制较早给予了关注。1988 年,同安县科委委托陈延杭和陈晓制作水运仪象台模型。他们以《新仪象法要》以及刘仙洲、李约瑟和王振铎等人的研究工作为基础,并且采用转动式“受水壶”的设计方案,在 1988 年 11 月制成 1∶8 的水运仪象台模型(陈列在苏

颂科技馆）。

综合性的整理研究及教学工作也开始受到重视。陆敬严与郭可谦在 1984 年探讨了中国机械史的分期问题,对古代机械和近现代机械的历史发展统一进行了考查[21]。冯立昇对机械史分期依据做了进一步的探讨并给出了不同的分期方案[22]。郭可谦还关注了机械史的教学问题,提出在工科高校开设中国机械史选修课的建议[23]。郭可谦和陆敬严除了在所在大学开设中国机械史课程外,还为机械工程师进修大学开设了中国机械史讲座课程。为满足教学的需要,他们从 1984 年开始编写教材,1986 年,机械工程师进修大学刊行了郭可谦、陆敬严合著的《中国机械史讲座》,在 1987 年改名《中国机械发展史》出版。该书是教材,因而篇幅页不大,但考虑到《中国机械工程发明史》只出版了第一编,还不是一部系统完整的通史性著作,《中国机械史讲座》的刊行仍具有较重要的意义。该书共 9 讲,前 6 讲为绪论、总述、中国古代机械材料、中国古代机械动力、简单工具时期的中国机械、古代时期的中国机械,主要由陆敬严执笔;后 3 讲为近代时期的中国机械、现代时期的中国机械和结束语。该书内容扩展到了近代和现代,对中国机械史的整体发展进行初步的梳理。但由于学术研究的积累还不够,该书印制也较粗糙,影响和传播都受到了限制。1983 年,交通大学万迪棣编撰的《中国机械科技之发展》[24]正式出版。该书被收入中华文化丛书中,是一部纲要性简史,分类叙述了古代机械技术成就。作者在序中指出:"本书采用分类方式撰写,因为我国以农立国,农业机械使用甚多,因此以农业机械为首,其次以运输机械、纺织机械等逐次叙述。"该书没列参考文献,但从内容看,参考了英国学者李约瑟的中国机械史著作。

李约瑟编著的 *Science and Civilization in China*,*Volume 4*,*Physics and Physical Technology*,*Part 2*,*Mechanical Engineering* 由剑桥大学出版社于 1965 年出版,它是第一部英文的中国机械史的学术专著,在国际上有很大的影响。李约瑟编撰此书时利用了大量的中国机械史的原始资料和研究成果,同时参考了许多世界与西方机械史的文献和研究成果,从比较科学史的视角对中国古代机械技术的发展进行了较深入的研究。钱昌祚等在 1977 年将此书翻译成中文,分上、下两册出版[25]。鲍国宝等也在 20 世纪 70 年代开始了此书的翻译工作,但因主译者去世和大量的校订工作(张柏春在 20 世纪八九十年代参加了校订工作),直到 2000 年才由科学出版社正式出版[26]。

机械史学科的学科建设与建制化在 20 世纪 80 年代有明显推进。北京航空航天大学机电工程系成立了机械史研究课题组,并在全校开设了中国机械史选修课。20 世纪 80 年代中期开始,机电工程系招收了机械史方向硕士研究生,由郭可谦教授、陆震教授先后担任导师。陆敬严在这一时期,也在同济大学机械系招收了中国机械史方向硕士研究生。中国科学院自然科学史研究所的工艺组在 1985 年扩大为技术史研究室,该研究室人数最多时有十几名研究人员,其中包括冶铸史、机械史、造船史、传统工艺、科技考古、纺织史和技术史综合研究等方向。该研究室也从 20 世纪 80 年代中期开始招收中国机械史方向的研究生,由华觉明、周世德和陆敬严研究员担任导师。80 年代中后期,更多的高校和研究机构与企事业单位的学者与工程师陆续加入中国机械史的研究队伍中。这样,机械史研究的全国性学术团体的建立被提上了日程。1988 年 9 月,许绍高、华觉明、郭可谦、陆敬严等人发起筹备中国机械史学会,第一次筹备委员会工作会议在北京召开,第二年 10 月召开了筹备委员会第二次工作会议。

进入 20 世纪 90 年代,全国性学术团体的建立推动了学术交流工作的开展。1990 年 2 月 5 日至 9 日,中国机械工程学会机械史学会成立大会暨第一届全国学术讨论会在北京举行,出席会议的代表有 78 人。机械电子工业部副部长陆燕荪和中国科学院学部委员陶亨咸、雷天觉、柯俊出席会议。会议选举出了理事会，由李永新任理事长，华觉明、郭可谦和侯镇冰任副理事长，郭可谦兼秘书长。1991年，中国科学院院士雷天觉出任第二届理事长，学会改名为中国机械工程学会机械史分会，会员最多时达到200余人。20世纪90年代共举办了三次全国性学术讨论会，推动了全国的机械史研究与交流。此外，湖南、江苏两省机械工程学会分别于1991年和1992年成立了省机械工程学会机械史专业学会。20世纪90年代中期，机械分会及其挂靠单位北京航空航天大学还与日本机械学会技术与社会分会和日本技术史教育协会开展合作交流工作，双方于1998年10月在北京组织召开了第一届中日机械技术史国际学术会议。会议交流论文110余篇，80余名中国作者提交了79篇论文，实际参会40余人，35名日本学者提交了33篇论文，内容涉及综合、古代、近现代中外机械史方面，会议论文集 *History of Mechanical Technology* 在会议召开时已由北京机械工业出版社出版发行。该系列会议举办了多次，到2008年已召开了八届国际学术会议。

清华大学的机械史学科建设也有新的进展，1993年经校务委员会批准，在图书馆科技史研究组的基础上成立了清华大学科学技术史暨古文献研究所，聘请华觉明先生担任研究所所长。此前科技史研究组向学校申请"中国古代机械工程发明史研究"课题，获准立项，目标是完成刘仙洲先生未竟的事业，编写《中国机械工程发明史》（第二编）和《中国古代农业机械发明史》补编。研究所的建立，为进一步开展相关工作提供了保障。

20世纪90年代的机械史研究，首先是拓展了中国近、现代机械史的研究方向。1992年，张柏春撰写的《中国近代机械简史》由北京理工大学出版社出版[27]，全书20万字，这是第一部研究近代机械工业与技术史的专著。图5所示为《中国近代机械简史》书影，该书从机械工业、机械设计制造技术、机械工程研究与机械工程教育四个方面，系统梳理1840—1949年中国机械工程技术发展的历史脉络。1993年，邱梅贞主编的《中国农业机械发展史》由机械工业出版社出版[28]，该书全面论述了1949—1991年中国农业机械技术的发展历史。图6所示为《中国农业机械发展史》书影，全书48万余字，共27章，概述了各类农机具及其技术的发展及其特点，论述了典型农机具技术发展过程、机具结构及特点等，最后介绍了中国农业机械学会的简史。

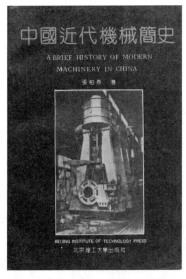

图5 《中国近代机械简史》书影　　　　　图6 《中国农业机械发展史》书影

对古代机械史及古代金属技术史的研究也有明显进展。1998 年,清华大学出版社出版了张春辉编著的《中国古代农业机械发明史》(补编),该书与刘仙洲先生的《中国古代农业机械发明史》一脉相承,在学术上又有新的发展。一是补充了自 20 世纪 60 年代至 90 年代近 30 年的考古材料;二是吸收了中国农业机械史研究的最新成果。在古代金属技术史研究方面先后出版了两部高水平的著作:1995 年,山东科技出版社出版了苏荣誉等编撰的《中国上古金属技术》;1999 年,大象出版社出版了华觉明撰写的《中国古代金属技术》。

水运仪象台的复原在 20 世纪 90 年代有了新的进展,首先是日本在原大尺寸模型的复原上有了突破。精工舍株式会社的土屋荣夫在 1993 年发表《水运仪象台的复原》,在参考李约瑟和王振铎等人的研究基础上,提出了复原大水运仪象台的方案。精工舍株式会社经过四年时间的努力,前后投入 4 亿日元经费,于 1997 年研制出 1∶1 比例的水运仪象台,在长野县诹访湖仪象堂时间科学馆向公众长期展出。中国的古代机械复原工作也取得了进展,1993 年 8 月,台湾自然科学博物馆首次按照 1∶1 比例完成了水运仪象台的复原研制,研究团体在研制过程中曾专门考察了以往的复原成果。陆敬严研究团队在 20 世纪 90 年代又复制了多种古代机械,至 1998 年 4 月召开“中国古代机械复原”成果鉴定时,复原的古代机械模型多达 92 种 100 多件。清华大学科学技术史暨古文献研究所张春辉和戴吾三在 1997 年承担了国家博物馆复原唐代江东犁的委托项目,考证了记载江东犁的古文献《耒耜经》的 18 个版本,在此基础上按照 1∶1 复原了江东犁。

与水运仪象台的复原相关联,《新仪象法要》的研究和校注受到学界的重视。管成学及其合作者于 1991 年出版了《〈新仪象法要〉校注》,这是《新仪象法要》的第一个标点注释本[29]。1997 年,胡维佳译注的《新仪象法要》出版刊行[30]。陆敬严早在 20 世纪 80 年代就着手《新仪象法要》译注工作,但因病推迟完稿,到 2007 年才出版了他与合作者完成的《新仪象法要译注》[31]。李志超撰写《水运仪象志》,考察古代的水运仪象的历史,对水运仪象台进行了科学分析,于 1997 年出版。该书附录部分包括《新仪象法要》全文的译解[32]。而 1997 年,东京新曜社出版了山田庆儿和土屋荣夫合著的《复原水运仪象台:11 世纪中国的天文观测计时塔》[33],对日本的复原研究进行了详细解说,作者之一是一位著名科技史专家,另一位是日本复原工作的主持者,他们对一些关键部件的解读有独到之处。该书的第二部分是山田庆儿和内田文夫所作的《新仪象法要》全文的日文译注本。1998 年,清华大学科技史暨古文献研究所成立了水运仪象台课题研究组,并于 1999 年申请到国家自然科学基金项目。该课题由高瑄主持,研究人员分为历史文献研究、工作原理分析和计算机仿真实验三个小组,对《新仪象法要》的版本和内容进行了全面研究,并依据文献内容利用计算机仿真技术对水运仪象台进行了复原研究。

20 世纪 90 年代中后期至 21 世纪初期,基础性综合研究得到了推进。20 世纪 90 年代初期,中国科学院开始组织编写的大型丛书《中国科学技术史》,委托陆敬严、华觉明主编《中国科学技术史》的机械卷,钱小康、张柏春、何堂坤、杨青、赵丰、黄麟雏、刘克明和冯立昇等多位学者参加编写工作,全部书稿于 1997 年完成。经较长时间的审稿和统稿,于 2000 年由科学出版社出版。图 7 所示为《中国科学技术发史·机械卷》书影,全书约 70 万字,与前面几部通史性中国机械史著作有所不同,它突破了简史的范畴,是一部较大型的中国机械工程学术著作。此书对中国机械工程的历史发展做了比较系统的论述和讨论,对已有的研究成果进行了一次较全面的总结。稍后,由李健和黄开亮主编的《中国机械工业技术发展史》

于 2001 年由机械工业出版社出版，该书包括导论、制造技术、产品技术和科教事业四部分，其中导论部分包括中国机械工业从古至今的简史和机械工业技术政策的概述。图 8 所示为《中国机械工业技术发展史》书影，这是中国机械工业行业技术史的书，全书 260 万字，对 1949—2000 年中国机械工业技术的发展做了比较全面的论述和总结。

图 7 《中国科学技术发史·机械卷》书影　　　图 8 《中国机械工业技术发展史》书影

《中国机械工程发明史》（第二编）的编写是一项综合性研究工作，但推进比较缓慢。因课题组成员不断变动，开始时工作时断时续，进展不太顺利。多年后才陆续确定撰稿人和编撰方案，最终从刘仙洲先生生前所研究计划的 10 章目录中选取 7 章开始撰写工作。该书 2004 年由清华大学出版社出版。这部书的出版，完成了刘仙洲先生未竟的工作。

进入 21 世纪以来，中国机械史的研究不断得到深化和拓展，著述数量明显增多，限于篇幅，下面仅选一些重要方面加以介绍。

首先是在传统机械的调查与制造工艺研究方面取得了重要进展。这方面的调查研究以往虽然较多，但从技术史的视角开展的专题调查研究还不多见，系统性的总结工作更为少见。从 20 世纪 90 年代开始，张柏春、张治中、冯立昇、钱小康等和李秀辉等有计划地开展了传统机械的田野调查工作，其总结性成果是 2006 年由大象出版社出版的《传统机械调查研究》[34]，《传统机械调查研究》书影见图 9。此后，相关工作又延伸到了传统机械制作工艺及相关非物质文化的保护方面，其代表性成果之一是 2016 年由大象出版社出版的《中国手工艺·工具器械》[35]，《中国手工艺·工具器械》书影见图 10。此外，清华大学科技史暨古文献研究所师生（戴吾三主持）还翻译了 P. R. Hommel 的 *China at Work；An Illustrated Record of the Primitive Industries of China's Masses，whose Life is Tail，and Thus an Account of Chinese Civilisation*，2011 年由北京理工大学出版社出版[36]。这些工作对传统技艺类非物质文化遗产的保护起到了一定的促进作用。

图 9　《传统机械调查研究》书影　　　　　　　图 10　《中国手工艺·工具器械》书影

其次,由中国机械工程学会组织全国机械行业和学界众多学者编写了一套集成性和总结性的大型著作《中国机械史》,《中国机械史·通史卷》书影见图 11。《中国机械史》全书约800 万字,各分卷由中国科学技术出版社陆续出版。4 个分卷包括《图志卷》(2011 年)、《技术卷》(2014 年)、《行业卷》(全 3 册)(2015 年)和《通史卷》(全 2 册)(2015 年),论述了中国古代、近代和现代机械技术与行业的发展全貌。其中《通史卷》(上、下册)165 万字,由机械史专家和机械行业专家共同完成,对以往相关研究成果进行了系统的总结、梳理和深化,翔实记述了中国机械科技从远古到现代的整个发展历程。

图 11　《中国机械史·通史卷》书影

中国机械史研究在 21 世纪不断得到深化,这在一些精细的专题研究成果中体现得尤为明显。不仅发表论文的数量大为增加,质量也得到提升,而且随着国际交流的日益频繁,英文论文的数量明显增加。以 2008 年召开的第三届国际机器与机构史学术研讨会(The 3th International Symposium on History of Machines and Mechanisms)为例,中国学者在会议上报告的中国机械史论文，超过了三分之一。会后由 Springer 出版社出版的会议论文集共收入 26 篇英文论文，中国学者写的中国机械史的论文就多达 9 篇[37]。由于近十几年来发表的论文数量很多，这里无法做具体的评介。下面列出 2000 年以来出版的有代表性的专题研究著作。

（1）张柏春.明清测天仪器之欧化——十七、十八世纪传入中国的天文仪器技术及其历史地位.辽宁教育出版社，2000.

（2）刘克明.中国技术思想研究：古代机械设计与方法.巴蜀书社，2004.

（3）张治中.中国铁路机车史（上、下）.山东教育出版社，2007.

（4）Yan Hong-Sen. Reconstruction Designs of Lost Ancient Chinese Machinery，Springer，2007.

（5）张柏春，田森，马深孟（Matthias Schemmel），等.传播与会通——《奇器图说》研究与校注.江苏科学技术出版社，2008.

（6）王守泰，陆景云，顾毓琭，等.民国时期机电技术.湖南科学技术出版社，2009.

（7）何堂坤.中国古代金属冶炼和加工工程技术史.山西教育出版社，2009.

（8）孙烈.制造一台大机器 20 世纪 50—60 年代中国万吨水压机的创新之路.山东教育出版社，2012.

（9）关晓武.探源溯流——青铜编钟谱写的历史.大象出版社，2013.

（10）孙烈.德国克虏伯与晚清火炮：贸易与仿制模式下的技术转移.山东教育出版社，2014.

（11）Hsiao Kuo-Hung，Yan Hong-Sen. Mechanisms in Ancient Chinese Books with Illustrations，Springer，2014.

（12）颜鸿森.古中国失传机械的复原设计.萧国鸿，张柏春，译.大象出版社，2016.

（13）萧国鸿，颜鸿森.古中国书籍插图之机构.萧国鸿，张柏春，译.大象出版社，2016.

（14）管成学，孙德华.世界钟表鼻祖苏颂与水运仪象台研究研究.吉林文史出版社，2017.

（15）黄兴.中国古代指南针实证研究.山东教育出版社，2018.

（16）陆敬严.中国古代机械复原研究.上海科学技术出版社，2019.

上述著作反映了中国机械史专题研究的一些重要进展，其中不少是博士论文的修改稿或博士后出站报告。近十多年来，在中国科学院自然科学史研究所、北京航空航天大学、清华大学、中国科技大学、台湾成功大学和南台科技大学等单位培养了一大批中国机械史方向的硕、博研究生及博士后，他们成为研究队伍中的有生力量，对研究工作的持续推进起到了重要作用。目前已形成多个中国机械史的研究中心。

著作列表中的两部英文著作是台湾成功大学颜鸿森教授及其弟子萧国鸿副研究员合作完成的古代机械复原研究与设计专著，由萧国鸿和张柏春翻译为中译本，并由大象出版社出版。成功大学在机械的复原研究方面成果丰硕，其工作积累已有多年。如早在 2001 年 12 月，颜鸿森的另一位弟子林聪益完成了博士论文《古中国擒纵调速器之系统化复原设计》[38]，系统地分析了水运仪象台"枢轮""天衡"等组成的擒纵机构，并且进行复原优化设计。最后列出的三部著作也均与复原研究有关，说明古代机械的复原目前仍然是重要的研究课题。其中《中国古代机械复原研究》是目前关于中国古代机械复原研究最全面、系统的学术成果,该书详细论述了古代机械复原研究的实践与理论,既有科学分析论证,也有历史资料的考证和综合分析,其研究广度、深度都达到非常高的水准。书中指出了复原与复制的差别,着重讨论了复原工作的科学性、可靠性和多样性。同时,水运仪象台的复原一直也没有停止。如苏州天文计时仪器研究所陈凯歌团队 2000 年为中国科学技术馆制作出 1∶5 的复原模型。苏州育龙科教设备有限公司在 2007 年制成了 1∶4 水运仪象台模型,2008 年 11 月为中国科学技术馆新馆制成 1∶2 模型,到 2011 年 3 月为厦门同安区苏颂纪念园建造出了 1∶1 水运仪象台。2017 年又为开封市博物馆(新馆)制成 1∶1 水运仪象台[39]。出土文物中的重要古代机械的复原研究尤为引人关注,如 2012 年成都老官山汉墓出土了一批织机模型,国家文物局"指南针计划"很快对织机的复原研究立项支持。"汉代提花技术复原研究与展示——以成都老官山汉墓出土织机为例"课题由中国丝绸博物馆主持,成都博物院、中国科学院自然科学史研究所等单位参与,于 2017 年完成结项。课题以老官山汉墓出土的四台织机模型为研究对象,对其进行了整理和测绘,分析了汉代提花织机类型与提花原理,制定了切合历史的复原方案,成功地复原了两套可操作的提花织机及蜀锦复制品,研制了提花织机模型、相关纺织工具及木俑等,并系统诠释了出土织机模型的工作原理与织造技术,复原成果在学界和社会产生了重要影响。

四、总结与展望

中国机械史的研究起始于 20 世纪二三十年代,但早期的工作进展比较缓慢。中华人民共和国成立后,中国机械史的研究才成为一项有组织的学术事业,相关研究也受到重视,得到了较快的发展。到五六十年代,中国机械史成为一个专门的研究领域,初步建立了中国机械史学科。改革开放后,研究工作获得全面发展,在深化了中国古代机械史研究的同时,也开拓了中国近现代机械史的研究,推进了传统机械的调查研究。此外,还培养了一批中国机械史研究方向的研究生,研究队伍不断扩大,成立了机械史的学术团体,开展了广泛、深入的学术交流。虽然目前取得了丰硕的研究成果,但也存在着不足和问题。

古代机械史的研究虽然比较充分,但多集中于文献梳理、考证研究和古代机械的机械结构的分析与复原方面,对于认知中国古代机械及其技术传统很重要的模拟实验研究重视不够。一些机械发明和制造工艺属于悬案,有关解释争议颇多,也需要通过模拟实验和实证研究做出更令人信服的结论。对古代机械发展与中国社会政治、经济特别是文化的关系目前研究也较少,古代中外机械技术的交流与比较也是研究的薄弱环节,这些方面的工作今后还有待加强。

与古代机械史紧密关联的现存传统机械及其制作工艺的田野调查,近年来已受到关注和重视,但实际投入仍显不足,需要更多的人开展相关工作。随着政府和社会各界对非物质文化遗产工作的重视和保护措施的落实,传统机械工艺技术消失的状况有望得到缓解,但机械史学者更有责任开展深入的调查研究,发挥独特的作用。

近年来,对中国近现代机械发展脉络的梳理和机械工业行业史的研究取得了显著进展,但薄弱环节仍很多。如基本的原始文献与档案资料的梳理还不够,近现代机械史料丰富,但却非常分散,需要下功夫开展深入调查研究和系统整理工作。对近现代机械工业技术遗产的调查研究也比较滞后,工业遗产是近现代技术的主要研究对象,但目前的调查、记录和保护工作还很不到位,需要今后加大工作力度。此外,口述史工作对于现代机械史非常重要,可以弥补文献与档案资料的不足。因机械工程事业的参与者和当事人年事已高者很多,目前亟待开展口述资料抢救工作。

在全球化的时代背景下,需要将中国机械史置于在全球史和世界科技史的视野中开展研究。中外机械交流史、机械技术转移史和比较研究有望成为今后的重点研究方向。我们还需要引进新的方法和新的思路,对史料的挖掘也应向多维度、多方向拓展。适当引入人类学、民族学、民俗学和社会学等方法,这对于丰富机械史的研究有重要的作用。只有把新史料和新方法、新思路结合起来,才能更好地推进机械史学科的发展。

参考文献

[1] 刘仙洲.中国机械工程史料[M].北平国立清华大学出版事务所,1935.

[2] 刘仙洲.续得中国机械工程史料十二则[J].新工程,1948,3(3).

[3] 刘仙洲.中国机械工程发明史(第一编)初稿[M].北京:清华大学印刷厂,1961.

[4] 刘仙洲.中国机械工程发明史(第一编)[M].北京:科学出版社,1962:序.

[5] 董树屏,黎诣远.刘仙洲传略[M]//《刘仙洲纪念文集》编辑小组.刘仙洲纪念文集.北京:清华大学出版社,1990:207-218.

[6] 王旭蕴.回忆我敬爱的导师刘仙洲[M]//《刘仙洲纪念文集》编辑小组.刘仙洲纪念文集.北京:清华大学出版社,1990:85-95.

[7] 天野元之助.中国农具的发达——读刘仙洲《中国古代农业机械发明史》[J].东洋学报,1965,47(4):57-84.

[8] 刘仙洲.意大利之行记——参加第八届国际科学史会议经过[J].高等教育,1957(8):150-152.

[9] Needham J,Wang L,Price D J.Clockwork:The Great Astronomical Clocks of Medieval China[M].Cambridge:Cambridge University Press,1960:57.

[10] 王振铎.揭开了我国"天文钟"的秘密——宋代水运仪象台复原工作介绍[J].文物参考资料,1958(9):1-9.

[11] 华觉明,何绍庚,林文照.科技考古的开拓者王振铎先生[J].自然科学史研究,2017,36(2):1945-201.

[12] 华觉明.中国古代铸造方法的若干资料和问题[J].铸工,1958(6):36-41.

[13] 华觉明.中国古代铸造技术的发展//第一届全国铸造年会论文选集[C].北京:中国工业出版社,1963:5705-5787.

[14] 华觉明,杨根,刘恩珠.战国西汉铁器金相学考察的初步报告[J].考古学报,1960(1):73-88.

[15] 周世德.中国沙船考略[J].科学史集刊,1963,6:34-54.

[16] 陆敬严.中国古代的摩擦学成就[J].润滑与密封,1981(02):6-11+5.

[17] 王锦光,闻人军.中国早期蒸汽机和火轮船的研制[J].中国科技史料,1981(2):21-30.

[18] 陈祖维.欧洲机械钟的传入和中国近代钟表业的发展[J].中国科技史料,1984,5(1):94-98.

[19] 钟少华.中国近代机械工程发展史[J].机械工程,1986(6)-1987(2).

[20] 王振铎.科技考古论丛[C].北京:文物出版社,1989.

[21] 陆敬严,郭可谦.关于中国机械史的分期意见[J].机械设计,1984(2):1-6.

[22] 冯立昇.中国机械史的分期问题[J].科学技术与辩证法,1986(3):57-63.

[23] 郭可谦.开设中国机械史选修课的建议[J].教育论丛,1991(1):29.30.

[24] 万迪棣.中国机械科技之发展[M].台北:中央文物供应社,1988.

[25] 李约瑟.中国之科学与文明[M].钱昌祚,石家龙,华文广,译.台北:台湾商务印书馆,1977.

[26] 李约瑟,等.中国科学技术史[M].鲍国宝,等译.北京:科学出版社,2000.

[27] 张柏春.中国近代机械史[M].北京:北京理工大学出版社,1992.

[28] 邱梅贞.中国农业机械史[M].北京:机械工业出版社,1993.

[29] 管成学,杨荣垓.新仪象法要校注[M].长春:吉林文史出版社,1991.

[30] 胡维佳.新仪象法要[M].沈阳:辽宁教育出版社,1997.

[31] 陆敬严,钱学英.新仪象法要译注[M].上海:上海古籍出版社,2007.

[32] 李志超.水运仪象志——中国古代天文钟的历史（附《新仪象法要》译解）[M].合肥:中国科学技术大学出版社,1997,88-101.

[33] 山田敬司,土屋荣夫.复原水运仪象台:十一世纪中国的天文观测和计时装置[M].日本东京:新曜株式会社,1997:151-225.

[34] 张柏春,张治中,冯立昇,等.中国传统工艺全集·传统机械调查研究[M].郑州:大象出版社,2006.

[35] 冯立昇,关晓武,张治中.中国手工艺·工具器械[M].郑州:大象出版社,2016.

[36] Hommel P R.手艺中国:中国手工业调查图录[M].戴吾三,等译.北京:北京理工大学出版社,2011.

[37] Yan H S,Ceccarelli M. Proceedings of the International Symposium on History of Machines and Mechanisms[M]. Berlin:Springer,2008.

[38] 林聪益.古中国擒纵调速器之系统化复原设计[D].台南:成功大学,2001.

[39] 张柏春,张久春.水运仪象台复原之路:一项技术发明的辨识[J].自然辩证法通讯,2019,41(4):43-51.

第二篇　发展理念与经济发展

环境改善和经济发展

长野暹

日本佐贺大学名誉教授

摘要：全球变暖、大型台风、洪水、大气污染等全球性灾难不断发生。在可持续发展、循环型社会的形成过程中，环境改善成为重要课题。改善环境最重要的是转变社会发展的视角。需要从重视经济增长，转变到囊括环境改善的全面增长。1972年，罗马俱乐部已经提出了"增长极限"的警告。本文主要研究环境经济的综合核算，并进一步探讨环境效率和生产性问题。基于此观点，解释中国的环境问题以及森林和环境等相关问题。

关键词：生态效率，环境经济，overall-accounts，空气污染

一、前　　言

环境已经成为世界性的问题，甚至被称为人类生存的危机。为了改善日益恶化的环境，发展经济，有必要转变既往观点。如果从自然是有限的，保护是不可缺少的观点看，就需要对被损耗的资源进行价值评估，并从附加价值中扣除。

GHP和GDP表示的国民生产总值，是研究经济发展的重要变量，但由于没有包含资源的损耗、环境的恶化等因素，所以是不够全面的。为了进一步完善国内生产总值的核算，我们进行了环境经济综合核算，其中包含环境费用的核算。从GDP中扣除归属环境费用的部分，核算经济增长状况。另外，尝试剔除废气、废弃物、废水等污染量，核算经济效率，从而考察生产效率和经济发展。

通过对环境负荷进行价值评估，研究经济发展非常重要，本文分析了北九州的大气污染、港湾污染的改善状况，通过环境经济综合核算研究环境问题，并考察中国环境问题。

二、北九州区域的环境改善

（一）北九州五市(门司市、小仓市、八幡市、若松市、户畑市)状况

20 世纪 60 年代日本经济的高速增长,导致了大气污染、江海污浊等环境恶化问题。20 世纪 70 年代,随着环境治理对策的出台,环境得到了一定程度的改善。虽然有像北九州地区那样,环境改善得到了世界认可的地区,但是水俣、四日市、新潟、富山地区不容客观,迄今依然没有解决环境治理问题[1]。

1946 年,北九州的门司市、若松市、八幡市被指定为战后重建城市,随着政府倾斜式生产方式的推进,得到了大量的资金和材料,推进了经济重建的进程。1950 年实行了国土综合开发法,北九州 5 市被指定为特定区域综合开发计划区,有利其开发建设。1955 年,根据"神武景气"计划进一步推动了经济发展政策的执行,促进了经济快速增长。虽然越来越重视经济增长,但是对环境关注不够,大气污染、港湾污染日益严重,严重影响了居民生活。1957 年 6 月,户畑妇女会要求户畑市长在工厂安装吸尘装置,并要求市政府推进绿化计划。

东京川崎、四日市、大阪,因工厂排出的废水和煤烟造成了严重的环境污染。为了改善这种情况,1958 年 12 月制定了保护公共水域水质以及限制工厂排水等方面的法律。虽然制定了改善环境的法律,但是事态进一步恶化,大气污染变得更加严重。由福冈县、北九州 5 市、大牟田市等组成的福冈县大气污染对策协议会于 1959 年 2 月成立,开始研究大气污染对策。为了改善日益严重的大气污染,1959 年 5 月成立了北九州 5 市防止大气污染对策委员会,统一测定大气污染指数,制定综合对策。

为了治理大气污染,户畑市中原地区的居民于 1960 年向市长提出建议,要求厂方加强大气污染对策。户畑市长接受了这个要求,要求厂方制定改善对策。厂方则安装了除尘装置,努力减少废气排放。地区居民要求市里向厂方提出治理方案,市里也接受了这个要求,市长向厂方提出了建议,这种流程是在这次治理过程中的一大特点。

（二）北九州市和公害问题

1963 年 2 月 10 日,门司市、小仓市、八幡市、若松市、户畑市 5 市合并成北九州市。因为公害对策是课题,所以从北九州市成立之日起就设立了卫生局公共卫生科公害专门管理部门。4 月,为了应对门司市和八幡市的居民水泥工厂排出的粉尘,成立了对策协议会。1963 年 5 月 19 日出现了能见度不足 10 米的雾霾。为了治理雾霾,12 月 5 日成立了北九州公害防止对策协议会。户畑区的居民要求福冈县工厂杜绝煤烟和恶臭气体的出现。福冈县政府努力周旋,于 1964 年 2 月达成和解,厂方决定将旧炉全部换成新炉。1968 年 12 月颁布了大气污染防止法,限制了烟囱的高度和排放速度。

1974 年 1 月至 7 月进行了洞海湾的疏通工程,铲除其淤泥。1977 年 1 月,北九州市政府与 48 家公司 57 家工厂签订了防止硫氧化物污染的协定。1978 年 9 月,新日本制铁八幡

钢厂引进了液化天然气,九州电力新发电厂也安装了液化燃气专用锅炉。

(三)北九州地域治理公害政策特征

20 世纪 80 年代初期,北九州地区的天空湛蓝、港湾也很干净。这是居民、地方自治团体、企业、国家共同努力克服公害的成果。这与被批评的水俣、四日等市是不一样的。北九州地区在 80 年代对街道和工厂内进行了绿化,成为绿意盎然的地区。

1990 年,北九州地区荣获了联合国环境规划署颁发的"联合国全球奖",该地区各方面的努力受到了世界好评。

但是需要注意的是,北九州地区为了治理公害,花费了 9000 亿到 10000 亿日元的巨额费用。这说明有必要重新考虑重视经济增长。正如"联合国全球奖"秉承可持续增长的观点,将该奖项颁发给致力于改善和保护环境的个人和团体一样,不仅要高度重视经济增长,而且要重视可持续增长。

三、经济增长与环境

(一)环境、经济综合核算

经济发展应该是以使人们生活幸福、带来富裕社会为前提的物质生产活动,但事实并非如此。环境恶化会带来大型龙卷风、洪水、气候变暖等人类生存危机和地球危机。快速的经济增长促使生产大幅度提高、消费大幅度增长,同时带来了大量的废弃物,造成了严重的公害,给人们带来一定的影响,被称为"丢失的时代"。因此,我们需要对经济增长与环境之间的联系进行研究。

1968 年,联合国提倡在既有的国民收入基础上,再加上产业关系、国际收支、财富、服务等构建综合国民经济核算体系,但是此后的核算体系没有囊括经济发展带来的环境恶化、资源减少等指标,因此并不完善。1987 年,联合国"环境与发展委员会"提出的开发具有可持续发展性的项目,从而环境改善、可持续发展成为经济发展的关键。1993 年,联合国统计局将环境、医疗、教育、研究等纳入核算体系,具体化了"环境、经济综合核算"体系。

现有的国民经济核算体系虽然考虑了与资源变化相关的经济价值,但没有考虑环境恶化对生活的影响,生物资源、矿物资源减少带来的影响等。笔者的主要观点,一是关于森林、水、矿物等自然资源,要采取统一开采、加工、废弃的价值评价方法。二是对环境恶化带来的危害,自然资源减少的价值评价方法。三是相对于一、二两点侧重于自然资源、环境,这里主要侧重于对福利、便利、保险等社会生活进行价值评价的方法。虽然各种价值评价在客观性、测定对象的选定等方面存在很多值得研究的课题,但可以把对环境、自然资源等价值评价归属于环境费用,从国内纯生产总值中扣除后,用环境调整后的纯生产费核算经济发展。

在日本,1991 年由经济企划厅委托开始了关于"环境·经济综合核算"的研究,1995 年公布了第一次核算数据[2]。从此开始不断研究,2006 年、2007 年、2008 年公布了更加体系化的核算结果[3]。2008 年版还公布了归属环境费用与 GDP 的比例。该报告中写道"1970 年达到顶峰，为 3.1%，70 年代快速下降，1980 年只有 1.5%，1990 年、1995 年跌至 1.0%。"探究其变化原因，从"环境恶化"角度看，1970 年产业的生产活动费用占归属环境总额的 76%，家庭的最终消费额占 21%，但以后，产业的生产总额比重逐渐下降，家庭的最终消费比重不断增加，1995 年产业的生产总额占 52%，家庭消费总额占 48%。

这些意见与研究北九州地区环境问题的事例相对应，可以看出 20 世纪 70 年代日本处于环境显著恶化的时期，从那以后不断努力环境得到了改善[3]。

经济增长与环境的相关考察，确实如库兹涅茨曲线假说一样，经济发展了，而环境改善所需要的费用将减少，但是人均能源消费量则不一定随着经济不断地增长而下降，这一点还需要验证。

马奈木俊介所著的《环境和效率的经济学分析 生产性最佳水平的估算》分析了提高生产效率对环境带来的影响，以及治理环境污染花费费用对经济增长的消极影响[4]。书中分析了收入的增加与二氧化硫（SO_2）排放量的关系，如果人均 GDP 超过 9886～10 150 美元，SO_2 排放量呈现减少倾向，证明库兹涅茨曲线假说成立。对于发展中国家来说，收入越多，SO_2 排放量也会随之减少[4]。但是该书并没有明确说明收入增加与二氧化碳（CO_2）排放量之间的关系。

收入增加与 CO_2 排放量不一定有关系，从人们的感觉看，SO_2 的增加能感觉到恶臭，但是 CO_2 却很难被感觉到。在对发展中国家的经济援助中，如果在 CO_2 累积量减少的同时提高生活水平，就需要更加重视技术转移，积极推进使用节能设备[4]。

根据上述分析，研究了 2013 年人均 GDP 与 SO_2 排放量的关系[5]。2013 年，日本人均 GDP 为 38 411 美元，中国为 6747 美元。从库兹涅茨曲线看，日本处于 SO_2 排放量的下降趋势，而中国处于其上升趋势。由此可见，中国在节能方面技术的提高和设备的安装是急需解决的重要问题。从收入和环境中 CO_2 排放量的关系看，日本将面临严峻的挑战——2011 年 3 月 11 日发生了东日本大地震和核电站事故。核电站事故引发的核泄漏带来的损害的测定并不容易。从 CO_2 看，既然收入与 CO_2 排放量之间的关系都不明确，那么与核能辐射的关系更不能知晓。如果不能明确收入的增加与核能的减少密切相关，就意味着经济发展并不能解决核能辐射的影响。

在"环境·经济综合核算"项目中，日本如何定位核能问题成为一大课题。现在的技术很难控制福岛核电站的辐射问题，无法阻止辐射的扩散。如果扩散范围过大，负面影响将波及世界。日本在环境问题方面有世界性课题，在"环境·经济综合核算"上也有重要的研究课题。

（二）环境与生产效率

为了减少因大气污染、水质污浊造成的公害损害，赔偿、设备改善、环境整治等方面的费用是必要的，因此，这往往被认为是对经济增长的不利因素。但是，设备改善导致技术的提高，从而有利于生产效率的提高，这对经济发展也有一定的正面影响。

上面提到的马奈木俊介的著作分析了石油价格变动与 GDP 和排放量之间的关系。20 世纪 70 年代石油价格上涨,发达国家的 GDP 增加,排放量减少,而发展中国家的 GDP 减少,排放量增加[4]。

发达国家的石油消费较多,进口价格的上涨导致生产费用的增加,但随着有效利用石油的技术不断改进,生产效率的提高导致了排放量的减少和 GDP 的增加。发展中国家不如发达国家那样利用大量的石油,技术改良进展不大,油价上升导致生产费用增加,这成为阻碍经济发展的因素,从而使得 GDP 减少,排放量增加。能源价格的上涨,促进了技术改进,提高了生产效率,改善了环境,促进了经济的发展。这说明,在改善环境方面,推进技术改进是很重要的。

(三) 中国的环境问题

中国的环境状况成为重大问题。近 20 年来,中国经济发展显著,GDP 年均增长 10% 左右。但是,随着环境恶化不断加剧,改善环境已成为迫在眉睫的课题。行政部门、企业虽然不断实施改善环境的措施,但仍然有很多课题急需解决。

环境效率是指污染量除以附加价值后的指数,数值越小,说明环境效率越高。如图 1 所示,从工业用水排放量看,从 1992 年到 1996 年超过了 20 亿吨,但从 1997 年到 2002 年减少到 200 亿吨以下,呈现减少趋势。但是,2003 年以后却开始增加了,而且急速增加,数值接近 250 亿吨。废气的排放动向也随着工业用水的排放而变动,2004 年以后废气的排放量显著增加。从 1992 年到 2003 年没有超过 20 亿吨,2004 年达到 20 亿吨左右,2006 年则达到 30 亿吨左右,2008 年达到 40 亿吨左右,是 2003 年的 2 倍。2004 年以后废弃物也增加,2008 年是 2003 年 20 亿吨的 2 倍,接近 40 亿吨。

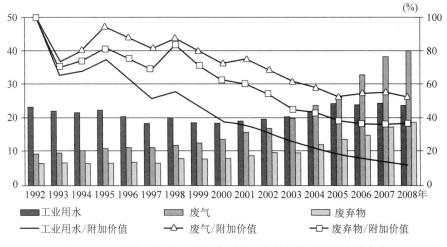

图 1　1992 年为基准的工业用水、废气、废弃物数量及环境效率表

从环境效率看,与 1992 年相比,1993 年工业用水、废气、废弃物的环境效率都提高了 25% 左右。虽然 1993 年、1994 年有所恶化,但 1995 年以后效率有所提高。各部门在环境效率上存在明显差异。废气、废弃物的效率比工业用水的效率低。如果将环境效率与经济

增长率联系起来看,基本上趋势是一致的。

20世纪90年代以后的经济增长率大体如下。1992年为14.2%,呈现显著增加态势,直到1996年继续保持10%左右的增长率。从1997年到2002年,增长率为7%~9%,略有下降。从2003年到2007年增长了10%左右,2007年达到14.1%,接近1992年的增长率。

虽然经济增长期,工业用水、废气、废弃物的环境负荷有所增加,但是2004年以后明显增加,特别是废气和废弃物增加较快,废气增加将近一倍。2004年以后环境负荷越来越大。除去1998年,1995年到2003年,环境效率确实有所提高。2004年以后,工业用水以外的效率基本没有提高。

由于环境负荷高将导致排放量增加,环境效率降低,所以2005年以来,中国面临着严峻的环境问题,尤其是急需减少废气排放量。如果解决这一问题,将会呈现新的经济增长态势。

首先,研究SO_2、CO_2的削减和能源价格问题,技术进步和设备改善减轻环境负荷问题,以及提高生产效率促进GDP的增加问题。由此可见,中国只要提高环境技术,改善设备,就能改善环境,实现新的经济增长。2006年以后废气排放量显著增加,经济增长率也很高,因此研究经济增长的现状很重要。

中国大气污染的主要原因是燃煤产生的硫氧化物和汽车尾气。煤炭的需求主要有电力、矿业、钢铁、水泥、化学等,大量的制造业会排放废气。煤炭产量在2000年为2000万吨,2010年为3500万吨,10年间增加了1.5倍[6]。一次性能源总产量在2000年为1289万吨,2006年为2210万吨,6年翻了一番。无论哪一年,煤炭供应量都达到了70%。在煤炭的消费结构中,电力占50%,制造业占30%,钢铁占5%。用电设备的70%是火力发电,20%是水力发电,火力发电主要使用煤炭,火力发电产生的SO_2占总量的45%。为了减少SO_2排放量,有必要安装脱硫装置。中国煤资源丰富,因此并不重视提高资源使用效率。

再来关注一下中国的汽车生产状况。中国汽车生产始于1985年,2000年以后快速发展,2012年汽车生产量达到1927万辆,销售量达到1930万辆[7]。从中国汽车产量的变动看,1995年产量只有140万辆,2008年产量增长到940万辆,2009年产量达到1360万台,是2008年的1.4倍。2013年产量达到2120万辆,销量达到2000万辆,预计到2022年销量将达到3000万辆。2000年汽车销量年平均增长率为10%,其中普通汽车为16%,轻型车为20%,重型汽车为5%,轻型车的增长率较高。2013年,重型汽车占全部汽车保有量的5%,虽然不多,但排放的废气在超微粒子PM2.5中占86%,是超微粒子的主要来源。

2010年11月,中国政府发布了首部中国机动车污染白皮书(正式名称为《中国机动车污染防治年报(2010年度)》)[9]。据白皮书介绍,在污染物总量中,汽车排放的一氧化碳(CO)和碳氢化合物(HC)占70%,氮氧化物(NO_x)和微尘超过90%。汽车的废气成为污染物的主要来源[8]。汽车在污染物排放总量中所占比重非常高,一氧化碳和碳氢化合物超过70%,氮氧化物和颗粒物(PM)超过90%。按车型分类,全国大型及普通轿车的CO和HC的排放量超过了货车,其中中小型轿车的排放量最大。另一方面,货车排放的NO_x和PM的比例超过了大型和普通轿车的排放量,其中重型货车的排放量最大。

四、森林和环境保护

从水库与蓄水量的关系看，森林在储水方面发挥了巨大作用。如图2所示，这是1995年佐贺市不同水库流入量的比较"1994年，日本佐贺县遭受了很大的旱灾，西部地区大量水稻死亡，水库储水量也受到很大影响。"

北山水库、伊奈佐水库和龙门水库、有田水库也是基本一样。虽然储水量没有太大的变化，但在流入量上出现了差异。北山水库为144mm，伊奈佐水库为98mm，而有田水库为17mm，龙门水库为12mm。北山水库降水量的67%流入水库，而龙门水库只有19%。这个差别是由于水库后面的森林是有差异的。

北山水库、伊奈佐水库为改造周围的森林环境付出了巨大努力。而龙门水库、有田水库地区，则由于地质原因，森林的生长并不理想。森林保存降水后的水量，就能维持水库的流入量。但是，由于森林是进口木材，所以没有进行间伐，导致表面土层流失等，使得森林储水能力下降。

森林的退化对环境也有影响。不仅是储水能力下降，而且也加剧了山崩、山崖的断落。为了保护森林，维持生态系统，必须开展治山工程。没有间伐的森林很阴暗，地草稀疏。而间伐过的森林则明亮，地草茂盛。因此，间伐森林能有效地保护着森林。近年的森林间伐面积如表1所示。平成十九年（公元2007年）是5210km²，平成二十三年（公元2011年）是5520km²，增加了6%左右。今后，间伐迫在眉睫。

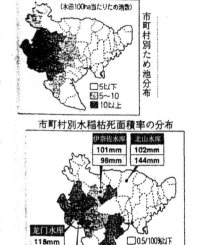

图2 一水库流入量的比较

表1 近年的间伐面积

	间伐面积/kha		
	总计	民有林	国有林
平成十九年度（公元2007年）	521	395	126
平成二十年度（公元2008年）	548	434	114
平成二十一年度（公元2009年）	585	446	140
平成二十二年度（公元2010年）	556	445	110
平成二十三年度（公元2011年）	552	437	115

资料来源：日本林业厅

五、总　结

　　严禁恶化地球环境,保持生物多样性是当务之急。在经济增长方面,重要的是要从以往的增长之上,开始考虑环境负荷问题。要依据环境经济综合核算去研究经济增长问题,将生产性纳入环境效率进行研究。

　　为了消除《京都议定书》提出的发达国家和发展中国家之间的差距,通过环境经济综合核算和提高环境效率促进经济增长也是重要途径之一。

　　提高改善环境的技术,设置更有效的环境设备,提高生产效率,减少环境负荷,促进经济发展。可以预见,利用太阳能、地热、风力等将成为未来的新风标。应对地球环境危机的行动已经开始,未来让我们一同努力!

参考文献

[1] 北九州市工业史/污染控制史/土木工程史编委会.北九州市污染控制历史[M].日本:北九州,1998.

[2] 环境与经济一体化研究[EB/OL].www.env.go.jp/earth/suishinhi/wise/j/pdf/J97IR130.pdf.

[3] 环境与经济一体化账户资产[EB/OL].www.esri.cao.go.jp.

[4] 马奈木俊介.环境和效率的经济学分析生产性最佳水平的估算[M].东京:日本经济新闻出版社,2013.

[5] 2012年全球主要国家汽车产销量[EB/OL].ecodb.net/ranking/imf_ngdpdpc.html.

[6] 仁科知符夫.中国煤炭行业现状及未来展望[EB/OL].https://reports.btmuc.com/fileroot-sh?FILE/information/130313-01.pdf.

[7] 长内幸浩.成为全球乘用车销量第一的中国汽车市场[EB/OL].www.shinnihon.or.jp/shinnihon-library/infosensor-2014-02-07.PDF.

[8] 汽车尾气治理与减排目标[EB/OL].www/ari.or.jp/Portais/0/resource/pdf/china-2010/rt2010-4J.pdf.

[9] 中华人民共和国生态环境部.中国机动车污染防治年报(2010年度)[R].北京:中华人民共和国生态环境部,2010.

　　补注:

　　本论文在ISHIK2014上发表。长野暹(susumu nagano)先生于2018年11月3日逝世,所以后续的数据没有更新。

日本国家医师资格考试制度

青木岁幸

日本佐贺大学地域学历史文化研究中心

摘要：耶稣会传教士路易斯·弗洛伊斯(Luís Frói)于16世纪后期来到日本。他将日本医师制度与欧洲医师制度进行了比较。欧洲的医师如果未通过资格考试,将受到处罚且无法行医治病。在日本,任何人如果想做都可以成为医生。

在现代日本,希望获得医师资格的人必须通过国家医师考试。日本的国家医师考试在明治时代开始制度化。初期的制度和意识(原有的观念)则在江户时代萌芽。从战国时代到江户时代初期,日本人的生命未受到重视,武士和佣人的生命从属于封建主①。后来,佣人从封建主那里独立,健康观的变化以及药物的普及使得普通百姓对生命的意识发生了改变。从18世纪中叶开始,普通百姓在生病时开始希望依靠医生和药物的治疗。随之医生在各地逐渐增多。

但是,在缺乏统一资格考试的年代里医生水平参差不齐,人们甚至有失去生命的风险。为了生命安全,人们开始需要一些拥有专业知识且技巧高超的医生。在一些地区②,为了提高医生的技能,出现了对医生实施的资格考试。佐贺地区曾启动过医疗执照制度,向通过考试的人员授予医师从业执照。此外,佐贺地区还建立了医科学校——好生馆,进行现代西医教育。

佐贺地区的医疗执照制度是日本现代医学的从业医师执照制度、国家医师资格考试制度的起源。

关键词：国家医师考试,人类生命,堕胎,健康观,医师伦理,从业医师考试

---

① 土地或庄园的封建主(即主人,也称大名或者将军,相当于中国古代诸侯)为了保护家园,大多拥有其所属武力,一般称之为武士(相当于中国古时的护院、护卫)。

② 这里的地区指代藩。江户时代的政治体制为"幕藩体制",由江户幕府和各藩共同管理国家。在幕藩体制下,幕府将军是江户时代日本的最高统治者,幕府是国家的最高政权机关。江户幕府统治全国各地的藩国。各藩的统治者是大名,效忠于幕府。将军实质上是各藩诸侯盟主,大名处于半独立状态,仍拥有很大的独立性,在自己的领地就是绝对的主宰,但受到幕府将军的控制,对幕府负担政治、军事以及经济义务。

一、引　言

16 世纪末，访问日本的犹太传教士路易斯·弗洛伊斯对日本医生的现状发表了以下观点，"对我们（欧洲人）而言，医生如果未参加考试（合格），会被处罚并无法行医。在日本，为了谋生，任何想当医生的人都能成为医生的现象则比较普遍"[1]。

在现代日本，所有希望获得医师资格的人都必须参加国家医师考试并合格。例如，在 2019 年，已有 9029 人通过考试并获得了国家医师资格。当今日本，要成为一名医生，必须通过能证明其学识和技能的国家资格考试。

日本的医生何时开始需要进行国家资格考试？为什么以及如何发生这种变化？这些是如何影响现代医学的国家医师考试制度的？本报告的目的是阐明以上问题的来龙去脉。

为此，我们首先来关注日本人如何看待生命以及欧洲与日本之间的意识差异。我们还将研究在江户时代如何实施医生培训系统以及各地区如何参与其中。此外，我们会介绍地区积极参与了医生培训的佐贺地区的案例，并阐明其与现代医学的从业医师执照制度和国家医师资格考试制度之间的联系。

二、对人类生命的认识

（一）从弗洛伊斯的《日本备忘录》看生命观

路易斯·弗洛伊斯于 1563 年初次到达北九州的横濑（现在的长崎县），于 1597 年在长崎去世。大约 30 年间，他在北九州、京都等地区进行传教活动，将每年的《耶稣会日本简报》发送给耶稣协会，并留下了诸如《日本史》之类的记录。这些是日本与欧洲文化的比较史以及语言学研究上的权威史料。

弗洛伊斯记录了日本与欧洲的各种差异。本文将从《弗洛伊斯日本备忘录》中截取有关生命意识差异的部分[1]。

（1）在欧洲，堕胎的情况存在，但并不频繁。在日本，女性堕胎 20 次的情况也很普遍。

（2）在欧洲，婴儿出生后很少或几乎没有被杀死。当日本女性认为自己无法抚养他们时，会将头枕在婴儿的脖子上并将其全部杀死。

（3）在欧洲，只有拥有执行权或司法权的人才可以杀人。在日本，每个人都可以在自己家里杀人。

（4）对我们（欧洲人）而言，杀人是令人闻风丧胆的事，但杀牛、母鸡和狗则是司空见惯。日本则相反。

（5）就我们（欧洲人）而言，即使盗窃，除非金额巨大，也不会判处死刑。在日本，无论金额大小，何种缘由，都将处决死刑。

（6）就我们（欧洲人）而言，即使杀人，出于正当或自卫目的的，可免予死刑。在日本，一旦杀人，就必须为此而死。如果该犯人未出现，则对代表该人的另一人执行死刑处决。

（7）欧洲没有磔刑①。这在日本很普遍。

（8）在欧洲，通过鞭打对仆人和随从进行惩罚。在日本则是斩首。

（二）关于流产和弑子

弗洛伊斯在上述（1）和（2）中记录了在日本由于堕胎和弑子的风俗盛行，婴儿容易死亡这一事实。频繁堕胎也让其他传教士感到震惊。比弗洛伊斯晚一点，于1597年到达日本的巡查师②瓦利尼亚诺也曾在《日本记录簿》（1583年）中指出这一现象。

最残酷和反自然的是，母亲经常杀死孩子，为了流产而吞下药物，或用脚踩在新生儿（婴儿的）脖子上使其窒息。这不仅仅是因为她们为了免去抚养孩子的辛苦，又因为贫穷而无法抚养许多孩子，佛教徒本身也承担着相当大的责任[2]。

对于那些饱受持续战争和饥荒，主人严酷的兵役和税收负担之苦的平民而言，这只是不可避免的选择之一。

即使不是在战国时期，整个近代也进行过堕胎和弑子，有关弑子和堕胎的故事和习俗，以及绘马③仍然存在于各个地方。

江户后期经济学家佐藤信渊说"上总国④的十余万户家庭中，孕妇堕胎或弑子的有三四万人"[3]，揭露了每年三四万人堕胎这一令人惊讶的数字。虽然无法确定这些数字的可信度，无疑流产和弑子发生的频率很高。

在上总国的所在地千叶县沼南街道的弘誓寺院里，有一个归还孩子的许愿牌。人们认为，以将孩子归还给神的形式，可以稍微减轻杀害孩子的残酷以及母亲痛苦的心情。

许愿牌的共同点在于，当杀害孩子的母亲变成了恶魔时，归还孩子的许愿牌，作为期望制止这种堕胎弑子的犯罪行为的意识，从江户时代后期开始被供奉。

（三）佣人的生命从属于封建主

在（3）和（8）中，记载了日本封建主以训斥和惩罚的理由杀死仆人；在（4）中，指出日本的封建主对武士和仆人拥有生杀大权，很容易将人杀死。

冢本学曾研究了以下历史资料。一位80岁的男人将17世纪下半叶的江户时代的社会情况记录在《八十老翁怀旧谈》中，指出"一般来说，如果做事稍有闪失，男仆人都会被扇耳光或斩首。如果有未经允许逃走的情况，找到后会被作为试剑（试着切割）的对象。这种事一个月发生两三次"[4]。

（7）中描述的磔刑也经常在江户时代初期进行。1686年，信浓县松本氏族的多田加助曾因希望减少年度进贡而发动起义。多田加助等人被捕后，与家人一起被处以磔刑或斩首，

---

① 日本古代的一种杀人酷刑。将犯人钉在木板上，以长矛刺死。
② 特指监督、视察耶稣会布教地的传教士。
③ 绘马是指日本人用来记录心愿并将其挂在神社里的木制圆形板。
④ 古时日本划分国土时对千叶县一带的称呼。

尸体被当作试剑的材料[5]。

同年,据报道上野国沼田地区的杉本茂卫等人与他们的家人,因直接向幕府举报封建主的重税,而被处以磔刑[6]。

追随封建主死去称之为殉死。在战国时代,追随战死的封建主而殉死的人不在少数。到了江户时代,在庆长十二年(1607年),尾张国的清州城主松平忠吉因病去世,近臣三人殉死被称为美德,且得到赏赐,殉死由此成为一种风俗。二代幕府将军秀忠,三代幕府将军家光的军师①也在其死后殉死。在佐贺地区中,为初代领主锅岛直茂殉死的有12人,为一代领主胜茂殉死的有26人。想为二代领主锅岛光茂的叔父之死而殉死的有36人。但光茂认为这会失去有能力的家臣,未允许殉死,并于宽文二年(1662年)禁止殉死。幕府也于次年的宽文三年颁布禁止殉死的法令。因为殉死者会受到惩罚,殉死的风俗就停止了。以上是一个关于武士的生命属于主人的典型例子。

(5)中关于盗窃的刑罚的严重程度也是日本所特有的。根据于1742年颁布的江户幕府时代的基本法规《武士法律》可知,如果盗窃10两(钱币)以上,将构成死刑[7]。

即使路易斯的见闻记录于战国时期,与欧洲相比,毫无疑问在日本有轻视生命的趋势。按照塚本学者的说法,从战国时代到江户时代早期,家臣在主人被杀后一直处于不安之中[16]。

（四）日本与西方国家在医疗上的差异

对人命轻视的风俗无疑引发了日本与欧洲在医生和医疗相关的制度和治疗方法上的差异。接下来本文继续从《路易斯·弗洛伊斯备忘录》[1]中摘抄相关历史资料。

(1)如果我们(欧洲)的耶稣教徒掌握了医疗知识,会出于对神(耶稣)的爱给予免费治疗。日本的大多数医生则是佛教徒,他们以治病的报酬为生。

(2)在欧洲,疬子颈、结石、足痛风和鼠疫是常见疾病。但在日本则很罕见。

(3)欧洲医师会实施灌肠。日本医师则完全不采用这种疗法。

(4)在欧洲,医生给药房写处方。日本医生则从家里(给病人)送药物。

(5)在诊脉时,不分男女,欧洲医生会先诊右臂后诊左臂。日本医师则是男性诊断左臂,女性诊断右臂。

(6)欧洲医生为了确诊病情会验尿。日本医生则绝不会验尿。

(7)欧洲医生用布治疗的地方日本医生一律用纸。

(8)我们(欧洲)的病人会被放在带有床垫、被子和长枕头的折叠床或普通床上。(生病的)日本人则被放在有木枕头的草席上,并搭上和服。

(9)在欧洲,医生如果未参加考试(合格),会被处罚并无法治病。在日本,为了谋生,任何想当医生的人都能成为医生则是一种惯例。

(10)在欧洲,染上腹股沟腺炎②是令人觉得肮脏且可耻的事情。在日本,男人和女人都对其司空见惯,且不以为耻。

---

① 指代日文原版中的"老中",即江户时代辅佐将军,总理全部政务的最高官员。
② 指代日文原版中的"横痃にかかる",即中文的腹股沟腺炎,是感染梅毒(性病)的初期症状。

在(1)、(10)中,阐述了在日本几乎没有疬子颈(颈部淋巴腺结核)、结石、足痛风和鼠疫这些病,且得了腹股沟腺炎(由梅毒等性病引起的腹股沟淋巴结处的炎症)也不以为耻[26]。

如(1)、(3)、(5)、(6)所描述,汉方和西洋医学在诊疗方法上也有很大差异。

由(4)可知,当时的欧洲已推进了处方笺制度。在江户时代的日本,由于诊疗费未按固定价格规定,医生基本上是通过向患者收取药物费谋生的。(9)是关于培育医生的重要区别。在西方,医师接受考试以获得资格,在日本,没有在医学院进行医师培养的团体教育和考试系统,从师名医进行医学学习的师徒教育则是主流。

然而当日本进入明治时期后,向现代医学过渡时,也开始对医疗进行资格考试,并且向合格者颁发医疗执照。以这种变化为前提,本文将以百姓对生命意识的变化即生命观的变化、医学学习形式的变化、江户时代的医学院的变迁,这三点为中心进行讨论。

三、医师考试制度之路

(一)养生观的变化

在江户时代,没有与现代的"健康"一词含义相对应的词语,主要以"养生"一词代替。

"养生"一词,在中国自古以来就被使用,主要注重保健身体和养心安神。主要的养生书籍包括三国时期嵇康的《养生论》、东晋时期葛洪的《抱朴子》以及唐代孙思邈的《备急千金要方》等。

日本古代和中世纪的养生论在中国养生论的影响下发展起来。日本历史最悠久的养生书籍是丹波康赖著于984年的《医心方》的第27章《养生》。之后,虽发行了类似书籍,但均引用自中国的养生书籍。

进入江户时代后,日本虽仍受中国医学影响,但是也形成了独立的养生理论。曲直濑玄朔的《延寿纲要》(公元1599年)是一本分为健康总论篇、饮食篇和房事篇的养生书。全书用日文而非汉字书写,可看出其对日本普通民众的用心。

在正德三年(公元1713年),筑前的儒学家贝原益轩发行了《养生训》。益轩从一开始就主张人类生命的珍贵和重要性,他说"人体是如此的珍贵,五湖四海都没有比此更珍贵的"。但是,这种尊重生命的主张是基于对"生命只属于我,不属于上天或老子"[8]这种长寿的渴望。

在以元禄文化为主的时代,长寿理论中提倡的养生论是主导理论。但据泷泽利行所言,以长寿理论为基调,"向体现人类是多元化生活的主体这一觉悟的文化所转变"时,思考生活质量和社会养生的理想状态的养生论,则出现在近代后期的化政文化时期[9]。

例如,据本井子承的《长寿卫生理论》(文化十年,公元1813年)记载,"金银都无法替代的是生命,所以长命百岁就是最大的福分"。这种将长寿置于首位的观点虽无可置否,但"若注重长寿,也应考虑上天带来的运势""若顺天意而为,则会好运且长寿,若逆人意而行,则遭短命之祸"的相关内容也主张,人的生命由自然和社会所支配,长寿应按身体和精神的区别划分,按照其与社会以及道德伦理的各事项间的关联性来规定[9]。

这种趋势在伊予出身的医师水野泽斋的著作《养生辩》前后篇（天保十二年，公元1841年）中尤为明显。"养生有三个定律，古人云养生三法，即身养生、心养生、家养生。"此外，"养生需内外兼修，内是指在饮食色欲上有所节制以防止生病，外是指既自立自强又有自知之明，积善行德，教导子孙行孝道，遵守婚姻之道，夫妻和睦，这些是站在他人立场上，规范行为以不伤害他人的谨慎"[9]，养生分为身体、心理和家庭保健三种，也分内部养生和外部养生。身体养生是指自身的健康管理，属于是内部养生，而外部养生则包括家庭养生，是指与自身相关的家庭和社会等环境中的生活方式。在养生中，外部养生十分必要，这种观点一旦普及，为了守护生命，人们便产生了卫生思想，卫生行政以及对更完善的医疗制度的愿望开始与近代医学制度及医疗手法接轨。

（二）各氏族对医学培训的鼓励

在江户时代，医学学习被称为医学培训。由于医生是世代相传的职业，立志成为医生的人一般会自费在名医门下经过一段时间的医学学习，获得老师的许可后在家乡或其他地方开始诊治。像现在一样，国家（当时的幕府、藩）几乎不会公费培养医生。

笔者从佐贺大学图书馆藏小城锅岛文库的《小城氏族日记》中，摘抄了82件佐贺氏族小城分氏族中医学培训的案例。至18世纪前半叶，去京都进行医学培训的占了一大半[10]。

到了18世纪中叶，有史料记载了资助医学培训的藩费。例如，宝历七年（公元1757年）8月28日，氏族医师官[10]。

据记载，明和二年（公元1765年）11月3日，小城氏族的医师佐野回庵之子佐野芳庵出发前往江户接受医学培训时，可获得每年300目白银的医学培训费用。可看出在18世纪中叶，去江户接受医学培训的规定资助费用为每年300目白银。但是，资助金额似乎取决于培训地点与各氏族的距离以及氏族的财务状况。

在文政五年（公元1822年），山田救安和布上恕斋两位医生申请（医学学习的）修学，并希望得到与已返回的前辈斋藤玄仙和原口宗益二人同等数量的资助。这表明，在19世纪上半叶实行双人轮流修学制度，资助金额按两人份决定。

关于其他氏族的情况，本文调查了山崎佐的研究《各藩医学教育前景》中的27个公费修学的主要案例[12]。据上述研究，越后的新发田氏族于安永五年（公元1776年）建立医学馆"体仁舍"，并在考试后允许修学申请者去其他氏族学习，对优秀者给予学费补贴。这是早期案例。

宽政五年（公元1793年），秋田氏族规定了针对希望获得官位的医生、希望去其他氏族修学的医生的两项考试科目以及考试方法。这是鼓励医学培训的早期案例。宽政六年（公元1794年），进一步详细规定了氏族医生前往江户、京都游学时的手续以及资助办法。宽政12年实施了医疗执照制度，并让各城镇、乡村的医生每年轮流报告当地医疗事件。

会津氏族在文化年间制定了去其他氏族进行医学培训的制度。天保七年（公元1836年），经该氏族的医生加贺山翼等人提倡，在医生中成立了游学基金以用来资助游学。据说，利用公费进行游学的制度开始于文化年间。

明治三年（公元1830年）在饫肥氏族曾这样规定，从学生宿舍里的大约20个游学的学生中精心挑选一人研究书画，三人学习国学，四人学习医学，五人研究汉文化、西洋文化。

根据山崎先生的调查,在全日本约 300 个氏族中,只有 27 例利用藩费将医学培训制度化的事例。此外,越后的新发田氏族、羽后的秋田氏族等则较早地在宽政时期建立了藩费游学的制度,其在庆应时期和明治时期变得普及。

在山崎佐之后的一项新研究中,可以判断小城氏族的案件是最早的藩费留学的案例,也可以得出在医学培训方面,小城氏族即佐贺氏族曾积极参与提升医师的医术水平这一结论。

小城氏族的历史资料中,尚无直接关于藩费留学生选拔标准的资料。18 世纪前半叶,其他氏族中通过考试进行选拔的事例已初露头角,可看出为培训优秀医生而实施的考试体系在佐贺氏族已经进入了构思的阶段。

(三) 幕府、氏族医师学校的成立

在江户时代,培训医生的医学教育是在各个医生的补习班里进行的。战国末期的著名医生曲直濑道三在医学准则第 57 条的开头,将"慈仁(同情心和怜悯心)"放在首位。而道山的养子曲直濑玄朔则在塾"启迪院"里,提出了名为"当下门法则"的 17 条教育法则。首先"应顺应天道思想,不背叛神道教和佛教,不要入歧途"。其次"应保持仁慈"。此后,医生传播以曲直濑流派为主的仁心仁术思想[13]。

由于处方药和非处方药的普及、对医生的医疗服务需求的不断增长,自 18 世纪中叶以来,医生的数量有所增加。但是,另一方面,医生的水平却参差不齐,其中既出现了许多所谓的庸医,也在乡村、街道医生中诞生了名医。医学流派也从后世派转向古方派,并要求进行临床研究,而西方医学也已经开始流入。

在以上情况的背景下,出现了一种想法,即幕府和氏族应参与到提高医生医术技能的行政管理中。

幕府内部的医生多纪元孝于明和二年(公元 1765 年)创立了跻寿馆医学院,并扩大了招生范围,不仅包括幕府医生的孩子,还包括各氏族和乡镇的医生。

从天明四年(公元 1784 年)开始实施的医学教育法规定,每年从 2 月到 5 月的 100 天里会让医生寄宿在医学校,并免费对其进行医学培训。主要内容是学习《本草》《灵枢》《素问》《难经》《伤寒论》《金匮要略》等医学书籍,掌握经络和穴位的治疗技术,并规定不向学生收取医学校内任何与授课和研讨相关的费用。

多纪氏①以私人财政资助的医学教育使其财政困难。因此多纪氏向大臣松平定信②进言,希望由幕府进行医学教育,并获得采纳。

宽政三年(公元 1791 年),跻寿馆开始由幕府直接管辖,并每年获得 200 两经费维持运营。由于幕府直接参与医学教育,这被认为是日本医学体制上的一次重大改革[13]。

熊本氏族是最早建立医学院的氏族。第八代领主细川重贤以"使人们免受丧子和不治之症的痛苦",在宝历七年(公元 1757 年),开设医学宿舍"再春馆"授课,并任命村井见卜为校长[14]。其教育理念是,为医之道应以仁爱为本,专注学业,遵守治疗准则。再春馆专注于医学培训的治学政策为其赢得了声誉,开校时报名人数达到 239 人,加上再培训医师共计

---

① 多纪氏,也称为丹波氏,是日本古代的医学世家。
② 松平定信官至"老中",即辅佐幕府将军、总理全部职务的最高官员。

269 人。

此外,为了严格执行课堂出勤,39 岁以下的医学生必须出全勤,而 40 岁以上且距离遥远的医学生必须每年出勤两次。医业世家的继承人到了十四五岁的年龄也要入学再春馆。

从安永六年(公元 1777 年)5 月开始,再春馆开始实行针对氏族内的医生和寄宿生的考试。考试的方法是,根据《伤寒论》和《金匮要略》出题,使具有较高学术能力的学生进行论述。答案的等级应分为高、中、低三种,并加上出勤天数。一年间出席 200 次以上为一等生,100 次以上为二等生,100 次以下 50 次以上为三等生。如果三年期满各方面都很优秀,则可以毕业接受医学临床实习。

再春馆的医学教育政策,是以村井见卜的"成为医生并开创医学,从高级医生到普通医务人员,使其掌握医学技术,学习治疗方法""如果医生人数扩大到几百人,医院的病人成千上万,则会成为国家仁政的一部分"思想为基础的。从那以后,尽管几经衰盛,再春馆以汉方医学为中心一直延续到了明治时期。

仙台氏族于元文五年(公元 1736 年)为了教育氏族子弟创立了明伦养贤堂。宝历十年(公元 1760 年),任命氏族医生别所玄李等人为老师,开始了医学教育。文化十四年(公元 1817 年),根据养贤堂讲师渡边道可的提议,从养贤堂中独立出一所医学院,并在学校内设立了药房。文政五年(公元 1822 年),医学院建立了荷兰医系,并邀请玄泽的弟子佐佐木中泽,西博尔德的弟子小关三荣任职助教,进行荷兰语书籍的翻译和教育。

嘉永三年(公元 1850 年),荷兰医学院成立并新设西洋医学科俄学,任命兰方医生小野寺丹田为讲师。明治四年(公元 1871 年),因为废藩置县①,仙台氏族的医学院药房被废除[13]。

鹿儿岛医学馆是在安永二年(公元 1773 年)氏族领主岛津重一的命令下建立的,并于次年竣工。医学馆制定规章制度,定期授课和开展讨论会,并允许氏族医生、武士和普通民众参加。

丰后冈氏族在享保十一年(公元 1726 年)建立了氏族学校辅仁堂,在天明七年(公元 1787 年)建立了作为贫民医院的医学院博济馆,并在宽政元年(公元 1789 年)设置了养寿局。

天明七年(公元 1787 年),在秋田氏族中,领主佐竹义和邀请儒家学者村濑栲亭设立了氏族学校御学馆(后称为明道馆、明德馆),并在宽政七年(公元 1795 年)增设了医学馆养寿局。医学馆内教授与中医相关的所有课程。作为对氏族医生的奖励,他们可以去江户或京都进行为期三年的游学。基于"医术关乎人命,至关重要"的认知,向考试合格者颁发文凭开始广受关注。根据文化四年(公元 1807 年)的记录,那些在镇上开展医疗活动的人,年龄在 16 岁以上或新规开业的医生需接受小儿科、外科、针灸科、痤疮、眼科的考试,阅读《大学》《中庸》《论语》《格致余论》等书籍,且需接受作为医师的试用考察。

在德岛氏族,领主蜂须贺治昭在宽政三年(公元 1791 年)开设了寺岛学园进行针对公职人员和普通民众的儒学教育。在宽政七年(公元 1795 年),学校聘请了京都医师小原春造,开始进行医学教育。该学校衰退后,约在天保十四年(公元 1843 年),领主在德岛市堀表町

---

① 废藩置县是 1871 年日本明治政府推出的新政,用以废除传统的大名制度,施行中央集权,设立新的地方政府。以往同时具备领地与一级行政区功能的"藩"废除,改以新设"县"取代。

新建了一所医学院,并开始讲授中医。幕府统治末期的安政五年(公元 1858 年),西医系也成立,学生可以同时学习中医和西医。在明治二年(公元 1869 年)的医学院中,中医学习主要包括《素问·灵枢》《本草纲目》《伤寒论》等的授课、讨论和阅读,而西医学习则包括《气海观澜》《医范提纲》和《西说内科撰要》等授课,阅读《扶氏经验医训》并回答与《解体新书》《和兰药镜》相关的问题 。

纪州氏族于天明七年(公元 1787 年)在和歌山城内由氏族医生虾敬父开展医学书籍讲座,并于宽政三年(公元 1791 年)开设了医学院。在医疗规则的序言中这样写道,"如今很少有学习医学的真正的医生,造成了无业游民和百姓成为假医生而横行于世,素质低下,因此需要给氏族医生及其子弟教授中医。可以看出,对医生需求的增长导致确保医疗水平也十分重要"。

在米泽氏族中,上杉治宪于安永五年(公元 1776 年)开设了氏族学校兴让馆。此后,为了培育医师,在氏族医生的努力下于宽政四年(公元 1792 年)建立了医学院好生堂。历经衰落,其在文化三年(公元 1806 年)得以复兴。文政十一年(公元 1828 年),西博尔德的弟子伊东升迪回到家乡,作为医生在米泽氏族内推动了西医教育[15]。

以各氏族的医学院教育和考试制度为基础,佐贺氏族的医疗执照制度诞生了。

四、佐贺氏族的医学教育制度

(一)医学校建立的推进

在文化三年(公元 1806 年),佐贺氏族的儒家学者古贺谷堂向第 9 代佐贺领主锅岛齐直赠送了一本写有 28 条建议的《学政管见》,该书主张人才培养和重视教育。

关于医学,该书引用了"医生渐渐地被派往游学,在佐贺氏族没有诸如医学馆的大型培训地点,由于各地点存在差异,很多事情没有深思熟虑""肥后有医学馆,听说可以进行大部分的培训工作""当今医生的借口是,无法辨别没有学问的医生""氏族学校弘学馆内部开设了医学馆和培训宿舍,委派优秀的医生作为教授,规定年轻医生都应来此处培训"[16]等肥后医学馆的案例,表明为了培育名医应建立医学馆,让其培训。

由于当时财政困难,古贺谷堂的提议未能立即实现。天保元年(公元 1830 年),第十代领主锅岛直正推动财政改革,到了天保五年(公元 1834 年),医疗宿舍被建立。佐贺氏族的家臣多久家曾在日记里如下记载(天保五年 12 月 15 日)。

"当前,医学宿舍建成,村医、乡医等一律出勤培训。10 月 13 日,已呼吁在城市或乡村居住的医生需提供姓名、住所和年龄等信息。请在当月迅速完成,以作为多种用途"[17]。

天保五年(公元 1834 年),在佐贺的城下町建立了宿舍,命令该地区的所有医生,包括氏族医生、城镇医生和乡村医生,参加医学培训。

为了实现古贺谷堂"无学问不名医"的理念,并为了在氏族内全面提高医生的技术水平,佐贺建立了一个供寄宿的医学宿舍。并记录下氏族内所有医生的姓名和年龄,以便将年轻医生带到医学宿舍进行培训。

然而,医学生们并没有按预期在该宿舍中聚集。但佐贺氏族并未改变其强化所有医生医学培训的态度,开始准备新的医学培训系统。

（二）佐贺氏族的医疗执照制度

嘉永三年(公元 1850 年)的 8 月 14 日,锅岛直正亲自参与了医师法的修订并说,"在座的各位,因医师法改订被召唤的诸侯,以前已有修改之势"。从同年的 9 月到第二年,他着手进行改革,并于嘉永四年(公元 1851 年)的 2 月向该地区的所有医生发出了启动医疗执照制度的命令。

在新的医疗执照制度下,技术水平低的医生只有在技术成熟后才能执业,而只有考试合格的医生才能获得执业资格证书。

启动医疗执照制度的原因是,基于尊重人类生命的思想,医生被认为是挽救生命的重要职业。在佐贺氏族中,所有医生都各自属于特定的组群,从组群中脱离则意味着不允许执业。

通过这种方式,开启了医疗执照制度。技术水平低的医生从组群中被剔除无法开业,而只有医学考试合格的人才能作为医生在领地内执业。

在佐贺氏族内的医学宿舍(后称好生馆)保存着从嘉永四年(公元 1851 年)至安政五年(公元 1858 年)间得到执照的医生的名册《医疗企业铭牌名字列表》(见佐贺氏族医疗中心好生馆藏)。

嘉永四年(公元 1851 年)的 12 月,氏族医生高级班的 26 人获得了执照。但是,这些氏族医生似乎免试获得的执照。

从那以后,开始了向氏族内的医生进行试执业后分发执照的制度。上文的名册上列出了 648 位获得执照的医生,其中 74% 为内科医师,10% 为外科医生。

为了提高医疗技能的医疗培训对边远地区的每位医生来说是巨大的经济负担,这导致了培训进展不顺利。

佐贺氏族于安政五年(公元 1858 年)重建了医学宿舍,并成立了氏族医学院好生馆,以培训领地内的医师。

为了确保在好生馆的培训,该领地内的所有医生都被要求写下他们的姓名和年龄以及他们的老师,以充分掌握领地内所有医师的信息。佐贺氏族的家臣多久家曾在日记里如下记载。

"(安政五年 11 月 6 日)医学技术十分重要。现在医学宿舍建立了,为了使医生在宿舍培训,16 岁以上无论村医还是乡医,从现在起都应命令其参与寄宿培训,特此通知。以上,安政五年 11 月[20]"。

考虑到医学的重要性,医学宿舍(好生馆)被建立,且命令所有 16 岁以上的医生寄宿培训。

（三）佐贺氏族的西洋医学教育

好生馆的医学课程侧重于用荷兰和德国的医学进行西医教育。这是因为大阪的兰方医学家绪方洪庵的朋友,医生大庭雪斋于嘉永四年(公元 1851 年)成为佐贺氏族的兰方医学宿舍的负责人,并促进了西医教育。

西医教育的基本思想是遵从德国内科医生扶弗兰德的《扶氏经验遗训》。该医学书作为好生馆的教科书而储备,由大阪的绪方洪庵和绪方郁翻译,由佐贺的大庭雪斋校订,并于安政四年(公元 1857 年)出版。该书第 1 卷描述了急性发烧,第 2 卷描述腐烂和肠胃疾病引起的发热,第 3 卷则是关于慢性疾病引起的发热、间歇性发热等。全书共 30 卷,内容丰富。

作为《扶氏经验遗训》的补充,绪方洪庵出版了囊括 12 条医师道德的《扶氏医戒之略》。第一条为"应把为他人而非为自己生活作为医疗事业的本质。不贪安逸,不图名利,只求舍己救人。保护人类的生命,救治人类的疾病,缓解人类的痛苦"。第二条则是"对于病人来说,只应将其看作病人,不应区分贫富贵贱"[22]。论述保护人类生命是医生的首要任务。

为了推广西医教育,佐贺氏族派遣了涉谷良耳(后称涉谷良次)、宫田、井上仲民、岛田东洋等在安政四年(公元 1857 年)来到长崎的荷兰医生庞贝处进修。这些人从长崎返回后在好生馆实施庞贝式的西方医学教育。

万延元年(公元 1860 年),佐贺氏族命令所有医师再次进行西方医学教育培训。并规定"医生是关乎生命的十分重要的职业。为避免配药出错等设置医师统一考试,交付开业执照,若无此执照者开处方,则立即逮捕。特此通知。以上,申三年九月[23]"。

这里也有一种医学思想:作为关乎人类生命的重要工作,医生需要提高自己的技能。

为了促进西医培训,在万延元年(公元 1860 年)3 月 9 日,好生馆下令未获医师执照者不得开处方药。尽管如此,由于仍有许多医生没有改用西医,佐贺氏族在文久元年(公元 1861 年)向领内中医下令,若未在文久三年(公元 1863 年)前改学西医则无法执业。换言之,即决定禁止中医,推崇西医。

如前文所介绍的,在佐贺氏族中,医生强烈推崇西方医学中以挽救生命为己任的道德思想,而培养医生作为关乎生命的重要工作,资格考试制度和对西洋医学的普及也被彻底执行。因此,佐贺氏族的特征是,崇尚医生应保护人类生命的西方医学思想,氏族政府参与了对医生的培训。

五、医生国家考试制度的发展

(一)明治时期从业医师执照制度

明治新政府的医疗管理的领导人之一是佐贺氏族医师相良知安。其在好生馆、佐仓顺天堂学习后,前往长崎市从师荷兰医生博杜恩(Bauduin,Anthonius Franciscus),于明治二年(公元 1690 年)成为明治政府的医学院的调查委员长,并成功将德国医学引入日本。

此后,曾暂时下台的相良知安在明治五年(公元 1872 年)回到文部省复职,就任第一学区医学院(前身大学东校,后称东京大学医学院)的校长,并于明治六年(公元 1873 年)兼任文部省医务局局长,着手进行医疗制度改革,于同年 6 月左右起草了包括 85 条规则的《医疗制度总则》的草案。

尽管此后不久相良知安又被免职，但其部下前佐贺氏族官员永松东海修订了草案，并在明治七年（公元1874年）的3月左右起草了新的包括78条规则的《医疗制度总则》。永松版本的"总则"由长与专斋，即相良的后任医务局长，作为医疗制度的76条规范准则而颁布。正如相良所主张，此"总则"是建立在采用西医和禁止中医的基础上的。

其中，第37条规定"医生必须拥有医学院毕业证书以及两年以上内科、外科、眼科、妇产科等实习证书才能授予医生执照开始执业，常规的执业医生不需要进行实习"[23]。规定向拥有医学院的毕业证书（考试合格的）和超过2年以上实习证书的人颁发医师执照，并允许其以医生身份执业。

医疗制度规定医学院的课程为预科3年，本科5年，本科毕业后，如果通过了最终考试，将获得医学毕业证和医学本科生的头衔。

医师是执业许可制度，并将授予持有医学文凭或在内科、外科等方面具有至少两年临床经验的人员执业执照。此外，在医疗制度颁布之后，以前的从业医师可暂时获得临时执照，请求从业大约10年的医师则必须参加考试以获得执照。如此，为日本的现代医学打下了基础。

（二）国家医生考试制度的开始

在医疗制度下，对医生实施了考试、并授予从业执照。当时大约有2万名中医。明治八年（公元1875年），文部省首先在东京、大阪和京都的三个地区展示了医生从业考试的流程，次年则在各个县市展示。据此，常规从业医生不需要考试，立志在将来从医的人则需接受物理学、解剖学、生理学、病理学、药理学、内外科手术的考试，并且视考试结果颁发从业执照[23]。

后来，在明治十二年（公元1879年）出台了《医师考试规则》以纠正各府县不同的考试和执照办理程序，使得考试规则在全国范围内得到统一。到了明治时代的后半期，当大学和医学专门学校的毕业生能够成为稳定的医生来源时，针对仅通过考试就获得执照的医学从业考试的批评十分强烈。到了明治三十九年（公元1906年），医师法得到修订，医生被分为国立、公立和私立大学的医学院的毕业生以及通过医学从业考试的人，医生的资历和工作逐渐清晰[23]。随后，由于大正二年（公元1913年）医生考试规则的修订，大正五年（公元1916年）废除了医生从业考试，国家医生资格考试开始制度化并与现代接轨。

六、结　语

从健康观来看，因为对长寿的渴望，江户时代早期轻视人类生命的风气，到了江户时代后期通过养生的社会性的发现（传统知识的创新），打开了普及医疗管理和卫生思想的道路。氏族对医疗参与的加深是以佐贺氏族的医疗执照制度为出发点，出于"医生是拯救人类生命"的生命尊重主义，受到以扶弗兰德为代表的西方思想（外来知识）的影响，与现代医学思想和制度联系在一起。

此外,相良知安于明治三年(公元 1870 年)以大学东校的名义发布了医护人员制度。这是由国家出资,在全国设置西洋医学院等以医疗国营制度为中心的构想。他试图使这种医疗国营制度成为医疗体制改革的支柱。尽管这个构想由于新政府的财政困难而搁浅,但医护人员这一提议的宗旨是"上天有好生之德,应泽及庶民"。这正是佐贺氏族好生馆的思想和经验,既定位于传统知识,又是现代医疗体系改革的原动力的表现。

参考文献

[1] 松田毅一,Jorissen E.弗洛伊斯日本备忘录[M].日本:中央公论社,1983:81-135.
[2] 椎名浩.对 16 世纪西班牙文献中日语描述中"权力与空间"形象的研究:以范礼安的"日本备忘录"(1583)为中心[M].日本:行路社,2008:33-57.
[3] 作者不详.草木六部耕种法[M].日本:出版社不详,1831.
[4] 塚本学.八十老翁怀旧谈[M]//近代生活史.日本:平凡社,2001.
[5] 田中薰.贞享义民的写照[M].日本:新乡图书出版中心,2002.
[6] 儿玉幸多.礫茂右卫门的背景[J].历史评论,55,出版时间不详.
[7] 石井良助.江户的刑罚[M].日本:中央公论社,1964.
[8] 贝原益轩,石川谦校.养生训·和俗童子训[M].日本:岩波书店,1962:24-25.
[9] 泷泽利行.健康文化论[M].日本:大修馆书店,1998.
[10] 青木岁幸.小城藩医的医疗实践[J].研究纪要,2010,4.
[11] 青木岁幸,野口朋隆,田久保佳宽.由〈小城藩日记〉所见近代佐贺医学·西洋学史料(前编)[M].日本:佐贺大学地域学历史文化研究中心,2009:22-23.
[12] 山崎佐.各藩医学教育的前景[M].日本:日本国土社,1955.
[13] 青木岁幸.江户时代的医学[M].日本:吉川弘文馆,2012.
[14] 山崎正薰.肥后医学教育史[M].日本:镇西医海时报社,1929.
[15] 米泽市医学会.米泽氏族医生堀内家文书·插图·说明[M].日本:上杉米泽博物馆,2015.
[16] 青木岁幸.佐贺县近代史料[J].出版地不详:出版者不详,8(4):104-106.
[17] 青木岁幸.近代佐贺氏族医学的先进性[M].日本:花乱社,出版时间不详.
[18] 作者不详.多久家御屋形日记[M].日本:多久市乡土资料馆,1834.
[19] 作者不详.锅岛夏云日记[M].日本:上峰町教育委员会,2019:27-28.
[20] 佐贺县图书馆.佐贺县近世史料[M].日本:佐贺图书馆,1993.
[21] 绪方洪庵.伏见医戒之略[M].日本:出版社不详,1963.
[22] 佐贺市史编委会.佐贺市史:市制五十周年纪念[M].日本:出版社不详,1945.
[23] 厚生省医务局.百年医史:材料篇[M].日本:出版社不详,1876:45-50.

看佐贺老农对西洋农学的接纳程度

藤井鹿男

佐贺近代史研究会　佐贺大学经济学部

摘要：支撑明治后期农业生产力发展的农业技术是由老农的知识、技术（原有知识）和明治时期引进的西方农学（外来知识）的共同合作而形成的[1]。关于佐贺老农的活动，根据佐贺近代史研究会的《佐贺新闻上看到的佐贺近代史年表》的编辑工作，以及市町村史编纂过程中收集的史料分析，而变得逐渐明晰。三养基郡的飞松忠四郎和西松浦郡的山本源三是佐贺县的代表性的老农。两个人在推进农业改良的时期，根据他们以往的经验，积极地进行有关行政方面的工作，在实施劝农政策的时候提出了建议。例如，飞松设立了私人试验田，判断新旧技术适当与否，主张建立基于西方农学"学理"的农事试验场的必要性。山本和其他的老农一起，向县请求增加拥有西洋农学知识的农事巡回教师。对行政方面提出建议，从实际经营农业的老农提出的主张这点来看，具有很大的说服力。两个人都认为，仅凭自己的经验（原有知识）改良农事是不足的，他们要求引进西方农学知识（外来知识），并进而加以应用。

本研究准备在山本家编著的《佐贺县劝业咨询会议日志》和飞松忠四郎所编著的《实业裨益日本米作改良新书》的基础上，介绍佐贺县老农的工作状况。

关键词：老农，飞松忠四郎，山本源三，明治时代，传统知识

一、绪　　论

首先是飞松忠四郎。飞松忠在安政二年（公元1855年）出生于基忌郡园部村（现在的三养基郡基山町），在他13岁时迎来了明治维新。在社会存在方式发生巨大变革的时期，度过了他的青年时期。飞松家世世代代担任园部村的户长。因此，每天不仅是从事农业活动，作为村里的领导人也在考虑应该做些什么。

明治四年（公元1871年），飞松忠四郎16岁的时候在福冈县三井郡小石村（现在的久留米市）跟随国学者船曳铁门，学习了国学，从明治六年（公元1873年）到明治九年（公元1876

年),也就是他18岁到21岁的时候,邀请了园部村的老农-松田矶右门,接受了农业实地业务的指导。另外,在接受松田指导的同时,跟随着基忌郡田代村的岛俊平学习了1年佐藤信渊所编著的《农业政本论》和《草木六部耕种法》。

除此以外,飞松在明治六年(公元1873年)时以19日元的价格从茨城县购买了500斤马铃薯的种子,并尝试种植。当验证了马铃薯在山间部寸草不生的荒地上也能生长之后,接下来购买了5000斤种子,免费向村内的志愿者配发并推荐大家种植。据说种植面积达到了7个城镇。

另外,明治十年(公元1877年)时,22岁的飞松在自己的用地内设置了私人农事试验场,作为农家的研究基地进行种植试验。虽然试验场的规模和具体种植项目尚不清楚,不过可以推测这是一个新的农作物以及水稻栽培的试验基地。

这里需要关注的是飞松积极主动的态度。不仅从地区老农那里继承了农业知识和技术,而且认为对农业发展有用的东西,首先自己积极地引入并尝试。不惧怕失败,尝试之后,自己再判断其引进的适当性。

佐贺县从明治十年后期开始实施有组织性的劝农政策,导入农事巡回教师制度,从明治二十三年(公元1890年)开始根据西方农学进行正式全面的指导。在尚未建立行政技术指导的时期,像飞松这样的老农在地区中起着先驱的作用。

下一节,根据飞松编著的水稻栽培书籍,了解飞松是报着怎样的态度看待西洋农学的。

二、关于《实业裨益日本米作改良新书》

(一)收集丰富的知识

飞松于明治二十三年(公元1890年)5月在东京的有邻堂出版了《实业裨益日本米作改良新书》(以下简称《新书》)。根据其"简历"可知,该书的撰写起始时间为明治十五年(公元1882年)。

《新书》是从"总论"到"结论",正文43页、1页10行、1行23字的小册子。与明治21年出版的横井时敬的著作《稻作改良法》相比,题材非常简单。

飞松在"总论"中描述《新书》撰写的经过,说到,在写这本册子的时候,首先参考了很多人物的书籍和实践情况,具体内容见图1(以下,旧字使用常用汉字。变体假名改为现代假名。适当加上标点符号,按段落换行),具体内容翻译如下。

自己长期从事农业工作,那时读了各位"农学士"的著作,分别有佐藤玄明、佐藤信渊、宫崎安贞、贝原笃信、织田完之、岩崎行亲、横井时敬、今外三郎以及菊池熊太郎。并参考了有丰富经验的"耕作经验家",即被称为老农的林远里、熊井幸六、有工宗龙,然后自己进行了尝试。根据自己的经验,把有效的方法总结成了《新书》。

飞松在"总论"中列举的人物非常丰富。以下将简要地介绍这些人物。

佐藤玄明(1724—1784)就是佐藤信季,出生于出羽国(秋田县)。江户中期的农学家。著有《培养秘录》等,词典上写着玄明窝[4]。

「農ハ国家ノ要務、衣食ノ根源ニシテ、一日モ忽諸ニスベカラサルハ論ヲ俟タス。
予、夙ニ感スル所アリ、農事ニ熱心スル茲ニ年アリ。古今有名ノ農学士タル佐藤玄明、
佐藤信淵、宮崎安貞、貝原篤信、織田完之、岩崎行親、横井時敬、今外三郎、菊池熊太
郎諸氏ノ著書ヲ繙キ、加之、耕作経験家ノ聞エアル林遠里、熊井幸六、有働宗龍諸氏ノ
実績ト、及ヒ余ノ経験トヲ交互折衷シ試作スルニ、去ル十九年ヨリ他ニ比シ、頗ル多量
ノ収穫ヲ得ルニ至ル。其ノ法簡易ニシテ農事ニ便益ヲ与フルノ鮮少ナラサルヲ信シ」[4]

图 1 《新书》总论

佐藤信渊(1769—1850)是江户后期的农学家、经济学家、玄明之子。拜入平田笃胤师门
学习,受到国学和神道的影响。著有《农政本论》《草木六种耕种法》《经济要录》等多部
作品[5]。

宫崎安贞(1623—1697)是江户前期的农学家,出生于安艺(广岛)藩士。最初在黑田(福
冈)藩工作,30 岁时离开黑田藩游览各国,开阔了关于农耕法的眼界。之后,在筑前志摩郡
女原村(现在的福冈市西区)定居并开始耕作。总结了自己的体验和在各国的所见所闻,出
版了比较系统的农书,即《农业全书》[6]。

贝原笃信(1630—1714)因贝原益轩的托词,在晚年改名为益轩。黑田藩士。江户前期
的儒者、博物学家平民教育家。出版了《大和本草》《菜谱》《养生训》等多部著作[7]。

织田完之(1842—1923)出生于三河国(爱知县)的豪农之家。明治十四年(公元 1881
年),在农商务省农务局任职官员的时候,收集了国内外的农书、依据农功事迹调查、农政指
导,编写了《大日本农业史》等农史。并尽可能地介绍了佐藤信渊的书籍[8]。

岩崎行亲(1855—1928)出身于赞岐国(香川县),从札幌农业学校毕业后,明治二十七年
(公元 1894 年)被聘为当时鹿儿岛县知事加纳久宜的劝业教育顾问,担任鹿儿岛县寻常中学
的第一任校长,明治三十四年(公元 1901 年)第七高等学校造士馆的第一任校长。加纳知事
时代对水稻改良、排水工程、种苗改良等提出了很多好的建议,被评价为贡献很大[9]。

横井时敬(1860—1927)作为熊本藩士的儿子出生于熊本城下(熊本市)。明治十三年
(公元 1880 年),毕业于东京驹场农业学校本科。明治十五年(公元 1882 年)成为福冈农学
校教师,在此完成了盐水选种法。明治二十年(公元 1887 年)担任福冈县劝业考试场长,明
治二十二年(公元 1889 年)担任农商务省的技师,明治二十七年(公元 1894 年)担任东京大
学农学部的教授。被誉为日本近代农学确立的开拓者,应用科学的农学家[10]。

今外三郎(1865—1892)作为弘前藩士之子出生于弘前(青森县)。明治十八年(公元
1885 年)毕业于札幌农业学校。第二年开始在长野县寻常中学任职。随后调职到长野县普
通师范学校工作。与 Dubai Euvalus 和 Giesthouse Morton 共同编著了农书并出版,书名为
《农场整备论》。明治二十一年(公元 1888 年)去往东京英语学校任教。与志贺重昂、三宅雪
岭等组成"政教社",创刊了杂志《日本人》。开展反对政府极端欧化主义政策的言论活动,在
创刊号上刊登了"日本殖产政策"。明治二十四年(公元 1891 年)作为评论记者进入东京朝
日新闻社工作[11]。

菊池熊太郎(1863—1908)出生于现在的岩手县,毕业于札幌农业学校,获得了农学学士
的学位。在获得文部省教师审定考试许可后,一方面在东京英语学校、私立文学院任教,另
一方面因反对政府的欧化政策,与井上圆了和三宅雪岭等人结成了"政教社"。之后投身于
实业界[12]。

林远里(1831—1906)作为黑田藩士之子出生于筑前鸟饲村(福冈县),维新后移居到该县

的早良郡。40 岁之后立志研究农事,明治十年(公元 1877 年),在附近的稻作惯例法中加入了自己的想法,出版了《劝农新书》。这本书中提倡的"寒浸法"和"土围法"等选种法,在全国都很有名。之后,这个方法与横井时敬等人设计的"盐水选种法"相比较,因被称为非科学性而饱受批评,然而其主张并未因受到批评而转变。明治十六年(公元 1883 年)设立了私塾"劝农社",从这里开始派遣了很多马耕教师到各个府县,普及了被称为"筑前农业法"的马耕技术。[13]

有动宗龙是熊本县菊池郡龙门的老农,是在该地区农业振兴方面取得功绩的人物。担任该郡雪野村的村长,之后组织了郡种苗交换会、农业改良渐进社、郡农谈会等。明治二十二年当选为龙门村长。当年 53 岁去世[14]。菊池地区的笃农家们在明治十二年组织了私立农会,自己亲自设立了农事试验场,致力于稻作的改善,是当时的笃农家之一[15]。

飞松在改良稻作的时候,没有列出所参考的"古今有名的农学士"所编著的具体书籍。另外,是否与"耕作经验者"有过直接交流,现阶段也尚不明确。但是,至少可以说,对水稻种植的改良有帮助的信息是全力获取的,且尽可能地做了尝试。飞松对岩崎行亲、今外三郎、菊池熊太郎等在札幌农业学校学习西洋农学的青年人的著作也很感兴趣。

对于飞松来说,外部存在的新知识、技术、思想无论是传统知识还是西洋农学知识(学理),都是值得学习的知识,两者具有同等地位的价值。

(二)旧方法与改良后方法的比较

接下来,飞松就编著《新书》的理由论述如图 2 所示。

> 「曽テ、楮園改良新書ト称シ一冊子ヲ著ハシ、世ニ公ニセント欲スルモ如何セン、予ノ不文ナル意至リテ筆尽クス能ハス。
> 其ノ総論ニ陳ルカ如ク、開明ノ今日、米作ノ改良ハ世人既ニ其方法ヲ究メタルヲ以テ更ニ贅言セザルコトニ決セリ。
> 然ルニ、本年秋熟ニ際シ調査スレバ、改良法ヲ用ユル耕地ハ、中等一反歩ニ付、現米六石八斗、旧慣ニ依ル分ハ一反歩ニ付、尋常作、二石一斗ノ収穫ニ過キズ。同一ノ耕地ナリ。改良法ノ採否ニ依リ斯クノ如キノ損益ノ著シキアルニ至ル。
> 此ニ於テ爾来、冊子ヲ予ニ請フ者、道ノ遠近ヲ問ハス、交ノ親疎ヲ論セス、其数日一日ニ増加セリ頃、同僚、予ニ慫慂シテ曰、知識交換ノ今日ニ於テ平素熱心シテ胸中ニ著ル所ノ蘊奥ヲ吐露シ、一層細密ナル一書ヲ著シ、以テ世用ニ供セヨト。予曰否々、浅学不文余ガ如キ者ノ能クシ得ツキ所ニ非ズ、再三之ヲ辞スルモ猶ヲ奨励止マズ。是レ予カ再ヒ此冊子ヲ編製スル所以ナリ。
> 予既ニ晩年ニシテ、今ヨリ農学専門ノ順序ヨリ歩シ、其堂ニ昇ル事能ワズ。故ニ此冊子ハ単ニ従来ノ農家ノ備考ニシテ、実業ニ其便路ヲ開クニ外ナキモノナリ」[16]

图 2　编著《新书》的理由论述

飞松在出版《新书》之前的明治十五年(公元 1882 年),即 27 岁的时候建设了楮园,和同伴一起努力普及了楮栽培。其结果是园部村的造纸产量在明治二十年(公元 1887 年)达到 1700 捆,明治二十四年(公元 1891 年)达到 3800 捆,并获得了利润。以这个经验为基础,明治二十二年(公元 1889 年)8 月撰写了《楮园改良新书》,于第二年出版,其中飞松写了关于米麦的栽培,不过因为世界上很多人都已经进行了研究和实践,所以并没有做过多介绍。

那么这次,特意就水稻种植写了《新书》是出于什么样的动机呢? 米的产量在使用以往方法的栽培中每一反①为糙米 2 石 1 斗(315kg),与此相对,使用自己改良法的情况下为

---

① 每一反,田地面积的单位。一反等于 991.736 平方米。

6石8斗（1020kg）。而且，为了咨询改良法的内容，很多人不论距离的远近和交往熟悉的程度，都来飞松这里请教，因此受朋友强烈的推荐，便出版了以上册子。

即使是每一反2石的产量，在飞松居住的基山村也是很高的数字，所以每一反6石的产量实在是让人难以相信。然而，获得了高产量是事实确凿的事情。不过，飞松并没有记述提高产量的原因以及改良法的优点在哪里。与其这么说，还不如说是飞松受自己知识程度的限制，无法给予解释说明。飞松自己深切地感受到知识的不足，认为为了可以解释说明产量的原因以及改良法的优点，学习新的"学理"是必要的。《新书》作为农家的实用书，只是撰写自己的经验，而飞松则想从"学理"的基础开始学习。在《新书》中，可以看到描述学习"学理"必要性的这一部分。另一方面，考虑到自己的年龄偏大，也不禁流露出了遗憾之情。「予既ニ晚年ニシテ、今ヨリ農学専門ノ順序ヨリ進歩シ、其堂ニ昇ル事能ワズ」的表现中不正是表达了这种心情吗？

（三）对于林远里和横井时敬的选种法的评价

《新书》的项目从"总论"开始，从"第一、种子筛选注意事项"到"第二十五、稻谷筛选事项"，以"结论"结束。内容包括稻种的选种、苗代田的制作、播种、插秧、追肥、除草、稻割、脱谷、稻折等一系列流程。其中，在"第七""第八""第九"中，叙述了以前的技术和以西洋农学的手法为基础的技术之间的比较。

在本稿中，关于选种的方法，林远里和横井时敬的说法产生了激烈的对立，来看看飞松是如何判断的。

首先，就林远里主张的"寒浸法"和"土围法"（图3）进行了阐述。然而只不过是做了以下简单的说明而已。

> 「第九　種子土囲其他保持方ノ事　種子土囲、又ハ、瓶、或ハ、桶浸シ、且ツ、吊リ貯ヒ等種々ノ方法、古人ノ遺訓ニ遵イ、試ミレドモ、用意ノ足ラサルカ度々其良結果ヲ見ル能ハス。却テ失敗スルノミ。筆記シテ備考ニ供スヘキコト更ニナキナリ」[18]

图3　土围法

将种子浸入冷水中的这种方法是林远里氏的发明，早在其他国家流传。预先测试的结果不是特别理想。其方法已是世人所知道的大体知识，其略[17]。

关于"寒浸法"，虽然尝试后并不是不好的结果，然而也没有抱着积极鼓励的一个态度。"土围法"，只说是失败了，并归结于或许是因为自己的准备工作不足而导致失败。并没有直接批判是因前人方法所导致失败。对此，关于横井主张的"盐水选法"，介绍了具体的时期和方法[19]，见图4。

> 第八　種子ヲ塩水ニテ精選スル事　種子ヲ塩水ニテ精選スルニハ、其年清明前、則チ四月初旬ノ初メ、三月下旬ノ後チヲ季節トシテ、予テ釣リ置キタル苞ヨリ引知シ、桶或ハ瓶ニ移シ、左ノ調合ヲ以テ選フベシ。粳種子選方、清水一斗、塩水弐貫四百目ヨリ弐貫八百目迄。糯種子選方、清水一斗、塩水壱貫八百目ヨリ弐貫四百目迄。此糯種選方ニ塩分ヲ減スルハ、糯ハ表皮厚クシテ量軽キニヨル。……(後略)」

图4　盐水选法

贯400匁，糯种子适宜的食盐定为1贯100～200匁。与此相对，飞松建议使用盐水与横井的方法不同的是，1斗水使用的盐分的量不同。横井对粳种子适宜的食盐量定为约

1 筛选稻谷,关于盐分浓度,记述了根据自己经验而得出的结论。无论是老农传达的以前的方法,还是拥有西洋农学知识的农学士主张的方法(学理农法),首先抱着试一试的态度,这一点是一致的。

三、从《佐贺县劝业咨询会日志》中看待对西洋农学的期待

(一)飞松忠四郎的情况

飞松对西洋农学知识(学理)的期待,在《佐贺县劝业咨询会日志》中也可以看出。

佐贺县于明治十七年(公元 1884 年)5 月召集各郡提倡实业的委员并召开了第 1 次提倡实业的咨询会,决定讨论县内农工商业发展所需的方法和策略。明治二十四年(公元 1891 年)7 月召开了第四次咨询会,当时的议题之一是农事学习场所的设立。县里提议在县内设置 1 处,包括农业相关领域在内的为期 2 年的学习场所。作为委员出席的飞松,对设立学习场所的事情表示赞成。飞松还说从农事巡回教师那里学习之后再去做农活,一定会事半功倍。

"希望设立农事讲习所。在县政府招聘巡回教师,听其学理,将其理论应用于时间并取得良好的结果,因此有必要将其应用于学理"。

其他委员也提出了要求设立学习场所的诉求。神埼郡的老农志波六郎助作了如图 5 所示的描述。

> 「本問題ハ無論設立ヲ希望ス。各村ニ講習会ヲ設クルノ説アレドモ、全体農事ノ振作セサルハ重ニ旧慣ニ拘泥スルアリ。之ヲ救済シテ進歩ノ道ヲ講スルニハ学理ニ依ラサル可ラス。是レ即チ農事講習所ヲ要スル所以ナリ」[23]

图 5　设立学习场所的诉求

为了发展农业,不应该拘泥于以往的方法,而是应基于理论的指导去发展。这样讨论的结果为,在县设置一个地方的原案以多数赞成通过了。接下来,第 5 届提倡实业的咨询会于明治二十六年(公元 1893 年)1 月召开,在此也将米麦作物的改良上升为了议题。县里近年来聘请农事巡回教师来鼓励农事改良,不过因为效果像是隔靴搔痒,所以提议了在县内各地建立米麦作物的共同试验地,各郡村共同雇用作业教师来进行指导。农事巡回教师楠原正三也发表了补充意见,他说县内已经有 23 处试验地,但一年中他只能巡回 2~3 次,一个人无法给予周全的指导,因此,县案有实施的必要性。

虽然很多委员对共同试验场的设立没有异议,但是他们关注的是费用由谁来承担的问题。即由县负担费用还是由郡村负担费用呢? 在此背景下,飞松提出了记述农作业具体内容的"米麦作改良法答案",并阐述了设立试验场的必要性。"答案"的内容如图 6 所示。

飞松认为,致力于米麦种植改良的人很多,但由于对实际情况不了解所以人们屡屡失败。因此,首先农事巡回教师在中央试验场培养两种人,即率先努力但失败了的农民和有积极性的人为实地操作教师。如果这些实地操作教师在各地的试验场对一般农民进行指导,实地操作教师的培养和米麦的改良不就能同时进行了吗?

> 「各地ニ試作場ヲ設ケ、作業教師ヲ招聘シ、実地試験ノ方法ヲ設クルハ最モ適切ノ
> 事業ニシテ、方今ノ急務トス。
> 　近来、米麦作改良ノ急務ヲ唱道スルモノ甚タ多シ雖モ、多クハ皆、舌頭ノミニシテ
> 実地ニ通暁スルモノ殆ト尠ク、故ニ卒先、米麦作ノ改良ニ力ヲ尽スモノ、概シテ失敗ヲ
> 招キ、農業社会ノ嘲笑スル所トナルモノ比々皆然リ。
> 　故ニ卒先者ハ踟躕シテ其歩ヲ進メス。而シテ卒先者ノ踟躕ハ啻ニ卒先者其人ノミニ
> 関セズシテ、県下、米麦作全体ノ改良上ニ障碍ヲ興エリ。実ニ如何ト云フベシ。
> 　是ニ於テカ先ツ米作ノ改良ニ姑ク置キ、第一ノ急務トシテ、改良養成セザルベカ
> ラザル者ハ、作業者其者ナリトス。抑養成ノ法タル、佐賀県ノ中央ニ研究ノ試作場ヲ
> 設置シ、従来、改良法ノ先導者トナリ、今ヤ失敗線中ニ駆逐セラレタル者、又ハ其子弟、
> 其他篤志ノ者ヲ県下ニ募集シテ、茲ニ作業者ヲ養成セハ、一ハ以テ本人ノ希望ヲ達セシ
> メ、一ハ以テ改良法ノ先導者タラシムルニ足ランカ。
> 　然リ而シテ、各地ニ証明ノ試験場ヲ設ケ、一郡役所々轄内ヲ一区トシ、一区内三ケ
> 所又ハ四ケ所ヲ置キ、一区一人ノ教師ヲ聘シ、一ケ所毎ニ五名ツツ二伝習生ヲ募リ、採
> 種ヨリ選択、乾燥、貯蔵、浸水播種、苗代、整地、肥料施用、採秧、挿秧、本田整地肥
> 料施用、除草、決水、収納等一々懇到ニ教授セシメ、従来ノ耕種法ト其利害得失ヲ比較シ
> テ、以テ親シク其成蹟ヲ目撃セシメハ、各事ニ当ルレ々以テ其感スル所、速ニシテ其期
> スル所モ亦タ将ニ近カラントス。蓋シ斯ノ方法ヲ以テ作業者ヲ養成セハ、米麦ノ改良モ
> 亦是ト同時ニ啻発シ、一挙両全ナラシムルヲ得ベシ。
> 　而シテ中央試験場ノ経費ハ之ヲ地方税ニ求メ、各地方即チ各区ノ経費ハ之ヲ各組合
> 会ニ負担セシムルコトトシ、本案ノ実施ヲ望ム」[24]

图6　米麦作改良法答案

在这种情况下，对于飞松来说，现场就是指有学理根据的现场。这是一边继承旧习惯的方法，一边尝试新学理农法的飞松的独有提案。

在别的地方，飞松用图7所示的例子说明农事巡回教师和实地操作教师的关系。

> 「楠原巡回教師ハ元人ヲナシ、各地ノ作業教師ハ卸商ナリ、左スレバ我々ハ作業教
> 師ヨリ小売ヲナシテ貰ヘバ、伝授ヲ受クルモノモ其効ヲ顕ハシ、人モ亦タ感スル所随分速カ
> ナルヘシ」[25]。

图7　农事巡回教师和实地操作教师的关系

另外，在关于实地操作教师待遇的讨论中，图8所示的作业教师的能力可以影响事业的成败，但是理论是第一位，现场的知识是第二位。

> 「元来、作業教師其人ノ如何ニヨリテ事業ノ結果如何ニ及ボスモノナレバ、十分注
> 意シテ其人ヲ選ハサルベカラズ。若シ実地ニ試施スル所ノ方法順序ヲ誤ランカ、啻ニ教
> 師其人ニ係ル費用ヲ損失スルノミナラズ、実業社会ニ不利益ヲ与フルコト勿論ナリトス。
> 故ニ其順序ヲ云ヘバ、第一学理家、第二実地家ヲ得、二者相応シテ初メテ全カラン」

图8　作业教师

（二）山本源三的情况

出席第5次劝业咨询会的山本源三的发言也有值得关注的地方，特此介绍。山本和飞松一样，也是作为佐贺县代表性的老农而活跃的人物。他自费设立水稻试验场，研究优良品种的选择、试制、肥料是否适合，制作改良犁并传授深耕法等，致力于农业改良。其简历如下。

安政二年（公元1855年）出生于西松浦郡西山代村立岩（现在的伊万里市山代町）。山本家世代是担任户长的笃农家。少年时期和青年时期学习了汉学。明治二十年（公元1887年）担任县种子交换品评审委员，明治二十二年（公元1889年）担任九州冲绳8县联合共进会叶烟草审查委员，明治二十三年（公元1890年）与飞松一起作为县代表出席了大日本农会主办农谈会。曾数次担任县劝业咨询会员。一方面担任县会议员、西松浦郡农会长、县农会

副会长,同时也致力于县农会的设立。明治三十七年(公元 1904 年)创立西山代西部信用采购工会,就任会长,该产业工会的设立在佐贺县内处于较早的时期,明治四十四年(公元 1911 年)作为优良工会受到很高的评价。

在第 5 次劝业咨询会上,山本与其他委员一起提出要求增加 2 名农事巡回教师的建议。然而由于经费的关系,招聘的是农科大学乙部的毕业生。山本阐述的增员的理由如图 9 所示。

> 「今日ノ現状ニ依レバ、トテモ一名ノ巡回教師ニテハ不行届ノコト多ケレバ、茲ニ増員ノ建議案ヲ提出スル所以ナリ。抑本県ニ農事巡回教師聘用アリシ以来、己ニ三星霜ヲ経シニ、其費シタル所ノ金額モ又莫大ナリ。斯ク莫大ノ費金ヲ投シテ得タル事蹟ニシテ、十分ナラザルモノアリ。故ニ尚農科大学乙部卒業生ヲ聘用シテ之ヲ補助セシメ、以テ其實ヲ挙ケラレンコトヲ望ム」

图 9　增员理由

另一方面,佐贺郡书记等也提出了类似的建议。然而,一些委员提出了一个如图 10 所示的问题,那就是它是否会与传统的农业法所坚持的林远里的意见相冲突呢?

> 「農科大学卒業生ヲ聘用スルコトトセバ、林遠里ノ耕作法等ト反対スルコトハナキヤ。曽テ石川県等ニ於テハ種々ノ間違ヲ生シタルコトモアリト云フ、果シテ如何」

图 10　佐贺委员提出的问题

山本对这个问题的回答如图 11 所示,其强调学理的必要性。

> 「本員等ガ学校卒業生ノコトヲ云々スルハ如何ハシキコトナレドモ、大学ノ実地科ヲ見シコトアレバ、参考ノ為メ一言申スベシ。甲部ハ学理ヲ修メ、乙部ハ実地ノ研究ヲナストコロナリ。一々具詳細ヲ叩キテ陳述スルコトハ出来ザレトモ、林遠里ノ説ト反対セヌカト云フト、矢張リ実地ノ研究スルニハ学理ヲ応用シアルモノノ如シ」。

图 11　强调学理的重要性

山本也同飞松一样,认为将理论运用到实践中是很重要的事情,实际的农业实务需要理论的支撑。正如简历中所介绍,山本也设立了私人的试验场地,尝试了各种各样的实验,然而仍然感慨仅凭经验是不够的。

虽然在明治二十六年(公元 1893 年)年因县预算不足而未能实现 2 名农事巡回教师的增员,但飞松和山本等人在劝业咨询会上主张开设农事学习场所,以及培养指导者的必要性,是被县所认可的。2 年后的明治二十八年(公元 1895 年)4 月,建立了县简易农学校。县简易农学校的目的是培养精通农事一般理论的实际操作人员,同时追求县内农业的改良进步。同时,同年 3 月,作为佐贺县农会设置准则的执行业务之一,试制场设立的任务被加入了其准则之内。明治三十年(公元 1897 年)4 月,县农会决定在县内 27 个地方设立委托试验场,让专职的农事视察官 3 人来负责业务。第二年 11 月,县政府向县议会提交了农事试验场的设置方案。

四、总　　结

在明治维新的变革期中,在地区经营农业的老农,抱着支持国家的思想和拯救贫困地区的意识,以农业改良为目标而持续努力着。将认为有用的思想、知识、技术,首先引入自己居住的地区进行试验以致力于农业的改良。尝试后如果有效果的话,就向其他地区推广。另一方面,也在追求着支撑实证的理论。西洋农学的知识就是其中之一。基于这样的经验和实际成果,飞松忠四郎和山本源三等老农将农业改良方面的要求反映到了县的农业政策领域。

致谢

在总结这一论文时,因为三养基郡基山町的飞松正郎先生和西松浦郡伊万里市的山本进先生爽快地同意了相关资料的使用,才如此顺利地完成了论文总结。受到了两位的关照,衷心感谢。

参考文献

[1] 须田黎吉.明治农法的形成过程[M].日本:茶的水书房,1975:48.

[2] 飞松忠四郎.实业获益日本米作改良新书[M].日本:有邻堂,1890.

[3] 新潮社辞典编辑部.新潮日本人名辞典[M].日本:新潮社,1991.

[4] 秋田大百科全书[M].日本:秋田魁新报社,1981.

[5] 福冈县百科全书[M].日本:西日本报社,1982.

[6] 日本历史学会.明治维新人名辞典[M].日本:吉川弘文馆,1981.

[7] 鹿儿岛大百科全书[M].日本:南日本报社,1981.

[8] 横井时敬.稻作改良法[M].日本:出版者不详,1882.

[9] 青森县近代文学馆主页"今外三郎"[EB/OL]. http://www. plib. pref. aomori. lg. jp/top/musieum/sakka/.

[10] 岩手县姓名历史人物大辞典[M].日本:角川书店,1998.

[11] 熊本县大百科事典[M].日本:熊本日新闻社,1982.

[12] 角田正治.肥后人名辞典再版版[M].日本:青潮社,1973.

[13] 第四届劝业咨询会日志[R].山本家文件.

[14] 第5届劝业咨询会日志[R].山本家文件.

近代初期日本医疗器械的制造与销售

沃尔夫冈·米歇尔(Wolfgang MICHEL)

九州大学

摘要：1870 年,明治政府决定以德国医学作为新的国家医疗体系的基础,同时开始限制传统的中日医学的相关研究。这些政策不仅对全国医师的教育和活动产生了影响,也对药品和医疗器械的生产和销售产生了深远的影响。面对传统药物、针灸和外科手术器械日益萎缩的市场,东京和大阪的商人都想方设法在新的医疗体系中占据一席之地。他们在从西方公司进口乐器的同时,还雇用了剑客、炮手、玻璃吹制工和其他传统工匠,这也为国家的独立生产奠定了基础。最初,订单只来自国内的医院和医师,但很快在中国、韩国、印度和夏威夷等地开发了新的市场。仅用了几十年,产品便在全国工业展览会上获得了奖牌,也获得了世界博览会的认可。没有这些灵活且有远见的企业家以及江户时代传统工匠积累的技术技能,明治时期日本医疗实践的快速现代化是无法实现的。

关键词：医疗器械,现代化,本土知识,江户时期,明治时代

一、日本近代医学及其药物

是日本的发展受到了德川政权的半封闭政策(1601—1878 年)的阻碍,还是两个世纪的内部和平使得其人民为重新开放日本后迅速吸收西方技术奠定了坚实的基础? 这个问题一直是一个多世纪以来的主要研究课题之一。毫无疑问,国外信息的有限涌入影响了近代日本初期的许多研究领域,但在整个江户时代,医学和相关科学都是与外界紧密互动而发展起来的。自 1650 年以来,在德吉马荷兰贸易站工作的欧洲外科医生和内科医生一直在长崎以及江户幕府的将军医院接受医学培训和负责高层患者的治疗[1]。传言荷兰和中国的船只将大量药品带到了长崎,但实际上,日本在 1641 年颁布的进口限令明确允许西方医药书籍进口[2]。

自 15 世纪以来,日本医师以逐步增长的知识独立性来应对国外刺激。中西方教义被改编、混合或有时被故意忽略。许多研究近代日本初期的作者倾向于将荷兰式的医学(*ranpō*)与中国式的医学(*kanpō*)进行对比,但医学实践的现实要更模糊,折中主义盛行。

这就是为什么我们会在西医信徒的工具中找到艾灸套和针灸针的原因。另一方面，传统医生，例如御园意斋(Isai Misono，1559—1616)，完全拒绝了中国的"经络系统"，而宫廷医生荻野元凯(Gengai Ogino，1737—1806)研究了西方的静脉切开术，也遵循了古老实践学院的著名学者山胁东洋（Tōyō Yamawaki，1705—1762)先例，研究了解剖学的解剖。

此外，由于日本缺乏自然资源和出口商品，其经济状况经常影响学习过程。为了更大程度地摆脱对昂贵的中国和荷兰药品以及药物的依赖性，一次次地进口国外植物和种子以扩大本地生产，这便促进了植物、药物和农业研究[3]。中文文本没有任何语言问题，从 18 世纪初期开始，在德吉马的专业翻译圈子外，荷兰人的阅读能力逐渐提高。1722 年，德川政府授权 124 名大阪商人和经纪人建立一个协会(kabunakama)，以此来垄断药品贸易，作为交换，他们要接受检查，确保医疗材料的质量和正确使用。很快，像在欧洲一样，大阪都城(Dosho)区成为了一个研究和专业的地方，像木村兼葭堂（Kenkadō Kimura，1736—1802)这样的富裕商人成为了收藏家和学者[4]。

医用材料的分配受到严格控制，但由于进口稀有药品的刺激和对开发当地资源的日益增长的需求，医生、植物学家、收藏家和学者将注意力投向各种各样的自然物体，出现如图 1 所示的医疗器械广告。从 18 世纪中叶开始，在全国范围内组织了所谓的"药品会"(yakuhin-e)或"物产会"(bussan-e)。图 2 所示为 1844 年在 Owari 举行的"药物学展览"，与会者带来了他们的珍藏品，并进行了展示和讨论。在 1751 年至 1867 年的 116 年间，举办了约 250 场此类展览[5]。虽然没有大学和博物馆，但这些活动的举行也有助于建立共同的知识基础并加快信息和物品的交换。

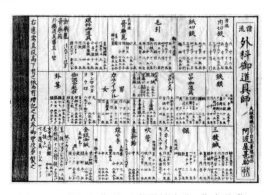

图 1　19 世纪初期的医疗器械广告（作者收藏）

图 2　Owari 举行的"药物学展览"(*Owari meisho zu'e*，1844)

二、医疗器械制造

医疗器械的世界并不那么复杂,但在这里,日本医生也展示了他们的独创性,例如导管针(*kudabari*)[6]、骨科紧身胸衣(*chikuri*)、图 3 所示的产科器械(*tanryōki*)包括了探领器(*tanganki*)、探颔器(*dasshuki*)、夺珠器(*tangansenmō*)、探颔旋网和设备夺珠车(*dasshusha*)。在外科手术中的外科器械(*armamentarium chirurgicum*)相对简单。Hanaoka Seishū(1804)在世界上首次通过全身麻醉成功去除了乳腺癌,并通过大约 25 种简单仪器检查各类刀剑伤、痈、疖、脓肿、瘘管、鼻息肉、尿道结石、外阴肿瘤等[7]。

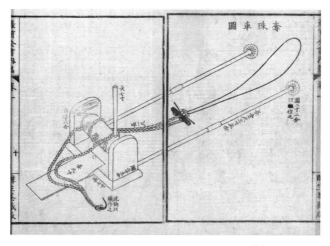

图 3　产科抽吸装置 *dasshusha*(1850)[8]

虽然偶尔也会有进口的截肢工具甚至是进口的颅骨穿孔器械(尽管后者从未使用过),但正如江户时期的广告传单所示,大部分的剪刀、手术刀、勺子、小铲、剃刀、套管针、锯子、镊子、导管、导尿管、鞘、灌肠器、听诊器和压舌器等都是日本工匠制造的,图 4 列出了江户晚期的部分手术器械。其中一些(例如长崎的广濑或大阪的西川)享有盛誉。在某些情况下,产品的质量得到认证。

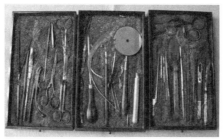

图 4　江户晚期手术器械(长野、丸山收藏)[9]

在大约两个世纪的历程中,日本医生在高水平的教育、蓬勃发展的出版业和充满求知欲的环境的支持下，学习了多种治疗方法，掌握了大量有关药物的信息，更好地理解了人体解剖学，以及掌握了西方医学术语的基本词汇。有一个高度组织化的分配系统，主要用于分配"东部"天然药物和药剂以及本地生产的简单仪器。由于医学知识和药品已经可以传播到很远的地方，甚至是偏远的农村地区了，因此已经做好了充分的准备。

三、突　变

在德川政权的最后几十年中，西医越来越受到医生和政治决策者的重视，明治新政府在1869年进行了一项全国性的调查，结果显示仍有79%的日本医生在实行传统医学，即使在那些认为自己是西医的21%的人中，也有许多人使用基于中日概念的西药。因此，根本性的变化将影响绝大多数的医生。

由于所有思维都受到"国家体现"或"国家政体"（kokutai）概念的支配，因此新精英更喜欢从整体上从选定西方国家进行大规模的科学技术转让，而不是从各种外国大学、学院或公司那里收集特定的小规模专有技术。例如，早期的铁路建设和管理几乎完全由英国聘请的专家负责，其中包括董事、总工程师、交通管理人员、机械师、泥水匠、木匠、发动机驾驶员、轨道维修工等。法国早在江户晚期就已成为丝绸生产和现代丝织技术的主要提供者。新的帝国海军基本上是在英国的支持下发展起来的，而在1872年德国取得胜利后，拥有自己部门的皇军从法国转投普鲁士。应明治政府的要求，荷兰土木工程师为现代河道治理、防洪和港口建设奠定了基础。在明治维新的最初几十年里，日本几乎每一个专业领域都可以与一两个西方国家联系起来。

这些结论来自欧美实况调查团提交的报告，但日本决策者之间也存在不相关的政治斗争。有一阵子，医学界也备受争议，但从佐贺转变为行政医师的医生相良知安[11]（Sagara Chian，1836—1906）认为，德国医学优于任何其他西方国家的医学，从而其领导国务委员会采用德国模式发展该国的医学教育和卫生保健系统。1973年，北德联邦政府公使马克西米利安·西皮奥·冯·布兰德（Maximilian Scipio von Brand）被要求向日本派遣医学教师[12]。同年，对传统药物的生产和分销实行了首个限制（Baiyaku torishimari kisei）。1872年后，由Sagara Chian管理的医疗事务局参与了进一步的改革，其中最重要的是1874年8月14日生效的医疗制度法（isei），它的第76段涉及公共卫生、医学教育和医疗执照、药房、药品以及医疗与药物分配的分离。想要成为医师的人都必须通过解剖学、生理学、病理学、内科学、外科学、化学和药物学等方面的医学考试。在1883年，即使是针对那些希望从事传统医学的人，这些考试都被宣布为强制性的。1876年，药品生产实行了许可证制度[13]。3年后，《日本药典》（Nihon Yakkyokuhō）被公布为东亚地区第一个国家药典，其法规对草药产生了又一打击，并给药品生产造成了深远影响。

对于江户和大阪的Doshō街区的药商来说，前景黯淡。垄断贸易的鼎盛时期已经过去，对传统医学的需求正在迅速萎缩。一些贸易公司，例如田边屋（成立于1678年）和近江屋（成立于1781年），早在1870年和1871年就转向西方制药，并分别于1885年和1895年开始生产[14]。很快，出口超过了进口[15]。

图 5　东京一松门市立松本（Iwashiya）商店（Catalogue *Iryōkikai zufu*，1878）

四、从传统的"本草"到西方医疗器械

其他企业家，例如东京著名的松本市左卫门[16]和松阪市的白井松之助决定另辟蹊径。从中日医学向西方医学的转变不仅影响了全国的教育，也影响了全国的再教育业和制药业。大量未知的医疗器械（主要来自德国）将被医院和诊所使用。神户、大阪和横滨的外国人成立的外企和小型企业的联络处表明，目前国际对这个巨大市场的认识不断深入。

目前，松本（图 6 所示为其编著的《医疗器械图解目录》）和白井仍在进行药品贸易，同时与外国公司建立了联系，扩大了医疗器械的进口和分销。市场需求巨大，同时他们对地区、当地诊所、零售经销商和医生也了如指掌，这在再次开放的市场中占据相当的优势。

目前为止，医疗器械的完整清单可以打印在一张纸上。然而，在 19 世纪 70 年代末和 80 年代，第一批日本商品目录是以小册子的形式流传开来。它们是根据外国供应商出版的目录编写的（见表 1），在医生的再教育方面发挥了重要作用。这些目录也有助于建立通用的命名法，因为大多数西方产品还没有日语名称。在医学院和护理学校中，医疗器械（*kikaigaku*，器械学）的研究已成为课程的一部分。

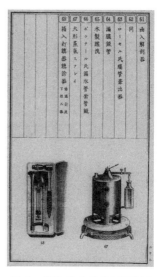

图 6　摘自松本的《医疗器械图解目录》（1884）

表 1　19 世纪医疗设备目录

时　间	标　题	公司，地区
1877	*Iyōkikai zufu*（医疗器械图谱）	Jūbei Ishishiro，东京
1878	*Iryōkikai zufu*（医疗器械图谱）	Ichizaemon Matsumoto，东京

续表

时　　间	标　题	公司,地区
1879	*Iyōkikai zufu*（医疗器械图谱）	Jūbei Ishishiro,东京
1884	*Iryōkikai zufu*（医疗器械图谱）	Ichizaemon Matsumoto,东京
1885	*Iyōkikai zufu*（医用器械图谱）	Jūbei Ishishiro,东京
1886	*Iyōkikai zufu*（医用器械图谱）	Matsunosuke Shirai,大阪
1889	*Iyōkikai zufu*（医用器械图谱）	Matsunosuke Shirai,大阪
1894	*Iryōkikai seikahyō*（医疗器械正价表）	Jūbei Ishishiro,东京
1896	*Iyōkikai zufu*（医用器械图谱）	Matsunosuke Shirai,大阪
1897	*Ikakikai jikkahyō*（医科器械实价表）	Ichizaemon Matsumoto,东京

　　日本现代医疗器械的生产源于对简单进口产品的模仿,而后对其逐步改进,图7所示为早期的器械产品。使用了熟练的铁匠和玻璃工匠进行改造,不久之后,价格更便宜且能够满足当地特定需求的新产品便出现了。在江户时期,"本草展览"是信息和交流的重要舞台。1877 年,借鉴巴黎国际博览会(1867 年)和维也纳国际博览会(1873 年),日本发起了一系列全国工业展览会(Naikoku kangyō-hakurankai),制造商在这系列展览会上竞争奖牌和未来的市场份额。这件事一开始引起了数十万人的关注,而后又引起了数以百万人的关注,影响广泛[17]。

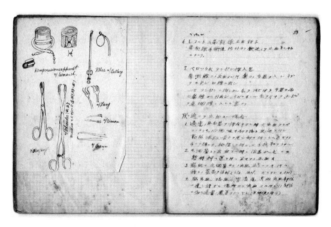

图 7　福冈一所护士学校的《仪器研究》笔记(作者收藏)

　　大约在 20 世纪初,当日本制造商冒险参加国际展览并开始向韩国、印度和夏威夷出口时,这一新兴产业取得了瞩目的成功。

五、现代仪器制造商的兴起

　　由于自然灾害和第二次世界大战的影响,关西和关东地区的大部分相关原始资料都丢失了,但是幸运的是,在大阪起着重要作用的白井松之介的相关事例还可以被很好地追踪。早在 1872 年,白井就开始将医疗器械纳入他的商品分类。根据他的回忆录(1909 年),医学院和大阪省立医院工作的荷兰医生和同为大阪省立医院的日本主任克里斯蒂安·雅各布·埃默林斯博士(Dr. Christian Jacob Ermerins,1841—1880)使他意识到了供应问题。有一段时间,附近主要的进口港口之一神户的经纪人似乎向他提供了商品[18]。

不久,白井开始为自己的产品做准备。虽然随着德川政权的垮台,许多手工业者失去了工作,但他们的技能并没有丧失。白井雇用了剑匠、枪匠、马具制造商、木匠等,并从简单的工具开始制作。几年后,他将企业更名为"Shiraimatsu",进而购买具有竞争力的产品。事实证明,与医院和医生的密切合作有助于确定新仪器和设备的名称。1879年,在关西地区霍乱肆虐之时,白井成功地与新成立的大阪药房的荷兰药剂师 Bernardus Wilhelmus Dwars (1844—1880)合作,并开发了一种脱水装置。三年后,大阪医院药房院长乃美辰一要求他开发一种特殊的蒸馏装置。1883年夏,日本冈山县立医院副院长视察九州南部岛屿时,白井受邀参加[19]。

江户时代垄断的分销系统永远不会消失,但是在1881年,大阪的14个商人建立了医疗器械贸易商协会(*Ikakikaishō kumiai*),试图提升该地区分销系统的稳定性和结构性,但这并不排除存在一定的竞争。直到1892年,批发商和零售商的数量增长到30家,但在1902年,数量降至20家以下[20]。

1877年,东京的石代十兵卫印刷了第一本现代医疗器械目录(共120页),随后是1878年的松本市左卫门器械的说明和名称表明,这些目录是根据外国资料编制的。这也适用于1886年在日本西部首次印刷的白井产品目录。根据序言,白井设法与莱比锡大学关系密切的德国制造商奥托·莫克(Otto Moecke)以及柏林的制造商兼供应商赫尔曼·温德勒(Hermann Windler)建立了直接联系,图8为 Moecke 在莱比锡的商店,图9所示为赫尔曼·温德勒在柏林的工作室[20]。

与日本一样,德国的工业化起步较晚,到19世纪末,仍然有许多第一代企业家没有建立工业化企业,例如温德勒和莫克,他们分别是手工艺人、小商人,但是后来,他们成功建立国际化的中型企业。白井和温德勒的产品都是非常专业和新颖的,但柏林和大阪的工厂仍未完全使用工业化的方法生产,例如图10所示为白松木工场[19]。

图8　Moecke 的前店(Leipziger Adressbuch,1882)

图 9　赫尔曼·温德勒在柏林的工作室　　　　　图 10　白松木工场

战争的到来带来了对手术器械的日益增长的需求，日俄战争（1904—1905）加大了野战手术台和担架的需求，并拉近了与军部的贸易关系[19]。

从 1881 年开始，白井在国家和地方工业展览会上展出了他的产品，几乎每次都获得奖牌。1893 年，这家小公司参加了世界哥伦比亚博览会（芝加哥世界博览会），并首次获得了外国勋章。后来在巴黎世界博览会（1900），路易斯安那采购博览会（1904）和阿拉斯加-尤肯-太平洋博览会（1909）上获得了更多赞誉[19]。在这一阶段，白井已与外国建立了贸易关系。根据大阪工商联合会 1905 年收集的数据，他是迄今为止医疗器械制造商和经销商中最高纳税人。他从英国、美国和德国进口商品，并将他们与自己制造的器械一起出售给整个日本群岛、印度和夏威夷[21]等。

白井不仅成功度过了明治维新时期头几十年的剧变，还成功地在曾经未知的技术领域建立了自己的公司，为进一步的出口扩张奠定了基础。白井和他的德国同行温德勒对制造商在医药世界中的地位持有共同的看法。根据图 11 所示的温德勒和白松的相关著作，他们都认为自己植根于传统手工艺，将自己描绘成医学学者和医生的平等伴侣。

图 11　温德勒的 *Preisverzeichnis der Fabrik chirurgischer Instrumente und Bandagen* 的前作（柏林，1888 年）和白松的《医疗用器械图解目录》（大阪，1889 年）

参考文献

[1] Wolfgang M Z. On the Reception of Western Medicine in Seventeenth Century Japan[M]//Tadashi Y, Yasuaki F. Higashi to nishi no iryōbunka. Kyōto: Shibunkaku Shuppan, 2001: 412-426.

[2] Nationaal Archief (The Hague), Nederlandse Factorij in Japan[J]. Daghregister van de factorij te Dejima, 1641, 55: 页码不详.

[3] Wolfgang M Z. On the Emancipation of Japanese 'Materia Medica Studies'(honzōgaku)[C]//5th International Symposium on the History of Indigenous Knowledge (ISHIK 2015), 2015: 93-106.

[4] Kobayashi T. Kimura Kenkadō[M]. Oxford: Oxford Art Online, 2003.

[5] Yūsuke I, Nakamura T, et al. On the Historical Background of the 'Materia Medica Exhibitions' of the Edo Period[J]. The Japanese Journal of History of Pharmacy, 2005, 40 (2): 156.

[6] Wolfgang M Z. Traditionelle Medizin in Japan[M]. München: Kiener, 2018: 221-223.

[7] Wolfgang M Z. Japanese Acupuncture and Moxibustion in Europe from the 16th to 18th Centuries[J]. Japanese Acupuncture and Moxibustion. 2011: 1-11.

[8] Akitomo M. Seishu Hanaoka and his medicine: a Japanese pioneer of anesthesia and surgery[M]. Iwate ken, Japan: Hirosaki University Press, 2011.

[9] Sansetsu Mizuhara. San'iku zensho[M]. Kyoto, 1850.

[10] Wolfgang M Z, Endo J, Nakamura T, et al. 关于江户时代和明治初期的进口药品和医疗器械的调查和综合清单的创建, 2006.

[11] Unger J, Kornicki P. The Book in Japan: A Cultural History from the Beginnings to the Nineteenth Century[M]. Hawaii: University of Hawaii Press, 2000.

[12] Sakae K. "相良知安": 日本古代医学资料[M]. 日本: 1973.

[13] Vianden H H. Die Einführung der deutschen Medizin im Japan der Meiji-Zeit[M]. Triltsch, 1985.

[14] Kōseishō I. 百年医疗制度史[M]. 日本: 厚生省医疗局, 1976.

[15] Welfide Corporation. Mitsubishi Tanabe Pharma[J]. 2015.

[16] 山川浩司. 日本制药业的历史[M]. 日本: 药事日报社, 1995.

[17] Yukio I. 医疗器械历史[M]. 日本: 千代田制作所, 1976.

[18] 雄行. 博览会时代: 明治时代的博览会政策[M]. 日本: 岩田书院, 2005.

[19] Shirai J. 白井松七十年史——明治篇[M]. Osaka: Shiraimatsu, 1948.

[20] 大阪医疗器械协会. 行业三十周年纪念刊[M]. 日本: 大阪医疗器械协会, 1978.

[21] Georg W H. Windler 1819—1919[M]. Berlin: Windler, 1919.

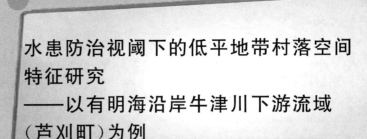

水患防治视阈下的低平地带村落空间特征研究
——以有明海沿岸牛津川下游流域（芦刈町）为例

后藤隆太郎

佐贺大学理工学部

摘要：近年来，防灾建设工程可以说有效提高了灾害防范能力。但随着全球温室效应的加剧，超乎预期的洪水、暴风雨等灾害增加的可能性也不容忽视。特别是低平地带因其基本条件的原因出现浸水现象是不可避免的，也很难通过江河治理工程彻底阻止自然灾害的发生。因此，从具体的、有针对性的减灾措施来讨论水患灾害的发生是十分重要的。

本文以水患频发的牛津川流域地势低平地带的村落空间为研究对象，主要考察在广阔平坦的低平地带，如何选定在怎样的场所形成何种村落等问题。在对土地形成过程、住宅用地及农业用地的形状、海拔数据等方面进行分析的基础上，对被认定为同类型的聚落形态进行区域划分。进而，针对不同区域的代表性村落空间的实例，即"河岸沙洲村落""旧堤坝村落""散居村落"等，围绕村落的形成过程及自然地理环境、村落形态（包含微地形）、以往遭受水患灾害时的避难措施三方面的特征进行考察。

通过考察从村落是如何不断适应自然条件在地势稍高地带选址并形成的、作为该区域内"刻进土地的历史"对村落空间进行认知、以往发生水患后第一时间采取的应对措施等方面的传统知识中汲取的经验，为思考当今减灾工作提供基础性历史参考。

关键词：村落空间，低平地带，水患，地势稍高地带，传统知识

一、前　　言

所谓低平地带主要是指包括以下三个要素的地方：位于河川下游或沿海冲积平原；人类为居住和开展生产活动必须根据自然条件进行人为的改造；必须与包含水患在内的自然和谐相处。

在日本，低平地带上土木建设工程长年不断，特别是近年来，为防治水患实施了多项防灾工程。例如，通过使用机械动力或水泵的排水坝来排放内陆水、通过修筑堤坝防范河水泛滥或海啸等，可以说通过这些防灾减灾工程有效提高了灾害防范能力。但另一方面，随着全

球温室效应加剧,超乎预期的洪水、暴风雨等灾害增加的可能性也不容小觑。事实上,即使在已采取了防灾措施的地区自然灾害也时有发生,尤其低平地带风险极大。从地形等基本条件来看,低平地带发生水患灾害几乎是必然的,通过江河治理工程等人为手段彻底控制自然灾害的发生显然存在一定的局限性。另外,认为防灾治理工程提高了区域居住的安全性,在毫无准备的情况下选址新居住地的事情也偶尔可见。

因此,回溯历史,重新审视在广阔且平坦的所谓低平地带建立何种村落、村落空间的形成过程、易发生水患的自然地理环境等问题是非常重要的。此外,历史上水患发生时人们的避难方式、保护生命的措施等对面对当今万一出现的堤坝溃口、严重水灾时提供了预案参考。换言之,从今后减灾工作的角度去认识传统知识是极为重要的。

本文的研究对象芦刈町是佐贺县内的一座小城市。从地理位置来看,它位于牛津川下游流域有明海沿岸。有明海的涨落潮水位差为日本之最,在潮汐作用的影响下沿岸形成低湿地带。故而,在此处进行灌溉、排水造地等工程都是经年累月分阶段逐步完成的。在排水造地的同时兴建农田,于是村落也就随之自然形成。此外,芦刈町西临牛津川,东临福所江川,南接有明海,是被河流、海域围出的一片低平地带,属于水灾频发之地。因此,此处针对水患灾害的防治措施不可欠缺。

本文以此类低平地带为对象,分以下两步展开研究。

(1)从地域层面分析,基于芦刈町田地整顿前地面高度详图,从该地区大规模农田改造前的水路网、各农田(日本土地区划"笔"为单位,)海拔数据中整理出地形、农田的形态,再结合土地开发进程及村落环境[1]进行区域划分,从而明确该地区的土地特性。

(2)从上述的区域划分中选取位于河岸、沿海地区具有代表性的村落,通过参阅文献[2-5]、实地调查、对当地人走访调查等,对村落的空间构成、水灾防治对策、以往水灾状况等进行整理。

本文拟通过以上两项考察总结村落空间的特性,从水患防治的传统知识中汲取经验,作为今后减灾工作的参考。

二、土地的形成过程及区域、村落划分

(一)从地形看土地的形成过程

笔者获取了芦刈町在实施田地整顿项目之时(1965年前后)绘制的往昔地形图(原图比例为1∶5000)。这份地形图标注有大规模耕地整顿实施前的全部农业用地、建筑用地等的形状、海拔(以1/100m为最小单位)的实地测量数据。本文以这些数据为基础,将各农业用地、建筑用地的海拔以0.3m的间隔进行划分标记,制作出牛津川下游流域(芦刈町)田地整顿前详细地形图(图1)。

由图1可知,该地区南北跨度约10 000m,却仅有约3m的海拔落差,基本属于广阔平坦地带。更进一步仔细查看即可从中把握较为详细的微观地形信息。例如,芦刈町东北部海拔在2.5m以上,地势略高,向西南方向地势逐渐走低;从海拔上看,牛津川附近低于有明

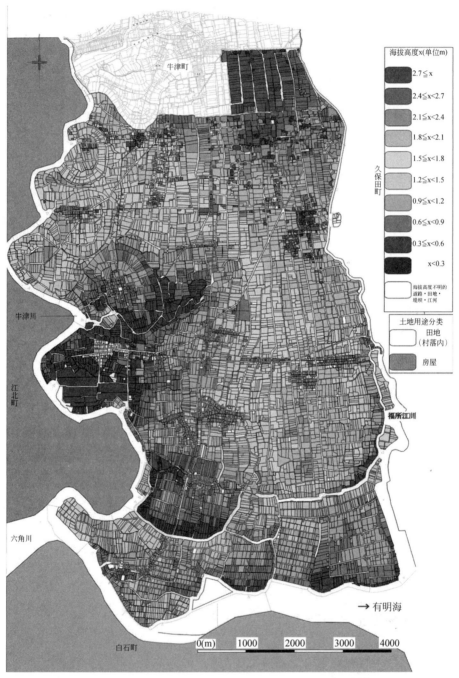

图 1　牛津川下游流域（芦刈町）1965 年前后田地整顿工程前详细地形图

海沿岸等。可以说图 1 是研究芦刈町极为实用的基础资料。

（二）基于微观地形及村落的区域划分

根据地方文献中关于土地形成历史的相关资料，并结合上述地形整理数据，本文将芦刈町划分为 5 个区域(图 2),并分别对各区域的形成过程、土地特性等进行了整理。此外,虽然未获取"商业、港口"区域海拔的详细数据,但将其作为具有非农村、城市侧面特性的一个区域一并进行了整理。

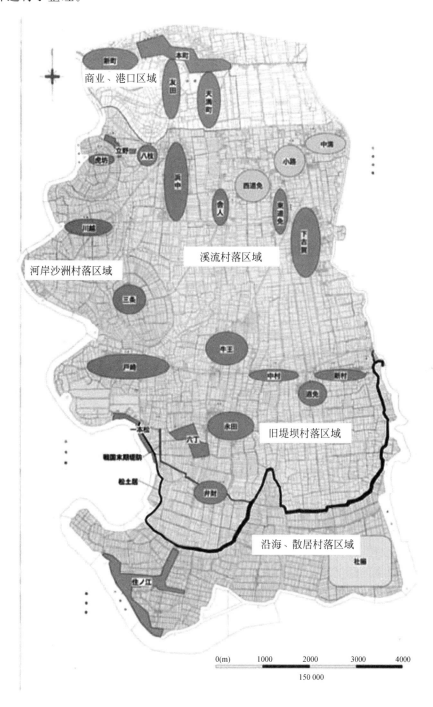

图 2　牛津川下游流域(牛津、芦刈地区)区域、村落划分

（1）商业、港口区域：以牛津町中心区域（现为小城市）为核心的区域。此区域有弥生时代的海岸线，因此推测土地的形成年代较为古老。在战国时代（15世纪前后）作为港口城市而繁荣一时，近世（16世纪）长崎街道沿线是驿站，到了近代（战后）成为小市区。西侧的新町等处因海拔较低，且是河流及水道汇合之地，所以直至现在仍是房屋遭受水患损坏较为严重之处。

（2）溪流村落区域：该区域位于芦刈町北部，推测自镰仓时代—桃山时代（13—16世纪前后）起开始开垦排水造地而成。从地形图上看海拔相对较高。南北、东西方向延伸的水路网是其显著特征，被水流（溪流）围绕的村落众多，房屋集中的村落所在地也比周围地势略高一些（图1）。

（3）河岸沙洲村落区域：该区域位于芦刈町西部。推测川越村落形成于1430—1460年前后，而虎坊、三条村落形成于1700年前后。虽然形成年代有时间差，但这些村落都位于蜿蜒的旧河道的沙滩、沙洲上的地势较高之处，地势向南不断走低。下大雨时主要向牛津川排水，有大量水渠、水闸分布于各处。环绕村落的旧河道通过农田的形状及土地的集合方式将往日历史刻进了土地中。

（4）旧堤坝村落区域：该区域位于芦刈町的中心地带，主要由形成于江户时代（17—19世纪）的农田及村落构成，其中活用江户时代的海岸线及堤坝的村落应该不在少数。该区域居民在填海造陆的过程中逐步修筑堤坝，然后以旧堤坝，也就是人造地势微高处为据点形成聚落，这一做法是较为合理的。下大雨时，内陆水会从北部汇集于户崎村落周边，因此在户崎周边及牛津川沿岸设有大量水渠、水闸。

（5）沿海、散居村落区域：该区域位于芦刈町南部，主要有两种村落形式。一种是芦刈町内唯一以散居形式存在的社搦村落（农村），还有一种是沿海的渔村村落——住之江村落。按照农田的形状及其分布趋势可将这一区域分为多个组，而分组情况与进行排水造地等土地开发单位较为一致。于是，此区域土地呈层叠状向海边延伸便不难理解了。

三、牛津川下游流域（芦刈町）的村落形态及水灾防治措施

本节详细列举出芦刈町内江河沿岸及沿海区域的典型村落。对川越（河岸沙洲村落区域）、户崎（旧堤坝村落区域）、社搦（沿海、散居村落区域）等三个村落的空间构成以及针对水患灾害的防治措施进行整理。

图3、图4、图5分别是上述三个村落的详细地形图。各图中均每隔0.15m划分并标记出各笔土地（译者注："笔"为日本用于土地划分的土地登记单位）的海拔数值。

（一）川越（河岸沙洲村落区域）

1. 形成过程及地理环境

川越村落坐落在沙滩、沙洲上，推测形成于1430—1460年前后。沙滩、沙洲因河流蜿蜒堆积而成，相较周边地势稍高，见图3(a)，其上房屋林立。这处村落的房屋几乎全部朝南，沿着两条笔直的道路分别向东、西两侧延伸排列。村落四周溪流环绕，内部也遍布水路，多

处设有导水管。平成二十二年(公元2010年)的大暴雨曾导致村落西侧的牛津川水位超出基准值,排水泵停用。该村落对于来自芦刈町北部的内陆水以及来自牛津川的溢水(外部水)都需要采取相应的防洪准备。

2. 从各用地的高度差看村落的居住形态

图3(a)是川越周边详细地形图,农田地基高度为1.5~1.4m,沿昔日蜿蜒水路呈曲线状分布。村落内住宅地基高度为2.5~1.7m,比相邻的农田高出0.5~1m。现在住宅用地的形状仍基本保持原样,部分房屋进行了加高。田地整顿项目实施后,住宅周围的农田变成矩形,住宅地基仍高于农田。由于地面的高低落差等原因,房屋用地的高度高于周边土地,见图3(b)。

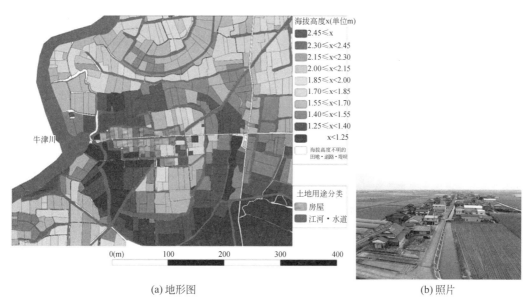

(a) 地形图   (b) 照片

图3 川越村落(河岸沙洲村落区域)详细地形图及照片(作者拍摄)

3. 水灾(浸水)发生时的对策

基本是利用地面的高低落差将内陆水排向牛津川。但这一区域也有相较于周边地势较低的地方,也会出现不少无法排水的情况。通过走访得知,在田地整顿项目实施前,在发生水灾或者有可能出现水患之时,住户首先会将家畜安排至西侧的牛津川堤坝上避难,然后各自撤离至房屋的二层或者屋顶。由于水灾频发,所以避险措施的预案制定较为具体细致。不过,由于近些年实施的防灾措施得当,严重的水患灾害有所减少,未发生需撤离至房屋二层避难的情况。

(二) 户崎(旧堤坝村落区域)

1. 形成过程及地理环境

该区域是江户时代以前填海所造的陆地,推测村落形成于1704—1730年前后。聚落附近的户崎堤坝曾经出现决堤,导致包括此处村落在内的周围整片区域都遭受了极其惨重的损失。该村落内溪流遍布,住宅均为南向。建筑物多靠水路而建,呈阶梯状自下而上顺次后退,其中大型建筑物不在少数。

2. 从各用地的高度差看村落的居住形态

这一区域中沿江户时代海岸线旧堤坝选取地势较高处营造的村落数量较多。这个特点在户崎村落也有所体现。

由作者绘制的图4(a)可知,其周围的田地地基高0.8～0.5m,村落中居住区的地基高1.2～0.9m,沿东西贯通的街道(曾经的堤坝)排列。此处村落的另一个特点是四周溪流环绕,内部农田星罗棋布,且地基高度均较低。通过走访调查得知,住户从住宅附近取土用来提升住宅用地的高度,由此地势变低的土地就用来耕作。换言之,在地势相对较高处所建的村落会通过堆高、加固土地等方式进一步人为地制造出地势的高度差,从而达到防范水患灾害的目的,见图4(b)。

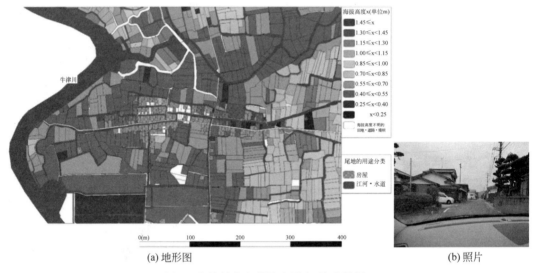

(a) 地形图　　　　　　　　　　　　　　(b) 照片

图 4　户崎村落地形图及照片(作者拍摄)

3. 针对水患(浸水)的对策

这处村落的水患防治措施大致可分为以下3种方式。

(1)与前文所述其他村落相同,使用水渠、水闸等设施利用1天2次的落潮排出内陆水。

(2)在已处于较高地势的村落内部制造更大的地势高度差,以提高住房区的安全性。

(3)在水患发生时,将家畜赶至堤坝上避难,居民则撤离至房屋二层或屋顶。这种方式与川越基本相同。不过在户崎大水淹没地板的情况时有发生,与之相应的措施是乘船转移至河川堤坝等高处避难。

户崎村落是芦刈町内地基高度尤其低的地方,防灾准备以及避难措施是必不可少的。这里的住户曾经历过水患灾害,他们采取过多种具体的避难方法,可以说具备较强的防灾意识。

(三) 社搦村落(沿岸、散居区域)

1. 形成过程及地理环境

社搦村落面积超56公顷,填海造陆而成,于庆应元年(公元1865年)由旧小城藩主锅岛直虎氏着手建设。明治初年(公元1867年),由锅岛下属氏族接手经营,称为授产社掰。明治二十三年(公元1890年)为来自熊本县玉明郡旧风水村(现在的玉名市)的广濑寿太氏收购、开发。此后,广濑之弟石男氏继承了该处经营权。据此推测村落应形成于1895年前后。根据昭和四十九年(公元1974年)的记录,当时此处村落共有36户居民,其中23户来自中熊本县,13户来自芦刈,还有从外地移居而来的。

2. 从各用地的高度差看村落的居住形态

图5(a)可知,西北部海拔最高,越往东南方向地势越低。据此地形特点,设计水流向位于东南方的排水站流出。旧堤坝内(社掰)的地基高度为1.3~1.2m,旧堤坝外(北侧)的地基高为1.0~0.4m,可见堤坝内侧高于坝外。旧堤坝外(靠海)因沙土的堆积地势升高。

房屋的朝向有南有北,沿街道而建,布局较为分散。

3. 针对水患等的对策

该村落因散居而选择了与之相应的开发模式。其背景原因目前尚不明确,但可以看到的是,住宅用地与周边的耕地配套,采取个体、分散的务农方式。

让住宅用地的地基高度略高于周围的农田,是此处村落防灾对策之一。这样一来,即使农田全部被水淹没,住宅用地及房屋似乎也不会遭受到太大的损害。另一方面,因地处沿海地区,还会有飓风或者风盐害等灾难。在其他区域的散居村落(砺波平野、出云平野)内的房屋周围均有为防风而栽种的树林,但在社掰村落内却并未看到类似的防风林,见图5(b)。这个问题作为该区域减灾对策的一种方法尚有探讨的空间,日后将进一步深入考察。

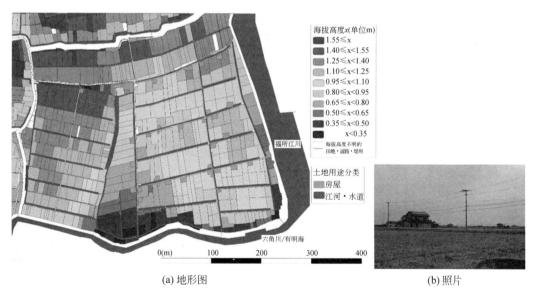

海拔高度x(单位m)
1.55≤x
1.40≤x<1.55
1.25≤x<1.40
1.10≤x<1.25
0.95≤x<1.10
0.80≤x<0.95
0.65≤x<0.80
0.50≤x<0.65
0.35≤x<0.50
x<0.35
海拔高度不明的田地·道路·堤坝

土地用途分类
房屋
江河·水道

福所江川

六角川/有明海

0(m)　100　200　300　400

(a) 地形图　　　　　　　　　(b) 照片

图5　社掰村落(沿海、散居村落区域)详细地形图及照片(作者拍摄)

四、总　　结

本文以位于牛津川下游流域低平地带的芦刈町为例,利用田地整顿工程实施前的资料绘制出当地详细地形图,并据图确认该地区的村落及住宅用地坐落于地势稍高地带。此外,还根据与各区域土地条件及开发过程间的关联性,分区域对不同村落空间的形成过程进行了考察。

通过考察得知,川越村落(河岸沙洲村落区域)、户崎村落(旧堤坝村落区域)在河岸的沙洲或旧堤坝上对自然地形进行了人为的工程改造,使得较高地势上形成聚落,同时各自对住宅用地进行加高、加固,这些举措对当地防灾至关重要。

然而,仅靠上述物理手段进行对应并不充分。例如,在大暴雨时可能会出现无法向江河排水,甚至江河堤坝决堤等情况。也就是说,必须时刻谨记村落随时可能遭受水患威胁。当水患发生时,将家畜等赶至江河堤坝上避难,居民则撤离至房屋二层或屋顶,或乘船避难等避难措施都极为重要。虽然现今水患灾害发生频度有所下降,但仍然应对历史上水患发生时的应对经验重新审视,同时也应再一次对各村落过去曾遭受的灾难及当时的避难方法等进行调查整理。

特别在今后进行住宅用地建设时,水患经验比较少的居民应针对该区域的形成过程,发生水患时的避难对策等提前进行较为细致的了解,并制定相应的预案,这对水患防治来说关系重大。

致谢

本文的图表基础资料来源于深江大贵(佐贺大学理工学部都市工学科、平成二十八(公元 2016 年)年毕业)基于研究室所存资料整理、绘制的成果。另,本文为笔者主持的日本科研项目基础研究(C)(一般)(H28～H30)《作为防灾计划技术史来看有明海沿岸低平地带集住地的形成及空间系统》的阶段性研究成果。

参考文献

[1] 后藤隆太郎,中冈义介.从聚落的神社看佐贺低地聚落的特征[J].日本建筑学会计画系论文集,2002:551.

[2] 佐贺县小城郡牛津町.牛津町建设计划书[M].日本:出版者不详,1959.

[3] 建设省九州地方整备局武雄工事事务所.雄工事 20 年史[M].日本:出版者不详,1979.

[4] 牛津町史编纂委员会.牛津町史[M].日本:出版者不详,1958.

[5] 牛津町史编纂委员会.牛津町史[M].日本:出版者不详,1990.

中国经济发展转型的历史与启示

武 力

中国社会科学院当代中国研究所

摘要：中国的工业化和经济转型大致经历了四个阶段，1840—1949 年为艰难缓慢发展阶段，这个阶段的经济体制和社会背景是半殖民地、半封建社会；1949—1978 年为优先快速发展重工业阶段，这个阶段的经济体制和社会背景是单一公有制和计划经济；1978—2012 年为农轻重均衡发展阶段，这个阶段的经济体制和社会背景是改革开放和实行社会主义市场经济；2012—2019 年为工业经济由中低端向中高端转型升级阶段，这个阶段的经济体制和社会背景是实现了以供给侧改革为特点的全面建成小康社会。将近 170 年的经济转型发展历史给予我们的启示是国家独立、社会稳定是经济发展的前提，处理好政府与市场关系则是关键。

关键词：工业化，改革开放，政府与市场关系，供给侧改革

中国自公元前 221 年秦始皇统一中国并推行郡县制以后，在长达两千多年的封建社会里，逐渐形成了多民族、统一的、高度中央集权大国。作为世界人口最多的大国，中国古代曾经创造出高度发达的农业文明，在相当长的时间里都处于世界前沿。但是在哥伦布发现"新大陆"以后的三百多年里，西方经历了第一次全球化浪潮、资产阶级革命和工业革命，开启了工业文明时代，也走到了东方和中国的前面，正如马克思所说的那样，资本主义迫使那些落后民族和国家或者采取资本主义的生产方式或者灭亡。中国就是在西方列强的不断侵略和压迫、面临"亡国灭种"的形势下开始从农业文明向工业文明转变的。近代以来的中国工业化经历了满清王朝、民国时期、新中国改革开放前、改革开放以来四个历史时期，时间长达179 年。在这 179 年里，中国的工业化在经历了前一百多年的艰难曲折发展后，在新中国成立的 70 年里突飞猛进，基本实现了由农业国向工业国的转变。这段历史，特别是新中国 70 年的工业化历程以及所反映出来的规律很值得探讨。

一、近代中国工业化进展缓慢（1840—1949）

1840 年鸦片战争之后，中国受到西方列强侵略，逐步陷入半殖民、半封建社会。高度发

展的农业文明难以抵御工业革命之后西方列强的坚船利炮，如何完成工业化成为近代中国面临的重要任务。但无论是清政府、北洋政府还是国民政府统治的一百多年里，中国都未能实现"机船路矿"的充分发展，完成由传统农业国向工业国的转变，陷入"积贫积弱"和"落后挨打"境地。据麦迪森估计，1820年中国GDP总量占世界GDP总量的33%，居世界首位；到1900年则下降11%；到1950年则进一步下降到5%[1]。另据麦迪森估计，1820—1952年，中国GDP和人均GDP的年均增长率分别为0.22%和−0.08%，而同期欧洲的GDP和人均GDP则分别为1.71%和1.03%[2]。

中国现代工业的发端是在两次鸦片战争之后的19世纪60年代，是中国在20余年间一败再败于西方列强，对现代工业有了切身感受之后。应该说，中国引进和发展现代工业，最主要的原因是为了抵抗西方的武装侵略和经济掠夺。此时的世界，在欧洲，经过19世纪40年代的资产阶级革命和快速推进的工业化，西欧和美国已经完成了以蒸汽机为动力、以轮船和铁路为代表的初步工业化，正如列宁所说的"资本主义最典型的特点之一，就是工业蓬勃发展，生产集中于愈来愈大的企业的过程进行得非常迅速。"又说"铁路是资本主义工业最主要的部门，即煤炭工业和钢铁工业的结果，是世界贸易和资产阶级民主文明发展的结果和最显著的标志[3]"。孙中山在1894年上李鸿章书中亦说到铁路的重要性，"凡有铁路之邦，则全国四通八达，流行无滞；无铁路之国，动辄掣肘，比之瘫痪不仁。地球各邦今已视铁路为命脉矣，岂特便商贾之载运而已哉[4]"。在列强企图获取中国路权的刺激下，中国铁路缓慢发展起来。

机器制造是近代工业化的重点，曾国藩在1860年就提出"将来师夷智以造炮制船，尤可期永远之利"。他还提出"欲求自强之道，总以修政事、求贤才为急务，以学做炸炮、学造轮舟等具为下手工夫[5]"。洋务运动的领军人物李鸿章在1864年也授意丁日昌密禀"船坚炮利，外国之长技在此，其挟制我国亦在此。彼既恃夫所长以取我之利，我亦可取其所长以为利于我[6]"。李鸿章也强调机器制造的作用和工业化的意义"机器制造一事，为今日御侮之资，自强之本[6]"。中国在学习西方时首先面临的是代表西方工业的"船坚炮利"的侵略，而"船坚炮利"的基础则是煤、铁，李鸿章指出"船炮机器之用，非铁不成，非煤不济[7]"。张之洞也指出"世人皆言外洋以商务立国，此皮毛之论也。不知外洋富民强国之本，实在于工。讲格致，通化学，用机器，精制造，化粗为精，化贱为贵，而后商贾有贸迁之资，有倍蓰之利"[8]。

在洋务运动中，清政府于1865年购买了外国人开设在上海虹口地区的旗记铁厂，并将原有两洋炮局并入，组成新厂，定名为"江南机器制造总局"，制造船炮军火和各种机器。1867年，江南机器制造总局迁至城南高昌庙现址，并建立了翻译馆。翻译馆不仅造就了徐寿、华蘅芳、徐建寅等中国近代第一流的工程专家，而且成为全面介绍、学习世界先进科学技术的开拓者，对中国早期工业产生了深刻影响。中国在1895年甲午战争中惨败，标志着清政府主导的工业化的失败。

进入20世纪以后，随着西方资本主义进入帝国主义时代，出现了重新瓜分世界的新一轮浪潮，中国的国家安全问题不仅没有缓解，而是日益严重。第一次世界大战以后，持续不断的局部侵华战争最终演变为要灭亡中国的日本全面侵华战争，这种外患日益严重的局面是与中国缺乏支撑现代国防工业的重工业基础直接相关的，重工业已经成为制约中国国家安全和经济发展的瓶颈。也因此，孙中山在1919年发表的《实业计划》中提出以发展现代交通运输和钢铁工业为中心。在晚年,孙中山又写成《十年国防计划》,在这个被孙中山称为"救国计划"的军事与国防纲领中,孙中山甚至提出要训练 1000 万国防物质工程技术人才。孙中山认为,"中国欲为世界一等大强国,及免重受各国兵力侵略,则须努力实行扩张军备建设"[9]。

虽然自洋务运动开始,中国就开起了近代工业化的历程,但是中国工业化举步维艰。从抗战前夕工业自给率来看,我国重工业部门远未能独立,石油、汽油、钢铁等重要基础工业更是严重依赖外国资本(参见表 1)。1937 年之后十余年的战争更阻碍了中国工业化进程。1949 年我国重要工业产品无论是从总量还是从人均角度来看,不仅与美国相差很大,而且也与发展中国家印度存在较大差距,中国经济在世界的地位不断下降。

表 1　1949 年中国主要工业产品产量与美国、印度比较[10-13]

产品名称	中　国		美　国				印　度			
	总产量	人均产量	总产量	人均产量	总产量为中国倍数	人均产量为中国的倍数	总产量	人均产量	总产量为中国倍数	人均产量为中国的倍数
原煤 *	0.32	0.06	4.36	2.92	13.63	49.47	0.32	0.09	1	1.53
发电量 **	43	7.94	3451	2313.19	80.26	291.39	49	13.85	1.14	1.74
原油 ***	12	0.000 222	24 892	1.668 497	2074.33	7531.46	25	0.000 707	2.08	3.19
钢 ***	15.8	0.000 292	7074	0.474 166	447.72	1625.58	137	0.003 872	8.67	13.27
生铁 ***	25	0.000 462	4982	0.333 941	199.28	723.54	64	0.001 809	6.56	3.92
水泥 ***	66	0.001 218	3594	0.240 904	54.45	197.71	186	0.005 257	2.82	4.31

注：* 表示在总产量栏下单位为亿吨,在人均产量栏下单位为吨,** 表示在总产量栏下单位为亿吨,在人均产量栏下单位为吨,*** 表示在总产量栏下单位为万吨,在人均产量栏下单位为吨。

二、优先发展重工业战略和独立工业体系的形成(1949—1978)

由于近代中国一百多年来工业化的失败,到新中国成立时,西方发达国家的工业化已经经历过以蒸汽机、煤炭和纺织业为代表的第一次工业革命和以电力、石油、钢铁和水泥为代表的第二次工业革命,而在战后进入了以核能、电子、化工为代表的第三次工业革命,而中国还没有完成第二次工业革命,这种工业发展水平的严重错位,是新中国实行赶超战略的客观条件和要求。

1949 年新中国成立后,中国共产党面临的是被战火严重破坏的工业基础。抗日战争前机器大工业仅占工农业总产值的 10% 左右,又遭受战争的破坏,1949 年与抗战前的最高年份相比,工业产值降低了一半,其中重工业约降低 70%,轻工业降低 30%。1949—1952 年国民经济恢复时期,政府着重恢复和利用现有设备和生产能力,重点投资重工业和国防工业,促进地方工业的恢复和发展,鼓励私人投资工业等措施,使工业生产迅速得到恢复。1952 年工业总产值 343.3 亿元,与 1936 年相比,增长了 22.5%,1950—1952 年年均增长34.8%。到 1952 年底,主要工业产品产量大大超过 1949 年的水平,也超过了新中国成立前的最高产量,其中钢产量增长最快,1952 年比 1949 年增加 7.54 倍,比历史最高水平增加46.3%;生铁产量比 1949 年增加 6.72 倍,比历史最高水平增加 7.2%[14]。

中国从 1840 年开始与资本主义列强正面接触到新中国成立时,其经历是痛苦的。作为早期资本主义发展的受害者和中期帝国主义战争的牺牲者,新中国建立后,又面对朝鲜战争、台海危机、越南战争、中印边界和中苏边界冲突的威胁,必然对国家安全问题十分忧虑和不安,存在着强烈的防范心理,正如有学者指出的那样,近代以来所形成的民族“危机感”,在1949 年以后并没有消失,而是表现为对国际上的危机仍有着过高的估计[15]。因此,中国不仅要进行工业化,还要“首先集中主要力量发展重工业,建立国家工业化和国防现代化的基础”[16]。哪怕这种非均衡的发展代价很高,直接的经济效益并不明显。就像著名的经济史学家罗斯托在《经济增长的阶段》中所说的“反抗更先进的国家的入侵——素来是从传统社会转变为现代社会的最重要的和最强大的推动力,其重要性至少与利润动因等量齐观”[17]。

1949 年新中国成立之后,经过三年的国民经济恢复,中国逐步走出了战争的创伤。但当时中国现代化建设仍然面临着很多困难,从国内的角度来看,物质资本和人力资本①稀缺,市场发育不完全,工业化水平低,重工业极不发达,区域经济差异较大;而在国际上,美苏两国对峙,抗美援朝战争爆发之后,更加使得中国与西方世界的关系紧张。在积弱的经济基础与恶劣的外部条件下,中国如何跨越“贫困陷阱”,克服“低收入导致低储蓄—低投入—生产率—低收入”的“贫困循环”②,成为我国政府面临的重要问题。

在这个大背景下,由于重工业发展所具有的正经济外部性,以及它在保障国家安全方面的重要性,使得我国选择了优先发展重工业的发展战略,正如经过毛泽东亲自修订的党在过渡时期总路线宣传提纲中所说“因为我国过去重工业的基础极为薄弱,经济上不能独立,国防不能巩固,帝国主义国家都来欺侮我们,这种痛苦我们中国人民已经受够了。如果现在我们还不能建立重工业,帝国主义是一定还要来欺侮我们的”[18]。但是要优先发展重工业,就需要集中有限剩余,即通过强大动员能力的政府,调动国内资源来突破贫困性陷阱。1953年,我国正式确定了优先发展重工业的发展战略。这种经济发展战略具有以下几个特点:

（1）以高速度发展为首要目标。

（2）优先发展重工业。

（3）以外延型的经济发展为主。外延型的经济发展是指实现经济增长的主要途径是靠增加生产要素。

（4）从备战和效益出发,加快内地发展,改善生产力布局。

（5）以建立独立的工业体系为目标,实行进口替代。在优先发展重工业战略的实施中,出于国家安全需要,建立现代国防工业又是重中之重。

---

① 这里的人力资本主要指受过教育的人才。

② 纳克斯归纳了贫困循环,即从供给来看“低收入—低储蓄水平—低资本形成—低生产率—低产出—低收入”的恶性循环,而从需求上看,存在“低收入—投资引诱不足—低资本形成—低生产率—低收入”。

在市场经济运行中,产业经济的转移是农业—轻工业—重工业,而在特定历史背景下,我国选择了当时并不具备比较优势的重工业优先发展,这使得我国需要进行超越常规的制度安排才能完成跨越式发展。围绕着优先重工业发展的目标,我国逐步形成扭曲的产品和要素价格的宏观环境,以至建立了高度集中的资源计划配置制度和毫无自主权的微观经营机制[19]。

经过 30 年艰苦曲折的发展,尽管付出了很高的代价,但是到 20 世纪 70 年代末,中国基本建立起独立的工业体系和比较先进的国防工业体系,既保障了国家的安全,也为工业化奠定了坚实的基础。

三、改革开放与产业结构升级(1979—2012)

新中国在改革开放前的 30 年里,在计划经济和重工业优先发展战略下,工业发展既取得了令人瞩目的成绩,也留下了诸多的问题。中共十一届三中全会以来,中国的产业结构经历了一个飞跃式的转换和升级,工业化和城市化快速推进。

1978 年以后,在实行改革开放的同时,还针对长期形成的积累与消费关系失调、轻重工业严重失衡状态,经济发展战略也进行了调整,即由"优先发展重工业"转向轻重工业均衡发展,并进行了国民经济调整。整个 20 世纪 80 年代,轻工业也得到了迅速的发展,特别是乡镇企业的"异军突起",为改变轻重工业失衡发挥了重要作用。1985—1988 年间,轻工业持续高速发展。这几年轻工业的发展速度都超过重工业。长期的消费品短缺所导致的巨大需求也成为轻工业快速发展的重要推动力。1979—1981 年轻工业的增长速度超过重工业,1981 年重工业比重下降到 48.5%。此后直到 1997 年,重工业比重一直保持在 52% 左右的水平。

1979—1997 年,中国产业呈现出均衡发展态势,第二产业作为国民经济主导产业占GDP 比重维持在 45% 左右,第三产业比重不断上升,从 1979 年的 21.6% 上升到 1997 年的34.2%,农业比重下降,从 1979 年的 31.3% 下降到 1997 年的 20% 以下。从轻重工业的比重来看,重工业比重由 1979 年的 56.3% 下降到 1997 年的 51%。伴随重工业比重的下降,轻工业比重上升。在产业结构调整过程中,我国经济进入了高速发展期,人均收入由 1979年的 419 元上升到 6420 元。经济高速增长,解决了长期困扰我国的短缺经济。1997 年下半年,国内贸易部对我国 613 种主要商品的供应情况排队,结果发现供不应求的商品仅占1.6%,供求基本平衡的商品占 66.6%,供过于求的商品占 31.8%[20]。

1997 年,中国告别了自新中国成立以来一直存在的"短缺经济",首次出现买方市场,1998 年中国人均 GDP 超过 800 美元,资本稀缺的局面也得以改善,告别了贫困国家的行列。但内需不足开始困扰着中国经济发展。

1997 年,中国经济成功实现"软着陆"后,面临着国内外的诸多不利因素,国内有效需求不足,国际亚洲金融危机的冲击,中国经济增长明显趋缓,并出现通货紧缩迹象。1998—2000 年,政府实施了积极的财政政策,通过发行国债筹集资金加快基础设施建设,扩大内需。同时以更积极的态度融入世界经济。2001 年年底,中国通过加入世界贸易组织(World

Trade Organization，WTO），使得利用国际市场和国际资源上了一个新台阶，出口成为拉动中国工业化的重要力量。

投资和出口的大幅度增加，再加上国内消费结构的升级（以住房改善和汽车进入家庭为标志），中国在 21 世纪进入了重化工业重启的新阶段。重工业的增长速度明显加快，并且与轻工业增长速度的差距越来越大，重工业的比重从 2000 年的 60.2％提高到 2011 年的 71.8％，11 年提高了 11.6 个百分点[21]。再从产业结构来看，1998 年我国第二产业占 GDP 比重为 46.2％，2012 年为 45.3％，始终是国民经济的支柱性产业；第三产业占 GDP 比重 1998 年为 36.2％，2012 年为 44.6％；第一产业占 GDP 比重 1998 年为 17.6％，2012 年下降到了 10.1％左右。① 与此同时，中国的人均 GDP 从 1998 年的 817.1 美元上升到 2012 年的 6071.5 美元。从工业内部的结构来看，轻工业在 1998 年、1999 年不到 50％。2000 年以后中国工业统计的口径发生改变，中国规模以上企业轻工业比重 2000 年为 39.8％，在同一口径内 2011 年下降到 28.2％。从六大高耗能行业来看，我国除了石油加工炼焦及核燃料加工工业之外，其余的高耗能产业增长率都高于全国工业总产值的增长率。

20 世纪 90 年代中后期，我国告别了困扰多年的"短缺经济"，逐步完成从"卖方市场"向"买方市场"转变。1998 年，在内需不足和亚洲金融危机双重压力下，为保持经济增长速度，政府采取了积极财政政策，推动城市化、房地产发展，加快进入 WTO 等措施，1998 年经济增长速度保持了 7.8％，2000 年开始我国经济保持了 8％以上的增长速度。在经济高速增长的同时，我国产业结构呈现出重化工业重启的特点。2000 年重工业占工业比值为 60.2％，2005 年达到 68.9％。2008 年世界经济危机，再次带来了经济增长下滑的压力。我国政府再一次采取积极财政政策，投资 4 万亿并且带动了 20 万亿的投资，城市化与房地产行业在这一时期高速推进。重化工业占工业比重进一步上升到 71.8％。

经过改革开放以来 34 年的高速增长，中国虽然成为了工业大国，但仍然不是一个工业强国。虽然中国在 500 多种工业产品中我国有 220 余种产量位居世界前列。但是中国核心产业的技术水平还比较低，总体上处于全球产业价值链的中低端环节。我国大型民航客机，百分之百从国外进口；石化装备的 80％、数控机床和先进纺织设备的 70％依赖进口[22]。如果在核心技术上，中国不进行突破，很容易被锁定在产业结构和价值链的低端，极易陷入"中等收入陷阱"。

四、经济新常态下的供给侧结构性改革（2013—2019）

经济发展总是波浪式前进的。"十二五"期间我国在经济实力、科技实力、国防实力、国际影响力又上了一个大台阶的同时，经济发展也开始进入增长速度放缓、结构调整紧迫、发展动力转换的新阶段，又被称为"经济新常态"。2013 年 12 月 10 日，习近平在中央经济工作会议上首次提出要理性对待经济发展的新常态。习近平指出，中国经济面临增长速度换挡期、结构调整阵痛期、前期刺激政策消化期"三期叠加"的状况[23]；要注重处理好经济社

---

① 笔者根据中国统计年鉴相关数字计算。

会发展各类问题,既防范增长速度滑出底线,又理性对待高速增长转向中高速增长的新常态[24]。

进入"十三五"以后,实现经济的中高速增长和产业结构迈进中高端水平是我们在新的发展理念下的重要目标,也是全面建成小康社会的经济保障,加强供给侧的改革,即实现产业结构额优化和升级则是矛盾的主要方面。1997 年出现"买方市场"时,为解决供给侧"高端产能不足、低端产能过剩"的问题,我国在采取扩大内需和外贸的同时,也在继续采取供给侧管理政策,即产业结构升级,但是供给侧的改革因牵涉到资本沉没、财政减收、金融风险以及失业压力等,难度较大,加上城乡之间、区域之间经济和社会发展的不平衡,以及经济全球化的机遇,因此实际上供求管理政策的重心就自然转到了需求侧。而 21 世纪以来的十几年政策实践证明,需求管理政策没能根本地改变供给的结构性问题,在产能、库存、债务和资源环境的多重压力下,以需求管理为主的政策已经很难奏效。要想真正实现产业结构的转型升级,还应当主要从供给侧入手进行改革。

2014 年 12 月 9 日,习近平在中央经济工作会议上,从消费需求、投资需求、出口和国际收支、生产能力和产业组织方式、生产要素相对优势、市场竞争特点、资源环境约束、经济风险积累和化解以及资源配置模式、宏观调控方式等九个方面深入分析了新常态下中国经济发展的趋势性变化[25]。认识新常态,适应新常态,引领新常态,是十八大以来中国经济发展的大逻辑。中共中央作出中国经济发展进入新常态的战略判断,为端正发展观念、完善政策体系提供了依据。2015 年 11 月 10 日,习近平在中央财经领导小组第十一次会议上首次提出供给侧结构性改革。供给侧结构性改革,重点是解放和发展社会生产力,用改革的办法推进结构调整,减少无效和低端供给,扩大有效和中高端供给,增强供给结构对需求变化的适应性和灵活性,提高全要素生产率。供给侧结构性改革这一重大理论创新,回答了适应、引领经济发展新常态应该干什么的问题。

随着供给侧结构性改革的推进,实体经济活力不断释放,经济结构不断优化,数字经济等新兴产业蓬勃发展。服务业持续较快发展,成为第一大产业,2018 年其增加值占 GDP 比重为 52.2%,比 2012 年提高了 7.6 个百分点,对经济社会发展的支撑带动作用与日俱增。"中国制造 2025"加快实施,制造业加速迈向中高端,工业化和信息化深度融合,装备制造业和高技术产业增长明显快于传统产业,2018 年装备制造业和高技术制造业增加值占规模以上工业增加值的比重分别达到 32.9%和 12.4%,比 2012 年提高 4.7 和 4.5 个百分点。战略性新兴产业快速发展,2016—2018 年工业战略性新兴产业增加值年均增长 10.1%,快于同期规模以上工业增加值增长 3.8 个百分点。2015—2018 年,新能源汽车产量年均增长 79.7%,2018 年产量达 115 万辆;智能电视产量年均增长 11.9%,2018 年产量达 11376 万台。高铁、核电等重大装备竞争力居世界前列。农业基础更加稳固,2014—2018 年连续五年稳定在 12 000 亿斤(60 000 万吨)以上,持续站稳新台阶。

党的十八大以来,以新的理念引领发展,以推进供给侧结构性改革为主线,经济实现中高速增长。2013—2018 年,国内生产总值年均增长 7.0%,远高于同期世界 2.9%左右①的平均增长水平,成为世界经济增长的动力之源、稳定之锚。经济总量连上新台阶,2018 年国内生产总值突破 90 万亿元,占世界经济比重接近 16%,超过世界排名第三至第五位的

---

① 根据世界银行公布的"世界增长指标"(WDI)估算而得。

总和。

　　为了促进供给侧结构性改革和加快产业结构优化升级，2016年5月，中共中央、国务院发布《国家创新驱动发展战略纲要》；在党的十八大报告提出实施国家创新驱动发展战略的基础上，党的十九大报告提出加快创新型国家建设，到2035年中国跻身创新型国家前列。

　　党的十八大以来，创新型国家建设取得重要进展。2018年，中国研究与试验发展（R&D）经费支出19657亿元，比2012年增长90.9%，与国内生产总值之比为2.18%，比2012年提高0.21个百分点。一批具有标志性意义的重大科技成果涌现，载人航天、探月工程、量子通信、射电望远镜、载人深潜、超级计算机等实现重大突破。世界知识产权组织2018年全球创新指数报告显示，中国创新能力综合排名由2012年的第34位上升到2018年的第17位，成为唯一进入前20名的中等收入国家。中国科技进步贡献率从2012年的52.2%迅速增至2018年的58.5%。

　　总之，进入21世纪以来，为了避免去产能、去库存所导致的资本沉没、失业增加、财政困难和金融风险，我国被迫一再延续需求管理政策，从而走上了"产能过剩—增加投资以刺激需求—产能过剩加剧—再增加投资刺激需求"的路径，试图依靠这种增加生产资料生产的内部循环来消解产能过剩，而低端产能过剩又导致这些产业利润低微和投资风险加大，于是就出现资本转向房地产，从而导致房地产业库存不断增加，出现泡沫。由于需求管理政策所带来的粗放增长模式也使得产业结构转型升级缺乏动力，难以推进。因此，要想成功实现供给侧改革，就必须痛下决心，不仅要切断粗放型增长模式的干扰，确保资源流向供给侧，还要学会打"组合拳"，做好企业破产和资产重组，银行债务处置和金融风险化解，以及失业、转业的职工安置等配套措施，这样才能保证在社会稳定和经济中高速下真正实现产业结构的优化和升级，从而保证到2020年全面建成小康社会和为2035年实现现代化打下坚实基础。这是改革开放以来、特别是党的十八大以来国家经济政策演变带给我们的最重要启示。

参考文献

[1] 安格斯·麦迪森.世界经济千年史[M].伍晓鹰,等译,北京：北京大学出版社,2003.

[2] 蔡昉,林毅夫.中国经济[M].北京：中国财政经济出版社,2003：5.

[3] 列宁.帝国主义是资本主义的最高阶段[M]//列宁.列宁全集.北京：人民出版社,1990：182-183.

[4] 孙中山.上李鸿章书[M]//孙中山.孙中山全集.北京：中华书局,1981：14.

[5] [清]曾国藩.同治九年五月初七日日记[M]//曾国藩.曾国藩全集.长沙：岳麓书社,2011：289.

[6] [清]李鸿章.李文忠公全集[M].上海：商务印书局,1903.

[7] [清]李鸿章.李鸿章全集[M].合肥：安徽教育出版社,2008.

[8] [清]张之洞.吁请修备储才折[M]//张之洞.张文襄公全集.石家庄：河北人民出版社,1998.

[9] 孙中山.孙中山全集：第5集[M]//孙中山.孙中山全集.北京：中华书局,1981.

[10] 国家经贸.中国工业五十年：第1卷[M].北京：中国经济出版社,2000：9.

[11] 中国人口和就业统计年鉴[M].北京：中国统计出版社,1998：198.

[12] 美国人口数据[EB/OL].http://www.census.gov/population/estimates/nation/popclockest.txt.

[13] 印度人口数据[EB/OL].http://www.populstat.info/Asia/indiac.htm.

[14] 吴承明,董志凯.中华人民共和国经济史（1949—1952）[M].北京：中国财政经济出版社,2001：537-554.

[15] 邹谠.二十世纪中国政治[M].香港：牛津大学出版社,1994：234-237.

[16] 建国以来重要文献选编(1953)：第4册[M].北京：中央文献出版社,1993：353.

[17] 罗斯托.经济增长的阶段[M]//杰拉尔德·迈耶 达德利·西尔斯.发展经济学的先驱.北京：经济科学出版社,1988：243.

[18] 为动员一切力量把我国建设成为一个伟大的社会主义国家而斗争[M]//建国以来重要文献选编第4册.北京：中央文献出版社,1993：705.

[19] 林毅夫,蔡昉,李周.中国奇迹[M].上海：上海人民出版社,1999：54.

[20] 武力.中华人民共和国经济史[M].北京：中国时代经济出版社,2010：950.

[21] 国家统计局工业统计司.中国工业经济统计年鉴[M].北京：中国统计出版社,2012：21.

[22] 黄海洋.国家技术创新体系建设与创新政策的策略选择[J].毛泽东邓小平理论研究,2012：9.

[23] 习近平关于社会主义经济建设论述摘编[M].北京：中央文献出版社,2017：73.

[24] 习近平关于社会主义经济建设论述摘编[M].北京：中央文献出版社,2017：319.

[25] 十八大以来重要文献选编[M].北京：中央文献出版社,2016：241-246.

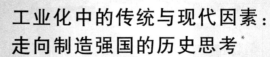

工业化中的传统与现代因素：
走向制造强国的历史思考[*]

李毅

中国社会科学院世界经济与政治研究所

摘要：当今时代，制造业的可持续发展是中日两国共同面临的历史课题。尤其是中国制造业正在开展自主创新、力求在技术与市场上彻底摆脱外部依赖的努力，使得我们把关注的焦点转向日本近代产业为什么能成功地实现自主发展而未沦为技术附庸的讨论。问题的复杂性需要我们研究日本以创新为中心的产业发展的历史轨迹，也就是从传统与现代因素融合的视角考察日本近代制造业自主发展的经验教训，通过对其产业创新与发展中传统与现代因素融合之历史特征的细节研究，提出我们关于传统与现代因素融合、推进产业自主发展的一点历史认识。力图通过对日本有用经验的合理借鉴，使中国制造业的发展真正进入创新驱动的轨道。

关键词：传统与现代因素，日本近代制造业，历史观察与研究

尽管当今的世界事件频发、危机迭起，但都未能改变社会发展的主题。由于制造业在国民经济发展中所处的历史地位，它的可持续发展依然是2008年危机后包括中国和日本在内的许多国家所共同面临的历史性课题。通过历史的比较研究，在理论与实践上探讨产业可持续发展的历史经验，通过创新推动中国走向制造强国，依然是我们的一项重要工作。

一、问题的提出

改革开放的30多年里中国经济取得了令人瞩目的发展，1978—2007年，年均国内生产总值达到了9.8%的增长速度，经济总量跃升到世界前列。中国制造业作为推进这一发展的最重要力量，也因改革与创新获得了长足的发展。技术进步推动了经济结构的变化和产

---

* 本文作为一份日文的经济史讲稿，完成于2012年1月。2020年3月进行了订正。

业升级[①];产业的国际地位在发展中逐步上升[②];在促进经济总量增长的过程中,使中国踏上了追赶的征程[③]。但是,目前GDP总量排名世界第二的中国,在制造业的发展上还未能彻底改变凭借高投入和低价格取得竞争优势的粗放式发展模式;未能完全打破被长期锁定在国际产业价值链底端的局面。因为我们还未能从根本上解决技术与市场的外部依赖这个与创新能力的缺失联系在一起的问题[④]。

在成长为世界制造业强国的过程中,日本为什么能成功地实现自主发展而未沦为西方的技术附庸?这一事实引起了我们极大的研究兴趣。但是,如果仅仅局限于对战后日本产业完成"经济赶超"的观察是远远不够的,得出的认识很可能是不完整的。产业自立与可持续发展过程的复杂性及其路径依赖,决定了我们的研究必须有广阔的历史视角和对产业创新过程的历史把握。对日本近代制造业发展的近距离观察与细节研究,有可能加深我们对问题本质的认识,为增强中国经济自身的发展能力和中国经济主体的创新能力,找到一条可行的通道和有效的路径。同时,使我们获得一些相关的新的理论知识和历史知识。

由于传统与现代因素是历史过程的关键构成要素,亦是维系产业发展所不可或缺的重要推进因素,因此,传统与现代因素与产业发展,就成为我们研究日本近代制造业自主发展轨迹所关注的中心内容。即研究其传统与现代因素融合方面产业创新的经验与教训,以获取我们对实现产业自主和可持续发展创新路径的新的认知。但是,要就传统与现代因素两者对产业创新与发展的影响有一个客观的认识,即将它们还原成事物发展的客观形态有机地统一于历史过程中,相应的理论指导是必不可少的。由于符合一国国情及文化特点的传统因素的形成及其对产业成长的影响,存在着明显的历史路径依赖,以及它在推进产业可持续发展过程中,有一个不断融入现代因素的适应性变革过程,因此,以研究复杂因素的动态变化为特点的演化经济理论就自然成为问题研究的基础[⑤]。用不同的理论方法看问题,得出的结论很可能会是完全不同的[⑥]。

二、从传统与现代因素融合的视角观日本近代
制造业的发展轨迹

为使上述问题的研究能够进一步深入,本来我们应当沿着复杂因素中的历史路径依赖,及其由创新的多样性所引发的适应性变革两个链条,对推进日本制造业产业创新与发展的

---

① 现代化大型钢铁企业成套装备、高性能数控机床、大型计算机、载人航天器等领域实现的技术突破,标志着科技在引进和创新上取得的重要成果。以电子通信设备制造、航空航天设备制造为代表的高新技术产业的增长速度超过了传统产业,使中国的经济结构状况呈现出明显的变化。

② 按工业产出排名,中国在21世纪第一个十年中期已经成为继美国、日本之后的第三大工业生产国,同时也成为世界性的生产加工平台和世界工业品的主要供应者。

③ 中国从一个农业国家转变为工业生产大国的事实,即为自己奠定了追赶发达工业国家的基础。

④ 技术的外部依赖性,主要表现为制造业的关键性技术自给率较低、对外依存度较高;市场的外部依赖性,主要表现在经济增长方面的外贸依存度过高,以及外资企业在中国市场的较高占有率上面。

⑤ 因为演化经济理论是一种历史理论和历史的方法。

⑥ 20世纪八九十年代,对日本式组织结构截然不同的评价就是一个典型的事例。

传统与现代两种因素的融合、两种资源的互补，长时段地展开历史观点的讨论，尝试搭建一个问题研究的演化经济理论分析框架。但是受论文篇幅的限制，同时也为更集中地讨论问题，本文仅就日本近代制造业创新与发展中的传统与现代因素的影响进行考察与研究，以此作为比较研究的起点。

（一）日本近代制造业兴起于传统与现代因素的融合

明治时代（1868—1912 年）建立起的近代制造业，是日本产业走向现代文明的根本标志。在历史上多次接触世界先进文化与技术之后[①]，后起国家日本于 19 世纪后期开始工业革命的进程，并在迎接工业文明的过程中走在了亚洲各国之前。近代工业的迅速发展和机器制造业的逐步建立[②]，是这一时期最重要的经济事件。扫除封建割据的明治维新革命，在带来社会巨变的同时亦为日本产业的根本性变革创造了条件。在明治政权对原有工厂进行重组和改造的同时，近代工业发展的各项促进措施也使得新建企业的数量迅速增加，以至在 19 世纪 80 年代中期日本出现了创办企业的高潮[③]。工业化的展开和使用机器的近代工厂的建立，使 1885—1915 年间日本制造业的年均增长速度超过了 5%。工业部门占 GDP 的比重也从 1888 年的不足 13% 上升到 1910 年的近 20%[1]。与民营部门的创新努力相对应，由政府主持的铁路修建、设备进口和对创办企业的风险承担，则为后起的日本通向现代文明铺平了道路。可见，这场深刻的工业革命开启的是日本从农业经济向工业经济过渡的历史。因为，近代制造业所带给日本的是不同于农耕社会的手工业新产品，生产这些产品的新工艺和由此而来的若干新的工业生产组织，从而使日本在这一过程中切实体验到了现代文明带来的社会变革。

然而，体现现代文明的近代制造业所建立的技术基础，来自于前近代的创新积累。科学技术史研究和 20 世纪八九十年代日本新经济史学的研究成果显示，日本近代制造业的发展是建立在自己固有的技术基础之上的[2]。在封建社会末期的德川时代（1603—1868 年），日本利用先前接受的来自欧亚大陆的科技知识和从武士阶层中形成的科技人才，已经建立起了自己的作为近代工业基础的传统地方手工业。例如，历史悠久并具有较高劳动分工水平的金属矿藏的开采，1540—1700 年间日本建立的大型金银铜矿有 14 座[3]，铁矿的开采和铁的冶炼是商品经济的发展所推动的结果；从 18 世纪中期就开始使用带齿轮和传送带设备的生丝生产，农业技术改良推动的丝和棉供应量的增长，催生了新的纺织设备的发明和应用；在 17 世纪后期利用水利驱动形成规模生产的酿酒业，人们通过实验来确定产品成分的比例，提高生产效率[4]；成为前近代重要出口产品的以有田陶瓷为代表的陶瓷业等，包括漆器在内的手工业部门，都拥有地方性的实验和创新案例。伴随渐进式创新发展起来的这些传统手工业，在其发展中自然地融入从幕末到明治时期的近代制造业的形成过程中，构成了日本近代工业的技术基础。而且，其近代制造业在发展中对传统优势的传承，还体现在它对

---

① 如早在 16 世纪就接触到的来自欧洲和亚洲大陆的文化与技术。

② 虽然早期的日本近代机器工业在幕末时期就已出现于许多藩营工厂中，但真正意义上的近代制造业，还是形成于明治维新后的工业革命时期。

③ 随着明治维新各项改革的基本完成，1884—1893 年，工业企业的数量增加了近 7 倍（樊亢、宋则行，1981，236～237 页）。

人才培育的重视,对地方资源开发的关注上,地域间的技艺研习和特色竞争①,有效地推动了知识和技能的传播。同时,与具体的创新技术相比,其前近代技术进步的最重要贡献是它对创新价值的认可,即使人们懂得了技术知识是一种重要的财富,并逐步形成了勇于探索新技艺、发明新技术的传统。这种传统对于近代制造业的发展显然是不可缺少的。

(二)日本近代产业发展中传统与现代因素融合的历史特征

正是传统与现代因素的这种自然融合,作为一种文化特征逐步渗透到产业发展的各个环节,才使日本近代制造业的发展形成了不同于欧美的鲜明历史特征。

依据自身的国情状况推进不同于欧美特点的近代产业建设。由于经济发展的后进性和资本原始积累不足,以及人口规模相对稳定和国内市场相对狭小等历史条件的限制,被称作"内卷"式的技术创新形式始终被各产业的发展所重视②,显然这也是与德川时代的技术创新更多的不是节约劳动,而是表现出劳动密集型特点相联系的。以至日本的经济史学者速水融认为,与其把它视为工业革命的组成部分,不如叫作"勤勉革命"更为恰当。因为,在西方工业革命同期,与欧美重视纺织业中后道工序的机械化生产(如拈丝和织绸)不同,日本更重视在原材料的生产上倾注力量,如培养多品种棉花和生产优质蚕茧,以提高纺织产品的市场竞争力。同时注重能够展现地方特点的多样化产品与技术,例如重视发展织、染技术,而在色彩、质地及图样方面形成诸多具有地方特色的产品。正如当时一份反省明治维新改革的报告《促进工业发展的建议》所揭示的,日本的工业前途不仅是建立在铁路和电报技术之上,也是建立在丝农、陶工和米酒酿造者的技术之上的[2]。显然与欧美相比,日本的发展不仅侧重点不同,技术基础也更加多样。

将学习现代技术和传承自身的优势结合,以巩固近代产业发展的基础。出于生存和发展的需要,众多日本制造企业在技术引进上,都注意谨慎地选择那些便于发挥日本人力资本优势和有利于资源利用的技术,目的是将这些引进技术与自己的特长结合,在扬长避短地开发具有竞争力产品的同时,建立起民族工业发展的基础。利用从西班牙、葡萄牙引进的金属冶炼知识,与日本传统的冶炼方法结合形成的木炭灰渣法(charcoal ash flux),在日本东北偏南地区从事富含磁铁的矿石冶炼就是其中一例。而日本第一家大型私人企业——大阪纺纱厂(1883),由采用国外普遍使用的"骡机"设备,改为使用既能够适合生产当地棉纺工业所需的结实粗纱,又能适应利用当地女工资源的环圈纺纱技术更是典型的例子。由于生产的有效性,该项技术很快被推广到其他纺织企业。日本企业在引进技术方面也是有沉痛教训的。例如,由于过分依赖大规模地从英国引进的技术和设备,导致其原料、燃料供应不足,以及运输问题造成的高成本,综合性钢铁企业釜石公司在其投产3年后就因巨额亏损而被迫关闭。依靠甲午战争胜利掠夺自中国的资金建立的八幡制铁所(1901年),也曾因完全依赖引进并不适合本地原料(煤炭和铁矿)的德国技术,而导致熟练工人短缺和原料供应不稳,不得不在开工不长的时间停工整改,在调整之后才实现了盈利。可见,如何引进和怎样使用引进技术是与一国的产业发展基础相联系的。

---

① 如佐贺藩的精炼方和萨摩藩的集成馆。
② 即生产过程中重视的主要不是产品数量,而是它的质量。

在工业革命中，传统与现代技术形式兼容、企业共同发展。仍以工业革命的主导产业纺织业为例，在当时历史时期发展迅速、并在前近代早有发展的制丝业，由于将近代缫丝技术与传统技术结合①，用改良的工具从事生产，不仅实现了生产规模的扩大，而且吸纳了大批的就业者。1875年在长野县开业的中山社，是采用这种被称作"混合型技术转移"形式确立日本自己的近代技术的代表企业之一。它以日本丰富的木材原料代替铁制作缫丝机械，以陶瓷代替金属制作茧锅，以水利代替蒸汽动力，由于成本低廉而得到迅速普及。在1882年的日本全国工业生产统计中，生丝年产值占整个工业产值的47.55%，就业者占职工总数的60%[6]，而且扩大了其由法国到美国的出口市场，成为日本的主要创汇产业。此后随着海外市场对生丝产品的标准化要求，机械缫丝产品所占比重由1875年的6.84%上升到1895年的67.96%，而使用改良传统技术方法——"改良座缫器"生产的产品所占比重，也从5.38%上升到22.49%[7]。与这种技术兼容形式相对应的则是传统的生产企业与现代的生产企业并存，实现互补式的发展。因为市场的需求激励了前者的技术开发与生产，它们之间或者根据所生产的产品不同划分供货市场；或者在生产链条上形成上下游的垂直供货关系。如表1所示，两者在平行发展中实现了优势互补。这在当时的纺织业等产业中是一种普遍现象。依靠这种适应日本特点的技术与产业发展方式，以及民间企业的强大活力，纺织业率先在日本发展成为进口替代产业。

表1 日本幕末到明治时期的织布生产的发展[8]　　　　单位：10万斤*

年份	进口棉布	使用进口棉线织布A	使用手纺嘎啦纺线织布B	使用国内机械纺线织布C	国内生产的棉布A+B+C
1861	31	3	278		281
1867	78	23	142	2	167
1874	173	115	134	7	256
1880	182	315	271	11	597
1883	104	271	141	39	451
1888	157	522	271	106	899
1891	117	191	198	528	917
1897	209	177	167	1225	1569
1900	313	100		1438	1538
1904	121	10		1409	1419

*：单位10万斤＝60吨（使用皮棉换算量表示的产量）。

三、对传统与现代因素融合推进产业发展的一点历史认识

制造业成长的历史是以创新为根本动力所推动的。事实上，这是一个经济体的传统与现代因素彼此作用、相互融合的历史过程。对日本近代制造业发展中的传统与现代因素状

---

① 在日本也被称作"混合型（hybrid）技术转移"。

况的观察与研究，可以使我们通过对细节的了解与把握，更新我们对于创新过程的理解[9]。从而在合理吸纳其实践中的有用经验和教训的基础上，思考能够支持产业实现自主和可持续发展的某些历史路径，以把中国的制造业发展真正引入创新驱动的轨道。因此，这部分也拟作本文的研究结论，对传统与现代因素融合与产业发展的关系提出自己的认识，以供讨论。

传统与现代因素反映着一国产业发展过程中的特有优势与未来趋势。作为事物发展过程中的两个关键性特征要素，传统与现代因素构成了一个完整的历史维度。包括产业在内的任何社会经济事物的成长都脱离不开它们的影响，因为传统因素是与历史、国情、民族文化、既有优势联系在一起的；而现代因素所反映的则是全球、趋势、适应性变革和方式选择等。它们的融合往往体现为一个国家、一个民族创新中的学习过程。作为一种动态的学习和知识融合过程，产业创新过程中的这种学习，显然不仅仅指对当下的经济主体所从事的各种创新活动的认识，由于创新所具有的路径依赖性，学习更是涵盖着对历史知识的理解，即对传统技术优势的传承，而且也涵盖着对新知识的实践性认识，即对创新的发展方向的规律性探讨。因为学习是一个复杂系统中的适应性重组过程[10]。真正的产业创新能力的形成与提升，正是产生于上述两种知识的融合。

在制造业的创新与发展中，传统与现代因素是在互为条件、相互依存状态下对其过程产生影响的。一方面，传统因素为现代的发展准备好了充分的条件，从这一意义上说，一国传统的优势传承，它所架起的是一座通向现代的历史阶梯。因为现代的因素既不能凭空产生也不能强行接入，技术上的、观念上的各种创新是为现代因素发展所做的必要累积。另一方面，现代因素是传统因素的变革性延续，它是以传统因素的优势累积为发展前提，同时以反映时代的变化为基本特征的。从这个意义上说，没有传统优势的传承就没有现代趋势的发展，而无现代因素的引领传统因素则难显其历史作用。技术轨迹的累积性特点，需要我们在制造业的创新中，重新认识尊重传统的渐进式创新所具有的意义，以及它在推进可持续发展上不可忽视的作用。而技术的多样化及其快速发展，则为我们提出了如何将传统优势纳入现代发展轨道的课题。

传统与现代因素的融合打造了日本制造业自主发展的历史根基。发展的后进性，驱使日本在历史上对外来的先进文明持有积极的学习态度。先是师从中国，学习包括文字、儒学、政体、律例等一切有益于自身社会发展的东西；后是转向西方，向欧美国家学习先进的科学技术和社会治理方法。但促使日本大幅加快其社会进步步伐的更重要原因，是它对这些外来文明进行适合于自己的取舍吸收，这个过程恰恰是维系其传统优势的过程[13]。①日本在近代产业发展方面对传统与现代关系的处理与此一脉相承，明治时期面对来自西方的强大工业文明的冲击，日本并未被动地接受其现代技术，完全按照欧美的方式复制其工业革命进程，而是根据自身的特点和工业发展基础，在亚洲尝试非欧美式的新的发展可能性。这种发展的主动性即发展现代工业文明的内在需求，显然是建立在它的前近代的产业发展基础上的。这一基础使日本能够理解世界正在发生的近代工业发展趋势，及其这一趋势对日本产业发展及其社会进步的重要意义。有了这种传统与现代因素的融合，才使日本能够避免依附于西方，以自主的方式主动融入现代工业文明之中。

---

① 它被一些学者视为日本能够获得持续发展而未丧失自身特色的原因。

参考文献

[1] 西川俊作,阿部武司.日本经济史4：产业化的时代(上)[M].日本：岩波书店,1990：16.

[2] 苔莎·莫里斯-铃木.日本的技术变革：从17世纪到21世纪[M].北京：中国经济出版社,2002.

[3] 梅村又次、山本有造.《日本经济史3：开港与维新》[M].日本：岩波书店,1989.

[4] 佐佐木.技术的社会史[M].日本：有斐阁,1983：179-181.

[5] Katou B.日本酒的历史[M].日本：宪政社,1977：239-255.

[6] 周启乾.日本近现代经济简史[M].北京：昆仑出版社,2006：186.

[7] 高桥龟吉.日本近代经济形成史第3卷[M].日本：东洋经济新报社,1968：683.

[8] 中村哲.世界资本主义与日本棉纺织业的变革[M]//河野健二,等.世界资本主义的形成.日本东京：岩波书店,1967：411.

[9] 亨利·切萨布鲁夫,等.开放创新的新范式[M].北京：科学出版社,2010：240.

[10] 道格拉斯·诺思.理解经济变迁过程[M].北京：中国人民大学出版社,2008：33.

[11] 大野健一.发展中国家日本的脚步：从江户到平成的经济发展[M].北京：中信出版社,2006.

20世纪后半期的日元国际化研究

陈 建

中国人民大学

摘要：日元国际化是指日元在国际金融市场上作为国际货币的职能作用。20世纪80年代中期以来,日元国际化取得了长足发展,但90年代初"泡沫经济"崩溃以后,日元国际化一度停滞不前,面临着经济,金融,财政等各方面的困境,前景不容乐观。

关键词：日元国际化,日本经济

一、日元国际化的基本内容及历史进程

日元国际化(Internationalizition of the Yen),指的是日元在国际金融市场上作为国际货币的职能作用。日元国际化以日本金融的自由化和国际化为基础,但它同时也是后者的重要组成部分和表现形式。从某种意义上可以说,不推行日本的金融自由化和国际化,便难以实现日元国际化;而不实现日元国际化,也不可能最终完成日本的金融自由化和国际化。

一般认为,日元国际化即日元在国际金融市场上作为国际货币的职能作用,主要表现在以下几方面。

第一,国际经常交易手段,即作为流通手段和支付手段的职能。20世纪70年代以来,随着日本对外贸易的迅速发展及经济实力的逐渐增强,日本进出口贸易中使用日元结算的比率不断上升。进入20世纪80年代后,日元国际化的进程明显加快,日元在日本进口贸易和出口贸易中的结算比率[1]分别由1980年的29.4和2.4％上升到1984年的33.7％和3％。1985年6月,日本设立日元计价银行承兑票据市场,为扩大日元在国际贸易中的使用量创造了良好的环境。1975—1990年,日元在日本进口贸易和出口贸易中的结算比率分别由17.5％和0.9％,提高到37.5％和14.4％[2]。根据国际金融权威部门的估算,1989年日

---

[1] 日元结算比率指的是在结算货币总量中日元所占的比重。

[2] 《国际经贸消息》1992年2月18日。

元结算占世界贸易的比率为 4.3%。国际上一些著名的贸易中心如伦敦金属交易所等,已开始引进日元作为结算货币。

第二,国际储备手段,即作为外汇储备(资产)货币的职能。它反映在各国储备货币中日元所占的比重上。直到 20 世纪 70 年代中期,日元作为国际储备货币的作用还是很小的。1975 年,日元在各国外汇储备中的比重仅为 0.5%。20 世纪 80 年代以后,这一进程加快,1982 年上升到 3.9%。特别是 1985 年 9 月份以来,日元急剧大幅度升值,日元的国际信誉迅速提高,各国银行纷纷抛售美元,抢购日元,并将日元作为本国的外汇储备。结果,1978—1990 年,在各国官方外汇储备中,日元所占比重从 3.3% 提高到 9.1%。当然,如果和美元以及西德马克相比(同期美元由 76.0% 降至 56.4%,西德马克由 10.9% 升至 19.7%),日元还有一定差距,国际化水平也并不是很高。

第三,国际投资手段,即作为国际投资货币的职能。它表现为越来越多地被用来进行国际投资。日元作为国际投资货币的作用,主要包括发行日元国际债券、吸收日元国际贷款、欧洲日元存款以及非居民在日本国内的日元资产,等等。20 世纪 80 年代以来,这些交易中的日元比重都有了不同程度的提高。日元外债发行额由 1975 年的 200 亿日元增加到 1981 年的 6125 亿日元,1985 年又进一步增加到 12725 亿日元,比 1975 年扩大了 63.63 倍,1982—1989 年,日元在国际债券中的比重由 4.9% 提高到 8.3%。日元对外贷款由 1975 年的 252 亿日元增加到 1985 年的 24920 亿日元,扩大了 93.89 倍。1982—1989 年,日元在国际贷款中的比重由 3.7% 提高到 4.7%。日元债券在欧洲市场上的发行额由 1979 年的 250 亿日元增加到 1985 年的 14457 亿日元,扩大了 57.83 倍。1986 年 12 月东京离岸金融市场(JOM)成立以后,日元国际化进程进一步加快。JOM 创立时的市场(资产)规模为 550 亿美元,当月底即增加到 937 亿美元,至 1991 年 6 月底已达到 5629 亿美元的规模。1988 年末,日本对外资产和负债中日元的比重已分别到 38.4% 和 39.5%,1999 年末略有下降,分别为 35.7% 和 36.5%[①]。

自 20 世纪 80 年代日本推行金融国际化以来,短期金融市场、资本市场以及外汇市场等资金筹措和运用场所的开放度逐步提高,这就为日元国际化提供了一个比较完善的外部环境。再加上日本经济和贸易的持续发展,经济实力强大,日元汇率稳定上升,从而大大促进了日元国际化的进程。自 1984 年 5 月日美两国政府成立日元美元委员会并发表《美日日元、美元委员会报告书》以来,随着日本经济实力的不断增强和自由化、国际化进程的展开,日元的国际化也取得了长足的发展。从当时日元国际化的进程来看,具有两个主要特点,一是国际化的推进速度比较快,已经引起了各国的广泛注目;二是 20 世纪 90 年代初日本"泡沫经济"崩溃后,日元国际化进程一度停滞不前,日元在国际金融市场上作为国际货币被使用、流通、储备的程度,与日本经济在世界经济中所占比重极不相称(见表1)。

表1　日、美、欧盟(EU)的经济规模与使用通货比较　　　　　单位:%

	美　国	日　本	EU15 国
经济规模比较			
名义 GDP(1996 年)	25.4	15.8	29.5

---

① ［日］《国际金融》1991 年 3 月 15 日,第 19 页。

续表

	美　　国	日　　本	EU15 国
贸易（1996 年）	13.5	7.1	37.5 （注 1）
使用通货比较			
世界贸易（1992 年）	48.0	5.0	31.0
全世界外汇储备（1997 年末）	57.1	4.9	22.4 （注 2）

（注 1）包括 EU 区内贸易

（注 2）德国马克、英镑、法国法郎、欧洲货币单位的合计

另外，根据日本大藏省 1998 年 12 月发表的统计数字，在 1997 年的日本对外贸易中，用日元计价的比重仅占进口总额的 22.6% 和出口总额的 35.8%，而在主要发达国家进出口贸易总额中用各自货币计价的比重分别为美国的美元占进口的 85.0%、出口的 95.0%（1988 年）；英国的英镑占进口的 40.0%，占出口的 57.0%（1988 年）；德国的马克占进口的 55.9%，出口的 77.0%（1992 年）。

二、日元国际化的后续进展

（一）日元国际化的战略考虑及推进措施

20 世纪 90 年代末，在新的国内外经济形势下，有关日元国际化的议论再度高涨，日本政府也对日元国际化问题表现出空前的热情，并将其作为日本金融改革及经济全球化战略的重要一环，重新提到经济、社会发展的议事日程上来。

从经济发展战略的角度来看，日本政府之所以再次采取一系列措施积极推进日元国际化，主要基于以下几点考虑。

第一，1997 年爆发的亚洲金融危机，使东南亚各国蒙受了巨大损失，经济发展进程严重倒退。东南亚各国此前所长期实行的本国货币与美元挂钩的汇率制度，也暴露出其不稳定性等一些缺陷。一些东南亚国家开始认识到，过分盯住美元是导致本国陷入金融危机的重要原因之一，转而提出希望在今后的对外贸易、投资活动中增加日元使用比重的要求。对于日本政府来说，这将是推行日元国际化或日元"亚洲化"（在亚洲建立"日元圈"）的一个绝好机会。

第二，1999 年 1 月，作为欧盟统一货币的欧元正式启动，成为继美元之后的又一种新的国际货币，从而形成当今国际货币体系中的"两极通货"格局。美元、欧元两极通货格局的形成，不仅对国际货币体系的原有格局产生了重大影响，带来了新的变数，而且也给亚洲货币体系特别是仍在国际化进程中止步不前的日元带来了一股新的冲击波，形成一股新的压力。日本政府有关决策层由此意识到，日元事实上已经"沦落"成为一种"地区性的货币"。

第三，20 世纪 90 年代中期以后，桥本内阁全力推行旨在恢复日本经济活力及国际金融中心地位的金融体制改革（日本版 Big Bang）。这项以自由（Free）、公正（Fair）、全球化（Global）为三大原则、以日元国际化为改革目标之一的金融体制改革，大大推动了日本金融

市场的对内对外开放,同时也为日元进一步走向国际化,在亚洲金融市场及国际金融市场发挥更大作用提供了有力保证。

随着国内外经济形势的急剧变化,日本政府也一改以往那种不紧不慢的姿态,转而积极推进日元国际化进程。在1998年5月召开的亚太经合组织(APEC)财长会议上,当时的日本大藏大臣首次正式宣布,日本政府将全力推进日元国际化。同年6月1日,自民党金融问题调查会成立日元国际化问题小委员会,就完善日本短期金融市场、允许非居民自由准入、撤销源泉税和印花税的征收、排除对外贸易及对外官方援助活动(ODA)中以日元计价的各种障碍等问题,展开深入研究。与此同时,外汇审议会也于同年7月成立日元国际化专门分会,并于11月发表了《关于日元国际化——中间论点归纳》。在此基础上,大藏省于12月22日出台了《日元国际化的推进措施》。

1999年年初,时任日本首相的小渊惠三出访欧洲,向各国政要阐明,日本政府应该为稳定国际货币体系作出贡献,正竭尽全力推进日元国际化的环境建设。同年4月,外汇审议会提出《面向21世纪的日元国际化——世界经济、金融形势的变化与日本的对策》的报告。该报告就以往政府有关部门所担心的一些问题,如日元国际化会引起外汇市场的动荡不安及金融政策失灵等,作了积极而明确的回答,并强调指出,在新的经济形势下,提高日元在国际贸易及国际投资中的使用比例,推进日元国际化,不是弊大于利而是利大于弊。它将有助于日本的企业降低其在对外贸易及资本交易中的汇率风险;有助于日本的金融机构降低其筹措外汇的风险,提高其国际金融市场上的竞争力;有助于广大国际投资者及各国中央银行分散其投资、经营风险;最终有助于日本经济、亚洲经济以及整个世界经济的稳定与繁荣。

同年9月,日本政府成立了以日本国际通货研究所理事长行天丰雄为委员长,由日本产、官、学各界知名人士组成的"推进日元国际化研究会",为进一步推进日元国际化而从理论上、政策上进行深入研究与广泛调查。该委员会在几经讨论、深入研究的基础之上,于2000年6月30日发表了《推进日元国际化研究会中间报告》。该报告对推进日元国际化的具体设想、计划、方式、手段及综合战略作了详尽阐述,提出了一些重要的政策建议。可以认为,这份报告大体上反映了日本政府在推进日元国际化问题上的基本原则和立场。

（二）日元国际化推进研究会中间报告（2000年）

1. 提高日元资金筹集和运用的便利性

关于提高日元的资金筹集和运用的便利性,大藏省听取了外汇审议会的有关意见,于1998年12月发表了一系列具体的推进政策,如在市场中开始公开招标发行政府短期证券(FB)、重新评价税制等。并且,在外汇审议会的答辩会议上,也提出了各种各样的政策建议。以此为依据,依次实施以下措施。期待今后能增加非居民的资金筹集与运用。

为了提高日元资金筹集和运用的便利性,政府采取了如下相关举措:

(1)从1999年4月起,开始FB的市场公开招标发行。

(2)1999年4月1日以后发行的、满足一次性登录等条件的折价短期国债(TB)、FB,作为差额返还,免征发行时的印花税。

(3)非居民、外国法人所购买的附息国债的利息,若满足一次性登录等一定条件,1999年

9 月 1 日以后才开始计息,不予征税。

（4）有关国债发行年限的多样化问题,于 1999 年 4 月引进 TB1 年期国债,同年 9 月引进 30 年附息国债,2000 年 2 月引进 5 年附息国债,同年 6 月引进 15 年浮动利率国债。并将于 2000 年下半年引进 3 年期折价国债。

（5）为了提高国债交易中的透明度,1999 年 1 月废除国债的提前偿付条款,同年 3 月开始实行事前公布招标日程及发行额的制度。

（6）为了实现高流动性的国债流通市场,决定于 2001 年 3 月引进国债的再展开方式。

（7）日本银行应于 2001 年 1 月 4 日开始实行国债清算的即时总清算化（RTGS）,与民间金融机构一起推进相关业务。

（8）就有关国债文档规则（有关债券清算延迟的决定）,日本证券业协会定于 2000 年 4 月汇总并公布规划方案,与国债清算的 RTGS 化同时实施。

（9）金融审议会第一分会"有关证券清算体系改革的 WG",就建立更安全、更高效的日本证券清算体系所必需的法制环境、市场惯例等问题,发表汇总了基本思想的《关于面向 21 世纪的证券清算体系改革》。

外汇审议会报告中所提议的欧美证券市场上的各种债券、交易方式以及证券清算体系的改革等,应当认为有进一步积极研讨的必要。另外,关于 1999 年 9 月实施的非居民国债利息不征税制度,如何通过所谓的全球监管协会（与大型机构投资者等签订契约,对该机构投资者进行国际分散投资的各国证券给予一元化的存款保护、行使权利、接受本息等,以此为业务的金融机构）促进非居民广泛利用,已成为重要课题。根据非居民金融交易的实际状态,如何继续确保既适当征税,又促进非居民持有国债,这是一个重要的课题,有必要尽早作出结论,并为解决此问题,采取适当的对策。

正如外汇审议会报告中所指出的那样"在所有方面都最大限度提高国债的市场利率指标,进一步促进资本回报率曲线的有效形成,是日元资产在国际上被利用的必要条件。从日元国际化的观点来看,国债流通市场的完善也非常重要。如前所述,日本已经实施了各种各样的措施,但仍有必要继续致力于完善国债流通市场"。

2. 重新审视在贸易、资本交易中主要支付货币的惯例

外汇审议报告指出,"正值当今内外经济状况剧烈变化的时期,有必要重新审视迄今为止的惯例,从新的角度研究日元的使用""重新审视与外汇市场上的主要支付货币相伴的风险与成本,重新审视在迄今为止的贸易交易中的主要货币的现状,研究在具体的单项交易中扩大以日元为支付货币的交易的可能性"。

外汇审议会的"贸易资本交易分会"根据以下两点变化。

（1）亚洲货币危机后,许多亚洲国家的汇率制度,实际上已从联系汇率制转向了浮动汇率制。

（2）日本的企业已逐渐从销售额至上主义转向了重视利益和风险的经营方式。

指出扩大以日元为支付货币的交易的新可能性已经出现,今后,这一趋势将会进一步发展,一项促进亚洲范围内扩大以日元为支付货币的交易的未来战略,正通过商社、企业、厂家反映出来。报告还指出以下趋势。

（1）在作为海外投资者的资产运用指标的债券指数中,以日元为支付货币的债券比率在上升。

（2）基础价差在缩小。

（3）美国套期保值会计原则发生变更（货币交换的市价评价）。

（4）随着对内直接投资的增大，对筹集日元资金需求的增加，非居民有增加发行以日元为支付货币的债券的倾向。

虽然从某些方面可以看到上述积极的动向，但是从贸易、资本交易的整体来看，依然看不到以日元为支付货币的比率出现明显上升的趋势。

经济同友会在 2000 年 5 月份发表的《从民间看日元的国际化》（以下为经济同友会报告）中指出，根据以会员企业和亚洲各国为对象所实施的问卷调查与听证，针对日元国际化的现状，日本企业的评价"多数日本企业都感觉到，在现有的内外政治、经济框架下，要增加日元的使用比例并不是一件容易的事情"，而亚洲各国的评价则是"在亚洲，已经在国际交易中确立了以使用美元为前提的体系，因此不认为有扩大日元使用的必要性"。

根据对在日本主要产业销售额中外汇影响部分（外汇风险比率）所占比率的实证研究得出，自 20 世纪 80 年代中期以来，外汇风险比率在很长一段时间内停止不动，甚至有上升的倾向。另外，实际上标榜在外汇风险问题上保持 100％中立化的日本企业并不多，而有一些企业则将汇率变动看作经营机会。

在如何看待日本企业在对美国出口中，以美元为支付货币的交易比重非常大这一现象，有一种意见认为，通过市场导向型定价行为理论（Pricing to Market，PTM）可以解释说明。即通过以美元作为支付货币，可以稳定当地以本国货币表示的价格，维持一定的市场份额，实现预期利润最大化。

但是，要使 PTM 行为成为预期利润最大化行为，就应当注意该出口商品的需求函数必须满足一定的条件。对于一些市场竞争力弱、产品差别化小的商品，PTM 行为成为合理化行为的可能性很高，但在日本对美国的出口商品中，市场竞争力高、产品差别化可能性大的商品却很多。特别是有必要注意在德国企业的对美出口中，以美元为支付货币的交易比率比日本低。

一般认为，今后在亚洲各国成长的过程中，针对其旺盛的资金需求，日本提供其丰富的日元资金已成为重要的课题。至于为何以日元为支付货币的资金筹集一直无甚进展，原因之一就是日本进口贸易中以日元为支付货币的比率很低，日元为支付货币的现金流量极少。因此，一般认为，尽快扩大以日元为支付货币的进口，已成为推进日元国际化的关键之一。

若制成品进口比例大幅度上升的话，则今后以日元为支付货币的进口比例上升的空间还很大。在经济同友会的问卷调查中，就提高以日元为支付货币比例这一问题，认为进口比出口可能性大的回答居多。今后关于以日元为支付货币的进口的具体促进措施，还需进一步研究。对此，有人认为，扩大内需，增加进口绝对额也很重要。

（三）加强亚洲区域内的合作

正如在外汇审议会报告中所指出的那样，"在推进日元国际化的过程中，当前谋求在与日本渊源极深的亚洲进一步扩大使用日元是现实可行的"。可以认为，提高在亚洲贸易与资本交易中以日元为支付货币的比例，是当前最重要的课题。为此，有必要从亚洲伙伴的立场上考虑，怎样才能在亚洲使用日元。

经济同友会报告指出,"亚洲各国总体上对日元国际化比较漠然""在亚洲区域内的国际交易当中,以使用美元为前提的体系已经确立,感受不到扩大使用日元的必要性,而且由日本提出日元国际化的政策课题,其本意何在,难以猜测。一部分国家对此抱有戒心,担心日本在日元国际化的名义下,将外汇风险强行转嫁给自己。"

有必要注意,日本对"日元国际化"的概念与认识,均基于日本方面的观点。可以认为对亚洲各国来说,他们关心的当然并不是日元国际化本身,而是在各国或在亚洲区域内如何构筑稳定的汇率机制,或如何促进与日本及亚洲各国的贸易、资本交易,日元国际化对其能有什么样的贡献,等等。因此,日本首先和亚洲各国讨论的应该是在亚洲各国,什么样的汇率制度比较恰当,或者在亚洲,应该构筑什么样的区域性的汇率稳定机制;其中,日元应起到什么样的作用;为此,有必要进行什么样的区域内金融合作,等等。其结果,若亚洲货币对日元比率能相对稳定,日元的资金筹集以及运用的便利性进一步提高,就能相应地反映出贸易、资本交易等实际交易状况,从而提高日元计价的比率。

在亚洲10个国家和地区(东盟4国、亚洲四小龙、中国、日本)1997年的贸易总额中,出口的46%、进口的50%均为区域内贸易,由此可见亚洲经济的相互依存关系非常强,许多亚洲国家之间的贸易依存度甚至高于欧洲。鉴于亚洲区域内贸易的比重已上升到近50%,的确到了应该认真研究如何在亚洲区域内构筑起一个区域性汇率稳定机制的阶段。

在这次货币危机前,各国普遍认为,以往所采取的盯住美元汇率制度,通过其反射性效果,保持了区域内各国汇率的相互稳定,并为区域内贸易及投资的发展奠定了经济基础,作出了相应贡献。但是,通过这次货币危机,已经明显暴露出了盯住美元汇率制度的风险。今后,亚洲各国为了实现区域内货币的相互稳定,有必要构筑一种实质上可以代替盯住美元汇率制的新的稳定的汇率机制。

考虑到亚洲各国经济发展阶段差异极大这一实际情况,在探讨区域性汇率稳定机制时,采取与"自由贸易区域"的形成一样的两国间协定或区域协定等多层次、多阶段的组合方式,将是有效的和现实的。

例如,东盟各国根据东盟自由贸易协定,一致同意到2018年为止,废除区域内关税,真正形成"自由贸易区"。可以认为,如同欧洲的经验所启示的一样,在"自由贸易区"内,为了促进贸易与投资,同关税税率水平相比,区域内汇率的相对稳定更为重要。对于东盟各国来说,使汇率继续保持足够幅度的弹性,并与共同货币篮子相挂钩,将是一种选择。其中,增强亚洲货币与日元的联系,将可以使亚洲货币对日元的汇率相对稳定。

关于亚洲各国的汇率,根据对美元、日元、欧元所作的回归分析,有意见认为,1998年下半年以来,回归系数正在逐步回到货币危机前的类型,亚洲各国的汇率制度,实际上也逐步恢复到货币危机前的与美元相挂钩的汇率制度。

然而,看一下回归系数的动向就可知,虽说1998年下半年以来,亚洲各国的货币与美元的关系再次加强,但有时也会出现与美元之间的回归系数偏低的情况,而且亚洲各国与美元这种关系并不稳定,因此,不能说已完全回到货币危机前的类型。再说,仅依靠回归分析,也未必能充分把握各国外汇政策的实际状态。例如,市场相关人士就指出,韩国的货币当局,所实施的是一种既重视稳定对美元汇率,也同样重视稳定对日元汇率的外汇政策。从亚洲货币对日元汇率及对美元汇率的变动(同上月相比变化率的标准偏差)情况来看,与亚洲货币危机前相比,亚洲货币危机后,对日元汇率与对美元汇率之间的差距也在缩小,对日元汇率正变得相对稳定。

亚洲各国在克服货币、金融危机后的经济困难的过程中，就区域合作的重要性，正逐步形成一种共识。在这种共识下，1999年11月在马尼拉召开了东盟＋3（日本、中国、韩国）的非正式首脑会议，"就具有共同利益的金融、货币及财政问题加强政策对话、调整及合作"达成一致。可以认为，这对加强亚洲区域合作是至关重要的第一步。

在2000年5月于泰国清迈召开的东盟＋3财政部长会议上，以1999年11月的首脑会议为基础，在扩大东盟货币互换安排的同时，也就构筑东盟、中国、日本及韩国间的双边货币互换及因特网的建设等问题（清迈提议），达成了一致意见。

考虑到亚洲各国的多元结构，可以认为，在加强货币当局间的区域合作时，通过扩充、组成一种两国间及多国间的合作，进而构筑一个多层次的区域内金融合作框架，是现实有效的。

东盟＋3各国的外汇储备，合计超过7000亿美元（至1999年年底）。本合作框架内的参与国，使用相互间外汇储备的一部分来密切金融合作，对该地区货币市场和稳定都具有很深刻的意义。并且，充分利用各国货币之间的交换机制，进一步完善亚洲货币间直接交易的外汇市场，构筑一个资金清算系统，都有可能扩大亚洲货币间的交易。

针对这种情况，外汇审议会发表的《亚洲经济金融重建计划》报告书，强调了区域性努力的重要性，并就促进区域内贸易与投资、相互稳定区域内汇率、促进区域内政策对话、构筑区域内金融合作框架等问题提出了建议。

可以认为，加强亚洲区域内的合作，在提高日元资金运用及筹集便利性的同时，也有可能改变亚洲地区国际货币的选择结构。

（四）日元国际化的综合战略

人们普遍认为，作为交换手段的国际货币，具有很多惯性，即交易成本低（高便利性）的国际货币大家都使用，而正因为大家都使用则交易成本更低，从而形成一种反馈，一种"规模经济"在起作用。

这种国际货币的惯性现象对于日元国际化，则产生一种逆向反馈（因为大家都不使用日元，所以交易成本变高；因为交易成本高，大家都不使用日元）的同时，更派生出以下各种各样的逆向反馈。

（1）日元汇率波动幅度大。一般认为，在贸易交易中不使用日元的理由之一就是日元汇率波动幅度大。另一方面，也有人指出："本国出口企业以外币为支付货币的合同比例偏高，并且以偏向美元支付的交易为主，没有通过多种货币结算来分散风险。因此，当突然发生日元升值、美元贬值的震荡时，就会引起一些出口企业因抛售美元而更加疯狂抛售美元的连锁反应，使外汇市场出现波动"。

（2）日元与亚洲货币间的外汇市场尚未完善。外汇审议报告书中指出，在与日本经济联系紧密的亚洲之间的贸易，特别是在进口贸易中，以日元为支付货币的比例不高的原因之一，是"日元与亚洲货币间的外汇市场尚不成熟，无法自由地使用日元"。另一方面，在实务部门，有很多人认为，如果在与亚洲的贸易交易和资本交易中，以日元为支付货币的交易停滞不前，无法增加对日元的实际需求的话，则创立日元与亚洲货币进行直接交易的外汇市场是很困难的。

（3）亚洲各国事实上盯住美元的汇率制度。外汇审议报告书还指出，在与亚洲的贸易中，以日元为支付货币比例不高的另外一个原因是，"迄今为止许多国家的货币都与美元挂钩，所以造成了对日元汇率的不稳定"。另一方面，在贸易和资本交易中，既然以美元为支付货币的比例高，以美元为支付货币的债权、债务多，亚洲各国就不得不重视稳定对美元的汇率。

一种意见认为，国际货币惯性作用的结果，使得"如果不完善实体经济的环境，则从使用美元转换为使用日元，只会带来交易成本的增加。民间企业采取的是追逐利益的行动。如果外汇风险加大，交易成本增加，则不可能将交易货币从美元变更为日元"。在"贸易、资本交易分会"的讨论中，还有一种意见认为，从民间角度来看，"决定贸易结算货币的主要因素是'经济合理性'，其结果自然是不使用日元"。

在国际货币惯性起作用时，虽说也存在外汇风险问题，但使用大家都使用的国际货币（基础货币），对每个个别经济主体来说也许就是"经济合理性"选择。但是这并不一定意味着该选择对全体社会是经济合理的。正如外汇审议报告书中所指出的一样，日元国际化不仅会对国际货币体制的稳定化及亚洲各国的经济稳定做出贡献，也会给日本经济带来各种各样的好处。不过，虽说有诸多好处，日元国际化却停滞不前。

为了摆脱这种状况，一般认为有以下三种战略。

（1）通过改变与国际货币选择相关的结构自身，使使用日元对每个个别经济体来说都变成经济合理的选择。

外汇审议报告书认为，"要推进日元国际化，首先必须提高对日元的信任度。同时，积极完善日元在国际交易中的使用环境也是必不可少的。"并且在完善金融、资本市场环境，改善清算系统等完善各种环境方面，报告书都提出了建议，并且敦促早日实现这些建议。此外，参加外汇审议会"亚洲经济、金融复兴专门分会"讨论的亚洲有关人士也指出，在亚洲各国货币篮子制度下，若要提高日元比重，则必须提高日元的资金运用与筹集的便利性。

另外，经济同友会的报告也认为"在实体经济方面，如果没有提高日元使用必要性的相关对策，则日元国际化不会有进展""只有当亚洲相互依存关系与区域内合作的对策奏效时，作为其结果的日元国际化才会有所进展""如果继续深化这种关系，则区域内交易活跃、区域内相互间外汇市场的稳定就会越来越重要，将区域内主要货币或与此相当的货币确定为基础货币的因素就会越来越大"。报告建议，日本应与亚洲合作，"推进包括日本在内的亚洲经济相互依存关系及区域内合作的深化，从政府到民间的各个层次上都采取相应对策"。

（2）在与国际货币的选择相关的结构因为若干因素发生巨大改变的时候，每个个别经济主体会重新评价迄今为止的货币选择是不是经济合理的选择。有一种观点认为，"在以使用美元为前提所确立起的偿付基准现状下，即使提高日元的自由使用程度，也难以推进日元国际化"。但是众所周知，即使是在"规模经济"起作用、偿付基准已经确立的情况下，因内外环境的变化，偿付基准仍有急速转变的可能。

正如外汇审议报告所指出的那样"在如今内外经济状况即将发生巨大变化的时期，有必要重新认识迄今为止的惯例，从新的角度研究日元的使用问题"。

（3）各相关部门协调行动，即官民一体，继续致力于扩大日元的使用。外汇审议报告指出"迄今为止，包括对日元的认识改革在内的官民双方的努力和重新认识是十分必要的，同时也有必要充分认识到,这也是今后面向 21 世纪的一个需要长期努力的课题"。参加外汇审议会"亚洲经济、金融复兴专门分会"审议的亚洲有关人士也指出,推进日元国际化,需要亚洲区域的合作与努力。

但是,考虑到先前所述的国际货币惯性的强大力量,应当指出,仅靠实施上述三种战略中的某一种战略,或实施外汇审议报告中所提出的各种建议中的某些建议,仍然是无法摆脱目前这种状况的。必须以官民一体的努力(协调性行动)为基础,在实施提高日元资金筹集及运用的便利性、强化亚洲区域内合作等各种措施的同时,促使亚洲各国相关部门不断地重新认识以往的"惯例",从新的角度探讨日元的使用问题。为此,日本方面要作长期的、顽强的努力。

三、日元国际化的发展前景

日元国际化已成为日本经济发展战略的一项重要目标。迄今政府已从税收、金融、贸易结算手续等方面着手,采取一系列制度上的改善措施。但是就日本经济本身而言,在目前的经济形势下,日元的国际化问题仍面临重重困难。

（一）日元国际化的前提条件

日元要作为一种国际货币为各国所广泛接受,就必须尽快稳定和健全其金融体系,通过复苏经济来恢复和提高人们对日元的信心,这是日元国际化的前提条件。

自 1991 年"泡沫经济"破灭以来,日本经济就一直在低谷中徘徊,年均增长率仅为 1.2%,1997 和 1998 年度经济连续负增长,陷入了前所未有的危机当中。与此同时,以长期信用银行为代表的金融机构接连破产,岛内危机四伏。进入 21 世纪以来,在政府先后推出总额达数十万亿日元的经济对策后,经济虽然略有回升,但是同美国相比,日本经济显然是被牵着鼻子硬拉着往前走,缺乏持久增长的动力。"泡沫经济"的后遗症也并未完全消除。截至 2001 年 3 月底,日本金融机构仍背负着 80.6 万亿日元的不良债权,约占国内生产总值的 1/6。这些都在宏观上制约着日元的国际化。

（二）与美元等主要货币保持相对稳定的汇率,是日元国际化不可缺少的条件

自 1973 年实行浮动汇率制以来,日元与其他货币之间的汇率上下浮动幅度一直很大,给国际贸易和金融机构的资产运作带来很大风险。1973—1995 年,日元与美元汇率变动在 10% 以上的年份共有 8 个。仅 1985 年后的一年间,日元升幅就达 40%。自 1995 年以来,日元从最高点 1 美元兑换 80 日元,贬至 1998 年 8 月的 1 美元兑换 147 日元,以后一直徘徊在 120 日元左右。

关于这一点,1999 年度诺贝尔经济学奖得主,以"最优货币区理论"而著称的美国哥伦比亚大学教授罗伯特·A.曼德尔也指出"日本要想保持日元的国际地位,维持日元的价值

和日本经济自身的稳定性是重要的条件。日本从 1948 年到 1973 年,在固定汇率制度下实现了经济的高速增长。在这期间由于经济极为稳定,具备了发挥亚洲金融中心作用的条件。

可是现在对于以亚洲为中心的日本的贸易对象国来说,日元汇率的忽涨忽跌成为相当不利的因素。1985 年 1 美元兑换 260 日元,1995 年却上升到 1 美元兑换 80 日元,现在是 120 日元左右。这样剧烈的变劲对于日本和全世界经济绝不是一件好事"。

同马克等欧洲货币相比,日元汇率不稳的一个重要原因是缺少一个能够与美元对抗的货币联防体系。为了维护日元的稳定,日本应该与其他亚洲国家建立一种协调体制。但是,这种体制的建立又需要日本从政治等各个角度切实为亚洲国家着想,忠实地履行自己的义务和职责,这不是一朝一夕能够做到的。

为此,曼德尔教授又指出"考虑在亚洲建立货币圈的可能性时,不能忽略中国因素。中国经济的规模很大且正在快速增长。要想在亚洲地区建立欧洲那样的共同货币,日本和中国的参加是绝对必要的。但是在政治条件完全不一样的日本和中国之间,建立欧洲式的货币圈,也就是形成共同的中央银行发行纸币的金融体系国,这明显是不可能的"。

(三)日元要想作为国际货币来使用,就必须确保国际市场有充足的日元供应量

对此,日本必须通过经常国外赤字向国外提供日元,而且前提必须是日本银行增加相当数量的基础货币。可是现在日本经济结构不适于出现国外赤字。因此很难向国外大量提供日元。

截至 21 世纪初,美元的货币发行余额为 4000 万亿美元,其中 2/3 在国外流通。而对于国外流通量极少的日元来说,如果在世界上出现抢购日元风潮,日元直线升值的话,日本经济就会变得极不稳定,这是显而易见的。瑞士之所以没有成为基础货币国,也是出于此种原因。因为它并不具备向国外提供充足的瑞士法郎的机制。

(四)日元的国际化还需要一个健全的国家财政作保障

在发达国家当中,日本财政状况的恶化是非常突出的。据经合组织预测,到 2000 年时,各国的财政收支与国内生产总值之比,日本为赤字 9%;美国为盈余 1.8%;德国为赤字 1.9%。在经合组织 25 个成员当中,日本的财政状况是最严峻的。另据大藏省统计,至 2000 财年日本中央和地方政府的总债券和总借款额占国内生产总值的 140%,2004 财年时已达到 200%。1999 年度中央政府 60% 的税收用于抵销债务,为此政府将不得不发行同样数额的债券以确保财政收入。日本面临着发达国家前所未有的债务危机,这无疑将使日元的国际化蒙上厚厚的阴影。

针对日本金融财政的这种严峻局面,曼德尔教授认为,"日本要想致力于国际化的实现,方向并不是在亚洲建立以日元为核心的货币圈乃至金融圈,不如在美元和欧元两大货币圈存在的前提下,选择稳定日元对美元汇率和对欧元汇率的第三条道路。这是当今国际金融体制改革中日本应该起到的作用"。

参考文献

［1］ Courtis，Kenneth S. A Big Bang or a wee whimper? ［J］. Look Japan，1997.

［2］ International Monetary Fund. Japan-Selected Issues［R］. IMF Staff Country Reports，1997.

［3］ Organization for Economic Cooperation & Development. Regulatory Reform in Japan ［R］. OECD，1999.

［4］ 宫崎义一. 泡沫经济崩溃后的日本——复合萧条论［M］. 北京：中国人民大学出版社，2000.

［5］ 奥村洋彦. 日本——"泡沫经济"与金融改革［M］. 北京：中国金融出版社，2000.

［6］ 面向 21 世纪的日元国际化［R］. 1999.

［7］ NRI 野村综合研究所. 日元国际化［J］. 1999，99：16.

［8］ 松永嘉夫. 日元经济学［M］. 日本：讲谈社，1970.

［9］ 河合正弘. 日元为什么会升值［M］. 日本：东洋经济新报社，1995.

［10］ 日本财政部. 促进日元国际化的研究［R］. 2000.

［11］ 多田井喜生. 日元的涨跌［M］. 日本：东洋经济新报社，1997.

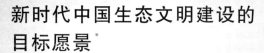

新时代中国生态文明建设的目标愿景[*]

庄贵阳[1]　丁斐[2]

1. 中国社会科学院城市发展与环境研究所；2. 中国社会科学院大学

摘要：以习近平生态文明思想科学内涵为指导，系统分析了生态文明建设基本原则和生态文明体系建设之间的逻辑关系，探讨了生态文明建设目标愿景与全球绿色低碳可持续发展目标取向的契合性。在此基础上，明确了从 2020 年到 2050 年生态文明建设新的"两阶段"目标愿景。着眼于新时代中国生态文明体系建设，从生态文化体系、生态经济体系、目标责任体系、生态文明制度体系和生态安全体系建设五个角度，提出面向 2050 年的生态文明建设短期、中期和长期行动导向。

关键词：习近平生态文明思想，目标愿景，可持续发展，新时代

一、引　　言

作为新时代中国特色社会主义建设"五位一体"总体布局以及"四个全面"战略布局的重要组成部分，生态文明建设不仅为实现中华民族伟大复兴和建设社会主义现代化强国提供了必要的物质基础，也是引领全球生态文明建设治理、携手世界各国打造人类命运共同体的重要举措。

从国内层面来看，党的十九大报告生动地描绘了"分两步走"的社会主义现代化建设目标愿景，将生态文明建设与社会主义现代化建设紧密结合起来，对生态文明领域内的现代化建设提出了更高的要求。2018 年 5 月，习近平总书记在全国环境保护大会的讲话中提出了生态文明建设的基本原则，并提出要加强生态文明体系建设，目的是将生态文明理念贯彻到经济建设、政治建设、文化建设、社会建设等各个方面[1-2]。从国际层面来看，中国正在积极

---

　*　作者简介：庄贵阳，博士，研究员，博导，主要研究方向为生态文明战略和绿色低碳发展政策。E-mail：zhuang_gy@aliyun.com。丁斐，博士研究生，主要研究方向为可持续发展经济学。E-mail：dingfei@ucass.edu.cn。

　　基金项目：中国社会科学院创新工程重大专题项目（2017YCXZD007）。

落实联合国《2030年可持续发展议程》[3]和应对气候变化《巴黎协定》[4]。中国在《巴黎协定》下的国家自主贡献目标提出要在2030年左右碳排放达到峰值并争取尽早达峰[5]。这表明中国生态文明建设的目标愿景与全球可持续发展进程和气候治理在时间点上具有契合性，因此有必要在全面建成小康社会的基础上，统筹国内国际两个大局，对标十九大报告提出的"两阶段""两步走"发展战略安排，进一步明确面向2050年生态文明建设的目标愿景和行动导向，制定生态文明建设的中长期规划和阶段性任务，从而推动生态文明建设实现制度化、规范化。

二、生态文明建设的目标愿景

进入21世纪以来，中国愈发重视生态文明建设在经济社会发展过程中的基础性作用。早在2007年，党的十七大报告中首次提出把生态文明建设作为党的执政纲领和国家重大发展战略，这在世界上尚属首次[6]。2015年，中共中央国务院出台《关于加快推进生态文明建设的意见》，从顶层设计角度点明了2020年生态文明建设的目标愿景[7]。党的十九大报告进一步描绘了到21世纪中叶生态文明建设的总体目标愿景，将生态文明建设目标与"两阶段""两步走"的历史任务有机结合起来，明确了2035年和21世纪中叶两大历史节点的生态文明建设目标。

面向2050生态文明建设目标愿景包括两层含义。第一层含义是"目标"，第二层含义是"愿景"。根据《现代汉语大词典》的词条释义，"目标"可理解为希望达到的地方或标准，而"愿景"代表着希望看到的情景。因此面向生态2050生态文明建设目标愿景既包含着对美丽中国的美好希冀，也要体现具体的实现标准。

确立面向2050生态文明建设目标愿景，是一个宏伟的目标，并非无本之木的空谈，而是有着充分的现实依据，是基于我国现实国情所做出的必然抉择。党的十八大以来，我国生态环境质量持续好转，主要污染物排放量呈下降趋势，但依然处在历史高位，生态文明建设任务虽然取得一定成效，但依然任重道远。必须通过进一步加强生态文明建设工作，彻底扭转社会主义现代化建设过程中突出的环境问题，真正实现人与自然的和谐共生。富强民主文明和谐美丽的社会主义现代化强国建设，设置高标准严要求的生态文明建设目标，既是解决经济社会发展过程中主要矛盾的客观要求，也与参与全球生态治理，推动人类命运共同体建设激励相容。

中国环境与发展国际合作委员会的报告建议，2020—2035年为追赶和全面深化改革期，中国将在环境治理方面追赶发达国家，不只是生态环境得到根本改善，还要通过全面深化改革，在生态文明基础上建立新的绿色发展模式；2035—2050年为赶超和部分领先期，2035年转型成功，是2050年目标成功的基础[8]。从生态文明建设的内涵出发，两阶段的生态文明建设具有如下愿景。

第一阶段的时间跨度为十五年，从全面建成小康社会开始，到2035年基本实现社会主义现代化目标结束。这一阶段，生态文明建设的目标愿景表现为节约资源和保护环境的空间格局、产业结构、生产方式、生活方式总体形成，生态环境质量实现根本好转，生态环境领域国家治理体系和治理能力现代化基本实现,美丽中国目标基本实现。从这一时期生态文明建设目标导向性强,其主线是要把生态文明理念贯穿文化领域、经济领域、政治领域、社会发展领域等各个领域,实现生态文明建设的制度化、常态化。到 2035 年,这一时期,我国的主要任务仍然是实现工业化、城市化、现代化,争取到 2035 年,污染物排放趋零,存量大幅削减,污染控制自然净化为主。生态系统自身良性循环,自然资产存量得以恢复,生态红利不断放大,实现生态中性即没有生态赤字的增长,环境民生和经济福祉达到中等发达国家水平。

第二阶段时间跨度为十五年左右,从基本实现社会主义现代化的 2035 年开始,到 2050年以建成富强民主文明和谐美丽的社会主义现代化强国为结束。这一阶段,生态文明建设的目标愿景表现为物质文明、政治文明、精神文明、社会文明、生态文明全面提升,绿色发展方式和生活方式全面形成,人与自然和谐共生,生态环境领域国家治理体系和治理能力现代化全面实现,建成美丽中国。与第一阶段的目标愿景相比,第二阶段更突出愿景的属性,是对社会主义现代化强国的展望。即到 2050 年,全面建成生态繁荣的文明社会,引导生态文明时代的人类命运共同体建设。污染零排放,污染存量被去除,恢复自然本原状态。生态系统更具生态韧性,生态红利持续释放,人与自然均衡和谐,实现生态繁荣。生态文明社会规范体系基本建成并良好运行,生态文明制度体系建设更加完善,全面实现生态环境领域国家治理体系和治理能力现代化。

三、全球可持续发展的目标指引

从现在起到 21 世纪中叶也是国际社会落实应对气候变化《巴黎协定》和联合国《2030可持续发展议程》的关键时期,与面向 2050 的"两阶段""两步走"的奋斗目标有着共同的价值取向。为此,中国积极参与并加速推进这一进程,致力于在 2030 年初步实现社会主义生态文明,到 2050 年正式迈进生态文明新时代,将是对全球绿色低碳转型的巨大贡献和有效引领。

(1)全球《2030 可持续发展议程》。2015 年,联合国审议通过了《2030 年可持续发展议程》,为未来 15 年世界各国发展和国家发展合作指引方向。《2030 年可持续发展议程》是对联合国千年发展目标(MDG)的继承、延续和深化,下设 17 项可持续发展目标以及 169 个相关具体目标,不仅关注消除贫困、饥饿等传统议题,也在生态环境治理、应对气候变化等领域提出要求,希望到 2030 年全球实现经济发展、社会包容与环境的可持续性。

党的十八大报告确立了"五位一体"的总体布局,旨在推动中国特色社会主义建设事业不断向前迈进,进一步提高人民生活水平,增进人民福祉。特别是在"五位一体"总体布局中倡导生态文明建设,这与联合国《2030 可持续发展议程》在核心主旨上相吻合,在发展目标上相一致,在制度安排上激励相容。因此,可借鉴联合国可持续发展目标中的相关内容,指导我国生态文明建设事业。只有将可持续发展目标本土化,并与中国政府的中长期发展战略规划相衔接,将可持续发展目标全面融入中国的发展政策和工程建设中,才能使可持续发展目标实现成为可能。

改革开放 40 年,中国的工业化进程突飞猛进,但资源环境瓶颈制约加剧,环境承载能力已接近上限。在解决自身环境问题的同时,中国更以理念和行动积极参与全球生态治理,是可持续发展理念的坚定支持者和积极实践者。中国已对联合国实现"千年发展目标"作出突出贡献,中国率先发布了《中国落实 2030 年可持续发展议程国别方案》,全面推进落实 2030 年可持续发展议程。

实现全球经济发展方式的绿色转型是经济社会可持续发展的基本前提。工业革命后建立的基于大量物质消耗的传统工业化模式,虽然给人类带来了巨大的进步,但这种以牺牲资源环境为代价的经济增长方式终究不可持续。相反,中国绿色转型倡导人与自然和谐共生,不仅同联合国可持续发展目标(SDG)高度契合,也代表着人类文明的前进方向。只有在生态文明的逻辑上,对工业文明发展范式进行系统性转变,才能在促进世界繁荣的同时,保护地球生态环境。

(2)《巴黎协定》与长期低碳排放发展目标。《巴黎协定》设定了全球应对气候变化的中长期目标,为避免全球变暖趋势进一步恶化,全球应对尽快实现二氧化碳等温室气体达峰目标,并努力在 21 世纪下半叶实现温室气体净零排放[4]。《IPCC 全球升温 1.5℃特别报告》指出,如果要避免气候变化的最严重影响,必须将温度上升限制在 1.5℃[9]。为了推动全球尽早实现深度减排,弥合各国自主贡献目标与全球 2℃温升控制目标之间的差距,《巴黎协定》邀请所有缔约方不晚于 2020 年向公约秘书处通报 21 世纪中叶长期温室气体低排放发展战略。

作为全球最大的温室气体排放国,中国始终致力于推动全球生态文明建设,携手世界各国,共同应对全球气候变化。《巴黎协定》凝聚着中国积极参与全球治理、与国际社会携手推进应对气候变化问题的努力。中国已经颁布了《国家应对气候变化规划(2014—2020 年)》,在开始制定"十四五"规划之际,非常有必要在长期低排放战略中进一步明确短期目标和中长期目标,明确"十四五"规划(2025 年)、碳排放达峰(2030 年)以及基本实现美丽中国(2035 年)和 21 世纪中叶(2050 年)不同时间节点的低碳排放目标和实施方案。

作为全球碳排放第一大国,同时又是世界上最大的发展中国家,中国积极推进碳减排工作,积极参与全球气候治理不仅是面向世界的承诺,也是自身发展的必然要求。这与面向 2050 生态文明建设目标愿景激励相容,只有建立明确的面向 2050 生态文明建设目标愿景,并转化为切实的行动,才能有效引领全球应对气候变化治理进程。鉴于中国作为全球第一排放大国而未受国际责难的主要原因在于中国零碳行动的情况,中国可再生能源利用的规模世界第一,中国碳市场的规模世界第一。对于国内可再生能源的开发利用,不仅使能源安全可控,成本更为低廉,还可以带动的产业链条更长和更多就业。因此,制定零碳导向或零碳引领的温室气体低排放发展长期战略,是一种责任担当,也是一种市场信号,有助于中国零碳产业技术的提升和零碳产业链主导全球市场。

四、生态文明建设的行动导向

党的十八大以来,生态文明建设事业已成为新时代中国特色社会主义建设"五位一体"

总体布局以及"四个全面"战略布局的重要组成部分。在 2019 年全国生态环境保护大会上，确立了习近平生态文明思想，科学概括了新时代推进生态文明建设必须坚持的六项基本原则，并强调要加快生态文明体系建设①。

实现面向 2050 生态文明建设目标愿景既需要"仰望星空"，也需要"脚踏实地"，这意味着要找准生态文明建设的政策发力点。面向 2050 生态文明建设目标是一场发展理念的颠覆性革命，必须将生态文明的发展思维贯穿经济社会的方方面面。为此，必须将加快构建生态文明体系作为实现面向 2050 生态文明建设目标愿景的行动指南。生态文明建设的指导原则与生态文明体系建设之间具有逻辑关联性（见表 1）。

表 1　生态文明体系建设与基本原则的内在关联

建设任务	指导原则	功能定位	目标导向
生态文化体系	人与自然和谐共生/美丽中国全民行动	精神动力	加快建设生态价值观、生态道德观、绿色发展观和生态政绩观
生态经济体系	绿水青山就是金山银山	物质基础	进一步提高经济社会发展可持续性，在经济建设中贯彻绿色发展理念
目标责任体系	良好生态环境是最普惠的民生福祉	基本要求	加快落实生态文明建设具体任务，回应人民群众切身环境利益诉求
生态文明制度体系	用最严格制度最严密法治保护生态环境/坚持共谋全球生态文明建设	制度保障	推动生态文明建设事业走向制度化、法治化进程，加快推进生态环境领域内国家治理体系和治理能力的现代化
生态安全体系	坚持生态兴则文明兴/山水林田湖草是生命共同体	安全基石	进一步增强生态系统韧性，为全球生态安全做贡献

资料来源：作者整理。

生态文化是整个生态文明建设事业的根本与前提，倘若忽视生态文化的基础性作用，整个生态文明建设事业将成为无本之木。一方面，生态文化是社会生产力水平不断向前发展的产物，是人类文明进步的体现；另一方面，生态文化为推动经济社会的可持续发展提供强大的智力支持精神动力。生态文化体系建设的核心目标是树立人与自然和谐共生的生态价值观，主张建立以尊重自然、顺应自然、保护自然为特征的生态文明时代人与自然关系。最终目的是将生态意识贯彻到人类社会的各个领域，形成资源节约、环境友好的现代生产生活方式。从生态文化体系建设来看，契合了"坚持人与自然和谐共生"原则，体现了生态文化体系建设的价值取向，加快建设生态价值观、生态道德观、绿色发展观和生态政绩观，为生态文明体系建设提供了最重要的精神动力。而"坚持建设美丽中国全面行动"则要求生态文化体系建设不能仅停留在意识层面，而是要"知行合一"，将生态意识转化为自觉的生态行动。

生态经济体系建设是生态文明建设的物质基础，既要求用经济手段解决发展过程中日

---

① 在全国环境保护大会上，习近平同志提出包括坚持人与自然和谐共生、坚持绿水青山就是金山银山、坚持良好生态环境最普惠的民生福祉、坚持山水林田湖草是命运共同体、坚持用最严格制度最严密法治保护生态环境、坚持共谋全球生态文明建设在内的六条基本原则，提出以生态价值观念为准则的生态文化体系，以产业生态化和生态产业化为主体的生态经济体系，以改善生态环境质量为核心的目标责任体系，以治理体系和治理能力现代化为保障的生态文明制度体系，以生态系统良性循环和环境风险有效防控为重点的生态安全体系。后来新华社授权发布的《中共中央国务院关于全面加强生态环境保护 坚决打好污染防治攻坚战的意见》（2018 年 6 月 16 日）中，追加了坚持生态兴则文明兴和坚持建设美丽中国全民行动两条原则。

益突出的资源环境问题，又要以绿色发展理念指导产业结构转型升级，促进经济发展与生态文明建设事业的有机统一。推动建立生态经济体系的根本原因在于当前中国社会的主要矛盾发生了根本性变化，对资源节约和环境友好的需求已逐渐由外在压力转变为内生动力。要建设人与自然和谐共生的现代化国家，就必须在经济建设的各个环节中牢固树立起绿色发展理念，既要促进生态文明建设与产业发展高度融合，走低碳、可持续的发展道路，又要积极探索绿水青山转化为金山银山的条件与路径，做到在发展中保护、在保护中发展，实现经济效益与生态效益同步增长。从生态经济体系建设来看，契合了"坚持绿水青山就是金山银山"基本原则，为生态文明体系建设提供了必要的物质基础。加快建设生态经济体系，需要走"产业生态化"和"生态产业化"道路，加快转变经济发展方式，进一步提高经济社会发展可持续性，在经济建设中贯彻绿色发展理念。一方面要积极挖掘减排潜力，走绿色、低碳的发展道路，另一方面要积极释放生态红利，将生态优势转变为经济优势，实现"绿水青山"和"金山银山"的双赢。

加快目标责任体系建设是生态文明体系建设的基本要求，目标科学责任体系可对生态文明建设起到引导和督导作用。目标责任体系是以生态文明建设为目标，对政府部门相关主体明确权责配置并实施问责的体制机制。生态文明各项建设事业重在落实。目前，我国正处于生态文明建设的关键时期，时间紧、任务重、难度大。为此，各级党委和政府必须牢固树立底线意识、红线意识，科学制定能够体现生态文明建设要求的目标体系、考核办法和奖惩机制，改革单一追求经济增长的考核体系。在目标设定阶段，应增强指标体系的合理性、科学性和民主性；在目标考核阶段，应确保考核过程的客观性、公正性和规范性；在目标应用阶段，应突出考核结果的激励性、实效性和导向性[10]。从目标责任体系建设来看，契合了"坚持良好生态环境是最普惠的民生福祉"这一基本原则，体现了生态文明建设的基本要求。生态文明建设以回应人民群众切身生态环境诉求、满足人民群众日益增长的优美生态环境需要为根本出发点和目标归宿。为此，必须强化目标责任体系建设，将生态文明建设的"底线意识""红线意识"与"以人民为中心"发展理念紧密相连，让生态文明建设经得起人民的检验，经得起历史的检验。

加强生态文明制度体系建设，就是要通过建立起行之有效的法律法规和规章条例，对生态文明建设进行有效规范约束和激励引导。目前，我国生态文明建设仍存在不同程度上的体制不完善、机制不健全、法治不完备等问题，造成生态文明制度体系的合力不足、驱动不够、执行不力，影响了生态文明建设进程。生态文明制度体系创新是保证生态文明建设方向和成效的关键，为此，应当结合新时代生态文明建设具体实践，以自然资源资产产权制度等八项制度为根基，扎实推进生态文明制度体系建设，推动生态文明建设事业朝着长效化、制度化、规范化道路迈进。从生态文明制度体系建设来看，契合了"坚持用最严格制度最严密法治保护生态环境"和"坚持共谋全球生态文明建设"两大原则，为生态文明建设提供了制度保障。其中，"用最严格制度最严密法治保护生态环境"是从国内层面来谈的，目前，以生态文明八项基本制度为核心的生态文明制度体系正在有条不紊地建设当中，并逐渐发展完善，为面向2050的生态文明建设事业提供制度保障。"坚持共谋全球生态文明建设"是从国际层面来谈的，意味着中国既要履行自身国际承诺，彰显负责任的大国形象，又要讲好"中国故事"，积极地将生态文明推广为国际主流，为构建人类命运共同体贡献中国理念、中国智慧和中国方案。

生态安全是国家安全体系的重要基石,生态系统是否安全不仅取决于生态系统是否能够提供经济社会发展所必需的物质资料,还取决于生态系统是否具有一定韧性,能够有效应对生态系统内部风险,化解资源约束,有效应对生态危机。加快生态安全体系建设不仅为生态文明体系建设提供了必要的自然基础,也成为践行国家总体安全观的重要内容。建设生态安全体系,要以生态系统良性循环和环境风险有效防控为重点,转变环境治理方式,从"末端治理"转为"前端治理",进一步恢复和提升生态韧性,提高防范化解生态环境领域内的重大安全风险的能力,确保生态风险给经济社会带来的损失处于可控状态。从生态安全体系建设来看,契合了"坚持生态兴则文明兴"和"坚持山水林田湖草是生命共同体"的基本原则,为生态文明建设提供安全基石。"坚持生态兴则文明兴"是从历史层面来谈的,通过学习一系列的历史经验教训,进一步强化底线思维和红线思维,认识生态安全对于经济社会发展所起到的根本性、决定性作用;"坚持山水林田湖草是生命共同体"是从现实层面来谈的,在经济社会发展的具体实践中,应当充分认识到自然界对经济社会发展的制约作用,坚持系统治理、科学治理。

五、结论与展望

按照新时代生态文明建设"两阶段""两步走"战略安排,面向 2050 生态文明建设目标愿景已然十分清晰,这也为设立生态文明建设阶段性任务提供依据。基于以上分析,本文将从 2020 年到 21 世纪中叶的这段历史时间划分为三个阶段,近期阶段从 2021 年开始,到 2025 年结束,对应"十四五"规划实施阶段。中期阶段从 2026 年前后开始,到 2035 年截止,近期和中期对应"两步走"战略的第一阶段。远期阶段从 2036 年前后开始,到 21 世纪中叶(2050 年)截止,对应"两阶段""两步走"战略的第二阶段。

面向 2050 生态文明建设目标愿景是由"一个指导思想""两大目标愿景""五个行动指向"和"三个阶段性任务"共同构成。"一个指导思想"即习近平生态文明思想,为面向 2050 的生态文明建设目标愿景设立提供了思想上、理论上的支持。"两大目标愿景"是分别对标 2035 和 2050 社会主义现代化强国建设的目标愿景,实现生态文明建设与现代化建设的激励相容。"五个行动指向"即在习近平生态文明思想指导下的五大体系建设行动导向。"三个阶段性任务"将"两大目标愿景"与"五个行动导向"结合起来,将面向 2050 的生态文明建设目标愿景拆解为面向"十四五"规划的近期阶段任务,面向 2035 年的中期阶段和面向 2050 年的远期阶段任务。

总而言之,面向现代化的生态文明建设不再是单纯着眼于生态保护和环境治理,而是将生态文明发展理念贯穿中国特色社会主义现代化建设的方方面面,根本目的是着眼于人民群众的切身生态环境利益诉求,着眼于中华民族的永续发展。唯有将生态文明建设实践与中国特色社会主义现代化建设相结合,与实现中华民族伟大复兴的百年梦想相结合,将生态文明发展理念融入时代精神和民族精神,生态文明建设才能取得真正的成功。

参考文献

[1] 习近平.决胜全面建成小康社会夺取新时代中国特色社会主义伟大胜利——在中国共产党第十九次全国代表大会上的报告[M].北京：人民出版社,2017.

[2] 习近平.推动我国生态文明建设迈上新台阶[J].求是,2019(3)：4-19.

[3] UNEP. Transforming our world：The 2030 agenda for sustainable development［R］. United Nations,2016.

[4] 《联合国气候变化框架公约》缔约方会议第二十一届会议.巴黎协定[EB/OL].(2015-12-12)[2019-12-20].https://www.un.org/zh/documents/treaty/files/FCCC-CP-2015-L.9-Rev.1.shtml.

[5] 国务院新闻办公室网站.强化应对气候变化行动——中国国家自主贡献[EB/OL].(2015-11-18)[2019-12-20].https://www.scio.gov.cn/xwfbh/xwbfbh/wqfbh/33978/35364/xgzc35370/Document/1514539/1514539.htm.

[6] 解振华,潘家华.中国的绿色发展之路[M].北京：外文出版社,2018.

[7] 中共中央国务院关于加快推进生态文明建设的意见[M].北京：人民出版社,2015.

[8] 中国绿色转型 2020—2050 课题组.绿色发展新时代——中国绿色转型 2050[R].北京：中国环境与发展国际合作委员会,2017.

[9] IPCC. Summary for Policymakers of IPCC Special Report on Global Warming of 1.5℃ approved by governments-IPCC［EB/OL］.（2018-10-08）［2019-12-20］.https://www.ipcc.ch/2018/10/08/summary-for-policymakers-of-ipcc-special-report-on-global-warming-of-1-5c-approved-by-governments/.

[10] 刘强,陈怡,滕飞,等.中国深度脱碳路径及政策分析[J].中国人口·资源与环境,2017,27(09)：162-170.

中国农村工业发展的意义和作用

关权

中国人民大学经济学院

摘要：本文研究中国农村工业发展的意义和作用。首先,从历史的角度回顾了计划经济时期社队企业和改革开放时期乡镇企业发展和演变的过程。接着,通过生产函数分析了改革开放时期乡镇企业的效率和特征。然后,从社会学角度探讨了乡镇企业的意义和作用。我们高度评价农村工业的作用,特别是在中国存在户籍制度,进而农村剩余劳动力不能真正转变为城市居民的条件下更是如此。一方面,它缓解了快速城市化给农村带来的冲击;另一方面,它也可能为中小城镇的发展提供更多的机遇。

关键词：农村工业,社队企业,乡镇企业,剩余劳动力,劳动力流动

一、前　　言

农村工业的发展对于以从农业向工业,或者从农村向城市发展的发展中国家来说,既十分重要又难以定位。我们知道经济发展需要工业,而发展工业必然伴随着城市化,因为工业并不需要大量的土地,但需要高度密集的资本和技术以及资金和人才,这些都需要聚集效应。也就是,工业本质上并不需要太多的土地这种生产要素,而需要更多的资本和技术,当然也需要适量的劳动力,特别是具有技能的劳动力。这也要看行业的特性,有些行业属于劳动密集型,需要大量劳动力,如轻纺工业;有些行业则需要更多的资本,如石化、钢铁、机械制造。

但是,在经济发展的初期往往最缺乏的就是资本和技术,也没有更多具有特殊技能的劳动力,教育也不发达。也就是经济发展是从农村开始积累,慢慢地向城市蔓延。或者反过来说,是在城市发展起来的工业需要从农村吸纳劳动力[1-3]。当然,初期这些劳动力基本上都缺乏工业需要的技能和技术,要在工作中培养,有时则需要事先或者中途进行专业培训,至于更高级的工业部门则往往要从专业学校(如技工学校)毕业生中招收工人。在这个过程中

一步一步地提高，从而农村逐渐缩小，城市逐渐扩大。当然，在城市里除了工业之外还有众多的服务业，至于服务业与工业的关系以及在城市中的地位问题不是本文的研究主题，这里不做深入讨论[3]。不过在本文中的讨论并不局限于工业，同时也考察服务业，因为我国的农村工业往往与其他行业相互联动，既包括运输业也包括社会服务业。乡镇企业这个概念也是综合性的，并不局限于工业。当然我们考察的重点是工业，其他部门只作为参考和对比的对象。

与其他国家相同，我国的农村工业可以追溯到很早以前。作为农业生产的补充和副业，包括农具修理，以农产品为原材料进行加工的手工纺织和服装，包括磨米磨面等在内的食品加工业，传统工艺品和小商品都发源于农村。到了近代，在一定程度上加入了机械要素，或者半自动或者根据机械原理进行改进，生产效率有所提高，形成了更为多样和更为复杂的农村工业体系，但并没有较大的技术进步，这种局面一直延续到1949年。

1949年以后，农村工业的发展与其他部门同样，也可以分为两个时期，一个是计划经济时期，一个是改革开放时期。前期经历了复杂的变化，主要是受到政治运动和发展战略及其指导思想的影响；后期也经历了不同阶段的变化，主要是受到制度（如所有权）和市场（国内和国际）两方面的影响。20世纪50年代主要涉及农村土地所有权的变迁，包括从私有制向集体所有制的过渡和演变，即集体化和人民公社化，还包括"大跃进"带来的冲击。20世纪60年代前期是"调整、整顿、充实、提高"八字方针，后期则爆发了"文化大革命"。20世纪70年代兴起社队企业，成为乡镇企业的直接前身。

改革开放以后，从20世纪80年代中期开始乡镇企业如雨后春笋般遍地开花，形成了一种时代现象。20世纪90年代在发展的同时也遇到了不少问题，包括市场风险、产品质量、技术落后、所有制限制等。进入21世纪以后，乡镇企业逐渐实现了改制，大多成为私人企业，"乡镇企业"这个名词也逐渐被其他概念所取代[①]，2012年以后在国家出版的统计年鉴中也不见了踪影。

即便如此，农村工业依然存在，乡镇企业的贡献也不能抹杀，它与我国特有的"三农问题"紧紧地捆绑在一起，是研究农村发展和工业发展乃至城市化问题无法绕过去的课题。例如，它依然承担着相当多的附属在农业或不附属在农业，但在农村地区的非农业生产和服务。它依然雇用了超过1.5亿的劳动力，为消减贫困和减少失业以及缩小城乡收入差距做出了巨大贡献。

这里首先依据历史脉络讨论1949年以后农村工业发展变化的过程和特征。然后，研究农村工业发展的经济学意义和社会学意义，也就是从经济史、经济学、社会学三个角度研究农村工业的问题。经济史角度是基于农村工业的长期变化和发展的事实，经济学角度是依据这个问题的核心是经济发展，社会学角度是因为它同时又是社会学的现象。

---

① 现在大都笼统地使用中小企业的概念，不区分城市和乡村。

二、农村工业发展的过程和特征

（一）计划经济时期

1949 年以前，农村也存在部分工业，主要是手工业，包括编筐编篓、烧砖烧瓦、磨米磨面、酿酒、缫丝、织布等。主要以农副产品为原料生产加工一些日常生活用品，有些属于自家使用，有些则送到市场上销售。1949 年以后，通过 1953—1957 年的社会主义改造运动以及 1958 年的人民公社运动，农业生产从个体经营变成了集体生产，但手工业和农村副业的生产并没有中断。1949 年农村商品性手工业产值约 15 亿元，占工业总产值的 35.4%，农民所需工业品的 70% 来自手工业[4]。农村手工业和农产品初加工工业产值从 1952 年的 81 亿元增加到了 1957 年的 100 亿元[5]。1952 年农村从事商品性生产的手工业从业人员为 467 万人，占全国手工业职工总数的 63.5%。1954 年农村专业手工业者 502.7 万人，兼业手工业者 1000 万人，合计约占农村劳动力总数的 8%。合作化时期，农村专营和兼营手工业的农民先后参加了农业合作社，1957 年全国农村约有 1210 万手工业者参加了合作社。各地农业合作社兴办了一批生产设备简单的小作坊式的工场，从事各种手工业副业生产。当时的非农业生产主要由四部分组成，第一是农业合作社的手工业副业；第二是农村集镇的手工业合作社；第三是新办的副业组织和小作坊；第四是家庭手工业[6]。

到了人民公社时代出现了社队企业，这些社队企业主要有 3 个来源。①农业合作化之前的农村手工业合作社；②人民公社时期兴办的社办企业；③人民公社时期下放给公社管理的原属国家管理的集体企业和国营工商企事业单位。1958 年 12 月 10 日中共中央八届六中全会通过的《关于人民公社若干问题的决议》指出"人民公社必须大办工业。公社工业的发展不但将加快国家工业化的进程，而且将在农村中促进全民所有制的实现，缩小城市和乡村的差别"。在中央的号召下，各地兴办了大批小钢铁、小矿山、小煤窑、小水泥、小农机修造厂、小食品加工厂。由于初期农村工业增长过快，占用了农业劳动力，导致农业和粮食生产受到影响。1961 年中央八届九中全会制订了"调整、整顿、充实、提高"的方针，对于农村社队企业进行了一系列的整顿，包括必须办的行业，如农机修理、农具、化肥、农药和饲料加工；视条件办的行业，如小煤窑、小矿山、砖瓦、石灰等建筑材料，陶瓷等轻工业；坚决不办的行业，如纺织、肥皂、皮革等同大工业争夺原料的行业。此后，社队企业在艰苦的环境下顽强地生存和发展下来，为后来乡镇企业的发展打下了良好基础。

进入 20 世纪 70 年代，社队企业的发展迎来了新的机遇。1970 年，周恩来总理主持召开北方地区农业会议，对发展社队企业形成了三点共识，第一，社队企业的发展对社会主义建设可以发挥积极作用；第二，发展"五小工业"（小钢铁、小机械、小化肥、小煤窑、小水泥等）是加速实现农业机械化的重要物质基础；第三，国家扶持人民公社的资金要勇于发展社队企业。同时，从 20 世纪 60 年代末开始的知识青年上山下乡运动也为社对企业的发展创造了知识和技术条件，当然也少不了城市企业的大力支持，这种局面一直持续到改革开放初期。

表1显示了1958—1978年社队企业的基本情况，由于资料的局限和缺失，这里的信息并不一定十分准确，只能作为参考，其他数据也由于来源不同而缺乏连贯性和可靠性。不过这样的数据仍然具有相当高的参考意义，从中可以看出大致的发展脉络和形态，这与上面简单介绍的发展过程相一致。

表1　1958—1978年社队企业的基本情况

年　　份	企业数/万个[7,8]	从业人员/万人[9]	社办企业产值/亿元[10]	队办企业产值/亿元[10]	社队企业产值合计/亿元[10]	社队企业产值占全国工业产值比重/%[11]
1958	602.0		62.5		62.5	15.1
1959	70.0		100.0		100.0	18.6
1960	11.7		50.0		50.0	8.8
1961	4.5		19.8	32.0	51.8	14.3
1962	2.5		7.9	33.0	40.9	12.6
1963	1.1		4.2	36.0	40.2	11.0
1964	1.1		4.6	40.0	44.6	9.7
1965	1.2		5.3	24.0	29.3	5.4
1966			9.6	26.7	36.3	5.6
1967			13.9	29.3	43.2	7.9
1968			18.1	32.0	50.1	10.2
1969			22.4	34.6	57.0	9.1
1970	4.7		26.7	37.3	64.0	7.7
1971	5.3		39.1	38.3	77.4	8.4
1972	5.6	319.0	46.0	47.8	93.8	9.5
1973	6.0	351.0	54.8	52.5	107.3	10.0
1974	6.5	410.4	66.8	62.2	129.0	11.9
1975	7.7	524.3	86.8	82.6	169.4	13.6
1976	111.5	743.6	123.9	119.6	243.5	20.2
1977	139.2	892.1	175.3	147.4	322.7	23.5
1978	152.4	888.5	211.9	170.1	382.0	23.8

由于计划经济时期的数据较少，很难更加清晰地描述和分析社队企业的生产状况。表2显示了1972—1980年按地区划分的社队企业从业人员的数据，从中可以观察这个时期的变化。上半部分是从业人员的绝对值，全国从300多万人增加到900多万人，1976年开始出现大幅度的增加。再具体说，1972年和1973年稳定在300多万人，1974年突破400万人，1975年又升到500万人，1976年为700多万人，1977年进一步增加到900万人，1980年只是略有增加。

从地区看是很不平衡的，绝对值相差很大，这与当地的人口总数和经济发展条件都有关系，理论上说，人口总数多的地区社队企业的从业人员也多。另外，如果经济相对发达，就更有条件兴办社队企业。具体看，从北到南社队企业从业人员较多的地区包括河北、辽宁、上海、江

表2 1972—1980年社队工业从业人员数及比重[10]

地区	从业人员/万人									比重/%								
	1972年	1973年	1974年	1975年	1976年	1977年	1978年	1979年	1980年	1972年	1973年	1974年	1975年	1976年	1977年	1978年	1979年	1980年
全国	319.0	351.4	410.4	524.3	743.6	892.1	888.5	897.7	916.3	1.1	1.2	1.4	1.8	2.5	2.9	2.9	2.9	2.9
北京	3.5	3.3	4.0	4.8	6.9	7.8	8.9	10.1	11.6	2.3	2.1	2.5	3.0	4.3	4.9	5.5	6.2	7.1
天津	1.3	1.8	2.0	3.0	3.6	5.5	5.7	5.9	6.6	2.8	1.3	1.4	2.1	2.4	3.7	3.8	3.9	4.4
河北	20.4	18.4	26.7	37.4	43.9	45.7	37.1	47.9	47.6	1.2	1.1	1.6	2.2	2.6	2.7	2.1	2.8	2.7
山西	10.3	10.6	11.8	14.9	20.3	24.9	24.7	23.6	23.0	1.6	1.6	1.7	2.1	2.9	3.6	3.5	3.4	3.3
内蒙古	1.9	2.0	2.3	3.0	4.1	5.8	6.6	11.9	10.2	0.8	0.9	1.0	1.3	1.8	2.5	2.9	2.8	2.3
辽宁	16.6	20.3	28.0	39.3	51.8	53.7	59.8	54.1	52.3	2.3	2.8	4.1	5.7	7.6	7.8	8.2	8.5	7.7
吉林	7.0	7.2	8.4	11.8	16.1	18.0	17.4	15.5	15.5	1.8	1.8	2.1	2.9	4.1	4.6	4.4	4.8	4.6
黑龙江	5.0	4.7	5.9	6.1	8.5	15.2	17.0	15.9	16.8	1.4	1.2	1.5	1.4	2.0	3.4	3.8	3.7	3.8
上海	10.2	11.4	12.7	13.9	15.2	17.5	47.2	22.5	27.2	4.2	4.6	4.9	5.2	5.7	6.5	17.1	8.1	9.6
江苏	46.1	57.7	51.6	62.8	81.9	158.1	109.0	132.4	164.2	2.2	2.7	2.4	2.9	3.8	7.2	4.8	5.9	7.3
浙江	20.9	27.0	29.9	36.0	44.8	56.7	63.7	77.0	92.9	1.6	2.1	2.2	2.6	3.2	4.0	4.3	5.2	6.2
安徽	9.6	11.9	13.2	14.6	18.9	24.2	24.5	23.9	24.3	0.6	0.8	0.9	1.0	1.2	1.6	1.5	1.5	1.5
福建	4.5	5.3	5.5	7.1	8.8	10.5	13.1	14.0	14.3	0.7	0.8	0.8	1.0	1.2	1.5	1.8	1.9	2.0
江西	15.0	15.0	16.0	17.2	18.6	21.5	24.4	25.8	19.8	1.9	1.9	1.9	2.0	2.1	2.5	2.7	2.7	2.1
山东	21.8	26.3	35.7	41.5	69.7	62.3	70.1	85.7	67.5	0.9	1.0	1.4	1.6	2.7	2.4	2.7	3.3	2.5
河南	18.8	19.9	28.2	41.6	57.8	65.1	60.1	50.7	47.0	0.8	0.9	1.2	1.8	2.4	2.7	2.5	2.1	1.9
湖北	6.8	9.6	11.4	21.5	34.9	38.6	39.1	34.1	34.9	0.5	0.7	0.8	1.5	2.4	2.7	2.7	2.3	2.3
湖南	29.5	26.1	33.1	37.9	50.9	64.7	73.9	55.3	47.0	1.7	1.4	1.8	2.1	2.7	3.4	3.8	2.8	2.4
广东	20.5	23.1	27.4	34.4	64.3	43.5	40.9	47.9	51.8	1.2	1.3	1.5	1.9	3.5	2.3	2.1	2.5	2.6
广西	4.9	5.6	6.6	10.6	18.1	21.1	17.2	16.1	13.4	0.4	0.5	0.6	0.9	1.5	1.8	1.4	1.3	1.0
四川	25.5	24.6	24.6	28.0	47.5	63.4	78.7	59.0	71.7	0.8	0.7	0.7	0.8	1.3	1.8	2.2	1.6	1.9
贵州	4.5	4.2	4.7	6.3	9.8	12.8	14.4	10.9	6.5	0.5	0.5	0.5	0.7	1.1	1.4	1.6	1.2	0.7
云南	3.5	3.8	4.1	5.4	7.6	9.0	9.4	13.5	10.9	0.3	0.4	0.4	0.5	0.7	0.8	0.9	1.2	0.9
西藏							0.6	0.9	0.8							0.8	1.1	1.0
陕西	5.8	6.7	10.2	14.7	24.7	28.6	24.5	23.8	22.7	0.7	0.8	1.2	1.8	3.0	3.4	2.9	2.8	2.5
甘肃	2.1	2.2	2.8	5.7	8.6	10.5	8.1	8.6	6.2	0.4	0.4	0.5	1.1	1.6	2.0	1.5	1.6	1.1
青海	0.2	0.2	0.3	0.4	0.7	1.2	1.5	1.5	1.3	0.2	0.2	0.3	0.4	0.7	1.2	1.5	1.5	1.3
宁夏	0.4	0.4	0.7	1.4	2.2	1.5	1.6	2.1	1.7	0.4	0.4	0.7	1.5	2.3	1.6	1.7	2.5	1.7
新疆	2.4	2.1	2.6	3.0	3.4	4.7	5.1	7.1	6.4	1.0	0.8	1.0	1.2	1.3	1.8	2.0	2.8	2.5

注：比重＝从业人员数÷农村劳动力数×100

苏、浙江、江西、山东、河南、湖南、广东、四川。这些地区显然或者属于经济发达地区，如辽宁、上海、江苏、浙江、广东，或者属于人口大省，如山东、河南、四川。另外不容忽视的一点是发展和变化，有些地区早期（1972年）并不突出，后期（1978年）则明显增加，如吉林、安徽、湖北、陕西。

为了明确二者的影响，表2所列的社队工业人员比重更能清楚地看出经济发展水平。1972年从北到南，北京、天津、辽宁、上海、江苏占较高比重，1977年以后除了上述地区之外，新加入了浙江、山西、吉林、湖南、陕西，后期的增加显然是受到社队企业的新兴以及改革开放浪潮的影响。

为了证明我们的上述观点，即人口和经济发展水平对社队企业发展的影响，这里以这两个指标为解释变量，以社队企业从业人员数和所占比重为被解释变量做一个简单的相关分析。图1～图4分别显示了这种关系，图1和图2显示的是各个地区的人口与社队工业从业人员数的关系，1972年和1978年都有较强的相关关系，1978年更强一些，说明随着经济发展，人口与社队工业呈现出了更加紧密的关系。图3和图4显示的是各地区人均GDP与社队工业从业人员的关系，1972年和1978年都显示出了较强的相关关系，1978年更加相关，这与图1和图2一致。另外，图3和图4的相关性明显高于图1和图2，说明人均GDP这个代表经济发展水平的指标比人口这个单纯表示经济规模的指标更加有意义，也就是经济发展水平与社队工业的发展之间存在着更为紧密的关系。

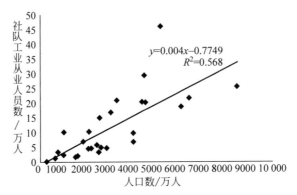

图1　人口与社队工业人员数的关系（1972年）

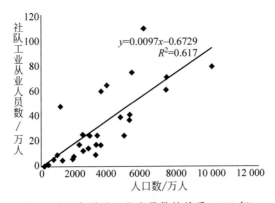

图2　人口与社队工业人员数的关系（1978年）

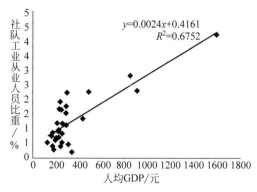

图 3　人均 GDP 与社队工业人员比重关系(1972 年)

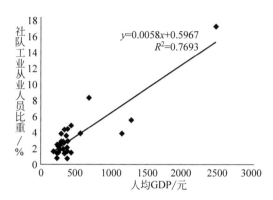

图 4　人均 GDP 与社队工业人员比重关系(1978 年)

(二)改革开放时期

　　改革开放以后,我国的乡镇企业异军突起,发展迅速,为农村地区乃至城市的经济发展做出了重要贡献。首先,乡镇企业为农村地区提供了大量的就业机会。在中国依然存在剩余劳动力的条件下,除了一部分农民(2.6～2.8 亿)进城打工之外,乡镇企业承担了 1.5 亿左右劳动力的就业。当今在农村真正从事农业(农林牧渔业)生产的劳动力大约为 2.8 亿人,占全部乡村从业人员 5.2 亿的 54.5%(2008 年)[12]。也就是,农业之外的从业人员当中大部分在乡镇企业就业,显然乡镇企业为农村地区提供了仅次于农业的就业机会。其次,为农村地区的经济发展提供了资本保障。2008 年乡镇企业增加值 8.4 万亿元,超过农林牧渔业总产值(5.8 万亿元),利润总额和上缴税金分别达到 2.07 万亿元和 8765 亿元,虽然这些资金不一定完全用在农业和农村地区,但依然能促进当地的经济发展。第三,为农村地区的城镇化奠定了基础。乡镇企业虽然处在农村,但经营的内容和行业确是非农业产品和服务,这就需要建立广泛的商业网和生产基地,促进交通的发展和企业的聚集,逐渐形成具有一定规模和具有城镇功能的区域,很多新型的城镇都是这样形成的。第四,促进了多种人才的积累和发展。乡镇企业需要企业家、技术人员、市场营销人员、管理者、会计师、熟练工人。这些人才本来在农村地区是稀缺资源,但在乡镇企业的发展当中锻炼了这些人,也培养了这些人。第五,为农业资源提供了更广阔的用武之地。很多乡镇企业的原材料来自于农产品或者与之相关的产品,棉花、粮食、水果、木材、水产、鸡鸭鱼类、山货(如人参、鹿茸、中草药)等食品加工和药材加工,经过深加工的过程,原来只能提供的农产品变成了工业产品,增加了增加值或附加值,提高了价格,增加了收入。第六,很多乡镇企业的产品出口为国家和地区赚取了外汇。由于我国是发展中国家,劳动力成本低廉,因此劳动密集型产业比较发达,而这些产业中相当一部分是乡镇企业。它们通过生产外向型的产品一方面为世界各国提供了物美价廉的产品,同时也为我国进口高精尖技术提供了外汇保障,在进入 21 世纪之前这种作用尤其大。

图 5 显示了改革开放以来乡镇企业几个指标的增长率,可以看出明显的变动规律,至少有两个特征。

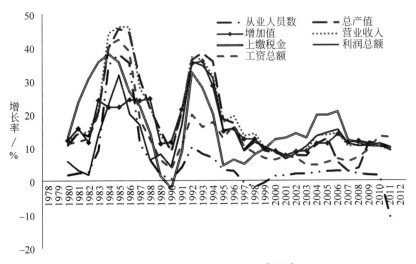

图 5　几个主要指标的增长率[12,13]

注:价值指标用 GDP 缩减指数进行了调整。另外,由于 1985 年后与 1984 年的企业数差距过大,这里没有显示。增长率为 3 年移动平均值。

第一,总体上增长率呈现出了从高到低的趋势。20 世纪 80 年代中期出现过 40％以上的增长率,20 世纪 90 年代前期也接近 40％,这是不可思议的增长率,说明从 20 世纪 80 年代中期到 90 年代前期乡镇企业得到了快速发展,这种发展速度是其他领域所见不到的。我们认为这主要是由于政府的政策和过去的积累,以及市场还没有完全实现统一导致的。20 世纪 90 年代中期以后增长率明显下降,虽然依然处在较高的水平上。这与促进增长的因素逐渐消失有关,如市场更加统一,各种商品的流通不再受到限制,包括外资和城市民营企业的进入,都对乡镇企业造成冲击。这当中从业人员增长率最低,原因也十分清楚,就是 20 世纪 90 年代以后城市的快速发展创造出了大量对劳动力的需求,而这些需求对于农村剩余劳动力更具有吸引力,于是农民工开始大量涌入城市。当然,这不等于在乡镇企业就业的劳动力绝对数的减少,其实一直是增长的,只是增长速度降低了。

第二,20 世纪 90 年代中期以前增长率的波动较大,后来比较平稳。前期的波动主要体现在 80 年代后期至 90 年代初期的下滑,我们认为是政策效应和其他事件的冲击造成的。政策方面,从 80 年代中期开始全面实施城市改革,城市出现了新的增长势头,这在某种程度上影响了乡镇企业的发展。其他事件包括某些政治事件以及国际因素,如乡镇企业的一部分产品针对出口,但国际市场有所收缩。1993 年以后制定了新的改革和发展战略,不仅对乡镇企业,也对其他企业具有正面的促进效应。

图 6 显示了几个比重,证明乡镇企业的地位和影响。总体看,这种指标都体现了从 20 世纪 80 年代上升的倾向,但此后长期处于平稳状态,近期略有下降,说明从 80 年代中期开始乡镇企业开始了长足的发展。另外,乡镇企业就业人员在第二产业和第三产业的比重都比较高,长期高于 60%,最高时超过 80% 甚至接近 100%。这主要是 80 年代中期全国还没有完全开放市场,城市的第三产业不够发达导致的。90 年代以后城市的第三产业逐渐发展起来,这个比重开始下降,但占比依然很高。占第二产业的比重则长期处在较高的位置上,只是在近期有所下降。占第一产业的比重反而出现了缓慢上升的趋势,这主要是由于从 90 年代开始大量的农村剩余劳动力离开农村和农业到城里打工导致的。

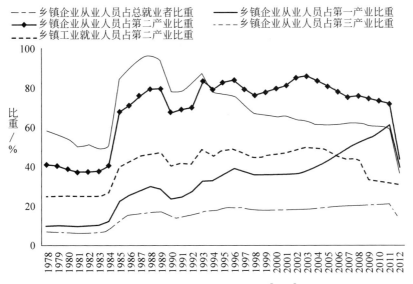

图 6　乡镇企业从业人员比重[13,14]

表 3 显示了 1980—2008 年乡镇企业发展的基本情况,从中能够大致了解乡镇企业发展的成果和问题。企业数从 1980 年的 142 万个发展到 2008 年的近 5600 万个,增加了 38 倍多,如果按照我国现存 4 万多个乡镇计算,那么每个乡镇平均有乡镇企业 625 个。从业人员从 1980 年的将近 3000 万人增加到 2008 年的超过 1.5 亿人,增加了 4 倍。其他指标虽然存在物价变动的问题,但也能看出其增长和发展的趋势。增加值从 1980 年的 285 亿元(占当年 GDP 的 6.28%)增加到 2008 年的 8.4 万亿元(占当年 GDP 的 28%);利润总额从 1980 年的 126 亿元增加到 2008 年的超过 2 万亿元;上缴税金从 1980 年的 25 亿元增加到 2008 年的 8700 亿元;工资总额从 1980 年的 119 亿元增加到 2008 年的超过 1.5 万亿元。

表 3　乡镇企业的发展和变化

年　份	企业个数/万个	从业人数/万人	增加值/亿元	利润总额/亿元	劳动者报酬/亿元	企业规模/(人/企业)	平均劳动生产率/(元/人/年)	平均利润率/%	劳动分配率/%	平均工资/(元/人/年)
1978	152.43	2826.56	208.39	95.33	86.64	18.54	740.79	22.10	41.58	306.52
1985	1222.46	6979.03	772.38	275.38	472.17	5.71	1106.72	10.73	61.14	676.46

续表

年 份	企业个数/万个	从业人数/万人	增加值/亿元	利润总额/亿元	劳动者报酬/亿元	企业规模/(人/企业)	平均劳动生产率/(元/人/年)	平均利润率/%	劳动分配率/%	平均工资/(元/人/年)
1990	1873.44	9264.75	2504.42	608.46	1030.64	4.95	2703.17	8.35	41.16	1219.29
1995	2202.67	12 862.06	14 595.23	3697.35	4381.33	5.84	11 347.51	6.45	30.02	3406.39
2000	2080.66	12 819.57	27 156.23	6481.81	7060.48	6.17	21 183.42	6.01	26.00	5507.58
2005	2249.59	14 272.36	50 534.25	12 518.60	11 117.43	6.35	35 407.07	5.82	22.00	7790.00
2012	3111.42	16 407.11	112 231.53	35 703.40	29 281.77	5.27	70 618.91	6.09	18.25	17 847.00

注：2012 年增加值为 2010 年，与此相关的指标也同样。平均利润率＝利润总额/营业收入×100。劳动分配率＝工资总额/增加值×100。

再观察各时期的变化，20 世纪 80 年代发展迅速，企业数从 142 万个猛增到 1800 万个，80 年代称得上是乡镇企业的发展期。此后数量上增加并不那么快，应该是乡镇企业处于调整期。从业人员也同样，增加最快的也是 20 世纪 80 年代，增加了 3 倍，后来的 20 年也不过增加了 67％。不过，上面两个数量指标（企业数和从业人员数）的变化与下面的价值指标（用人民币衡量的指标）有所不同。即使扣除物价上涨的因素，这些价值指标的增长时期也并没有显示出乡镇企业发展减缓的迹象。

如果将上述指标称为规模指标，即表示企业规模的扩大和壮大，那么下面的效率指标，即表示企业效率的指标则能够说明另一个侧面。首先，企业的平均规模（从业人数）从 1980 年的 21 人下降到 20 世纪 90 年代以后的 4～6 人，说明了乡镇企业的小型化过程。也就是乡镇企业没有实现人员规模的扩大，而是企业数量的增加，这可能说明乡镇企业具有局限性。因为小企业难以更好地实现技术进步和产品升级换代，也就是不具备规模经济性。不过，劳动生产率和人均工资还是提高不小，体现了乡镇企业的价值创造能力。劳动生产率与人均工资相比更高一些，1980 年劳动生产率是人均工资的 2.39 倍，1990 年是 2.43 倍，2000 年是 3.85 倍，2008 年是 5.32 倍，说明从业人员的报酬与他们创造的价值相比越来越低。这可以从劳动分配率当中得到证实，1980 年和 1990 年劳动分配率大约为 41％，2000 年为 26％，2008 年进一步下降为 18.82％。利润率也从 1980 年的 44％以上下降到 1990 年以后的大约 24％，说明企业之间的竞争越来越激烈。

表 4 显示了乡镇企业的几个相关指标。先看最上面的产业结构，这里使用了企业数和从业人员数两个指标。不论哪个指标都能看出第一产业比重除了 1978 年以外都很小，第二产业占据压倒性多数，第三产业则在 20％上下波动。说明乡镇企业主要还是第二产业，这当中包含了采矿业、制造业、建筑业，也正因此本文研究乡镇企业也是理所当然的。再看其他指标，乡镇企业增加值占 GDP 的比重从不足 6％增加到 25％，可见其对中国经济的贡献是很大的。

表 4　乡镇企业的几个指标[13]

年份	乡镇企业增加值比重/%			乡镇企业就业比重/%		
	第一产业	第二产业	第三产业	第一产业	第二产业	第三产业
1978	7.38	82.62	10.00	21.51	69.69	8.77
1985	2.41	79.50	18.09	3.61	73.81	22.58

年份	乡镇企业增加值比重/%			乡镇企业就业比重/%		
	第一产业	第二产业	第三产业	第一产业	第二产业	第三产业
1990	1.47	83.69	14.84	2.55	74.70	22.78
1995	1.92	82.80	15.28	2.44	73.84	23.72
2000	1.16	77.01	21.83	1.73	70.60	27.70
2007	1.80	76.00	22.20	1.86	66.55	31.59

年份	乡镇企业增加值占GDP比重/%	乡镇企业增加值占第一产业增加值比重/%	乡镇企业增加值占第二产业增加值比重/%	乡镇企业增加值占工业增加值比重/%	乡镇工业增加值占工业增加值比重/%	乡镇企业上缴税金占政府财政收入比重/%
1978	5.72	20.28	11.94	12.97	9.97	1.94
1985	8.57	30.12	19.98	22.40	15.04	6.85
1990	13.42	49.47	32.45	36.52	27.05	9.66
1995	24.01	120.27	50.89	58.50	43.30	20.51
2000	27.37	181.71	59.61	67.83	46.99	14.90
2004	26.15	195.28	56.58	64.12	45.02	13.86
2008	26.79	249.62	56.46	64.58	45.14	14.29

年份	乡镇企业从业人员占总就业者比重/%	乡镇企业从业人员占第一产业比重/%	乡镇企业从业人员占第二产业比重/%	乡镇企业从业人员占第三产业比重/%	乡镇工业就业人员占第二产业比重/%	乡镇企业出口占全国出口比重/%
1978	7.04	9.98	40.70	57.80	24.97	0.04
1985	13.99	22.42	67.21	83.49	39.52	4.82
1990	14.31	23.81	66.86	77.34	40.21	20.62
1995	18.90	36.20	82.16	76.20	48.32	28.87
2000	17.78	35.57	79.04	64.67	46.04	42.98
2004	19.12	42.68	80.34	60.89	47.57	34.48
2008	20.88	56.90	72.76	60.35	32.53	34.76

　　乡镇企业增加值占第一产业增加值的比重从 20% 增加到 250%,显示出农村地区的生产已经从农业转移到了非农业。乡镇企业增加值占第二产业增加值的比重从 12% 上升到 50%～60%,也是十分客观的。因为,第二产业是这个时期中国经济发展的重中之重,是发展的发动机,也是世界工厂的代表性产业,因此这个比重是有分量的。挨着这个指标的两个指标,即乡镇企业增加值占工业增加值的比重和乡镇工业增加值占全部工业增加值的比重也都显示出相似的变动,虽然在数字上略有不同。

　　乡镇企业上缴税金占政府财政收入的比重从 2% 上升到了 14% 以上,个别年份达到 20%。也就是乡镇企业对国家财政的贡献也是不可小看的。乡镇企业从业人员占全部就业者的比重从 7% 上升到大约 20%。接下来的几个指标,也就是乡镇企业从业人员占各产业就业者的比重都显示了很大的数字。说明在就业方面乡镇企业占据着十分重要的地位,发挥着重要的作用。最后,乡镇企业产品出口占全部出口的比重从几乎是零增加到大约 34%,最高时超过 40%。这些指标都表示出乡镇企业在这个时期中国经济发展当中发挥出的巨大作用。

三、生产函数分析

本节通过生产函数的测算[15]，研究乡镇企业的经济学特征，具体说研究它的投入产出关系①。生产函数表达的是生产过程中的投入和产出之间的关系，通常以资本（存量）和劳动（力）为主，农业生产函数需要加入土地（耕地）这个变量。这些变量是生产过程中的投入要素，产出则是生产量或生产额以及增加值。生产量既有长处也有短处，长处是不受价格影响，容易计算；短处是各种产品的规格和型号不同，衡量的单位差异很大，难以加总计算。生产额或销售额属于毛收入，并不都是生产者的产出，其中包含了原材料、燃料等购入成本，需要剔除。增加值是生产者的纯收入，是最适合的变量，但也有弱点。原因是，一些企业如果亏损就没有增加值或极少有增加值，而且在某些情况下可能是无奈的事实。例如，企业刚刚建立不久，投入远远大于产出，成本远远大于收益。

这里使用乡镇企业的统计数据做一些生产函数的测算并做一些分析。数据主要来自于文献[16]，2004年以后的数据由文献[17]进行补充。测算的内容包括时间序列、横截面和行业，方法为柯布-道格拉斯生产函数。

先看横截面的分析，这里包含以下几种。一个是1978—2006年中的几个节点，每隔五年选取了一个时间点，但考虑到增大样本和平稳性，每隔五年的样本选自于相邻的三个年份。例如，1984—1986年的数据作为1985年这个时间点进行分析，这当中还分为全部企业和集体企业两个部分。这主要是由于数据的限制，不能将其他所有制也进行分析。横截面还有专门关于2002年的，这是因为这一年的数据为行业的分析提供了可能。最后是时间序列的分析，可以计算1978—2006年的增长率和技术进步率。

（一）横截面分析：全部企业

$$\ln(V/L) = C + \alpha\ln[(1 - LDR) \times K/L] + \beta\ln(LDR \times L) + \text{dummy} \qquad (1)$$

其中，V 为增加值，L 为劳动，即职工数，K 为资本存量，即固定资产原值，α 和 β 分别为资本和劳动的弹性，二者相加为1，这里用劳动分配率（Labour Distribution Rate，LDR）表示工资总额占增加值的比例，虚拟变量以浙江、江苏、广东三省为1，其他省市为0，C 为截距，各项取对数值。

表5显示，人均固定资产原值和职工人数的指数始终为0～1，这意味着人均固定资产原值和职工人数对人均增加值的增长分别呈规模报酬递减，且人均固定资产原值的指数在全部6个时间段中始终高于职工数的指数。在这6个时间段中，除1999—2001年之外，其他时间段中（$\alpha + \beta$）值都小于1，这意味着人均固定资产原值与职工数的增长呈规模报酬递减。只有1999—2001年的（$\alpha + \beta$）值大于1，这意味着这个时间人均固定资产原值与职工数的增长对人均增加值呈规模报酬递增的贡献。

---

① 这里的生产函数测算得到了美国威斯康星大学刘嘉洋同学的帮助。

表 5　1978—2006 年横截面分析：全体

ln(V/L) =	C	ln[(1−LDR)＊K/L]	ln(LDR＊L)	dummy	α＋β
1978—1980	＊＊ 4.237 (8.78)	＊＊ 0.460 (8.52)	−0.043 (−1.69)	＊ 0.331 (2.39)	0.460
	无 C	＊＊ 0.819 (16.71)	＊＊ 0.123 (5.17)	0.119 (0.63)	0.942
1984—1986	＊＊ 4.542 (12.40)	＊＊ 0.451 (12.28)	−0.021 (−1.23)	0.062 (0.68)	0.451
	无 C	＊＊ 0.814 (22.72)	＊＊ 0.148 (8.67)	＊＊ −0.391 (−2.87)	0.962
1989—1991	＊＊ 3.529 (8.00)	＊＊ 0.565 (13.81)	0.011 (0.59)	0.097 (1.03)	0.565
	无 C	＊＊ 0.830 (26.75)	＊＊ 0.127 (7.66)	无 dummy	0.957
1994—1996	＊＊ 1.495 (3.67)	＊＊ 0.798 (24.17)	＊＊ 0.053 (3.02)	−0.136 (−1.63)	0.852
	无 C	＊＊ 0.901 (42.58)	＊＊ 0.097 (7.29)	无 dummy	0.998
1999—2001	0.118 (0.16)	＊＊ 0.921 (14.77)	＊＊ 0.069 (2.90)	−0.209 (−1.88)	0.990
	无 C	＊＊ 0.933 (35.26)	＊＊ 0.068 (3.66)	无 dummy	1.001
2004—2006	＊＊ 1.508 (3.22)	＊＊ 0.737 (17.76)	＊＊ 0.089 (5.40)	0.009 (0.13)	0.827
	无 C	＊＊ 0.857 (41.08)	＊＊ 0.111 (7.21)	无 dummy	0.968

注：＊＊ 为 1% 显著，＊ 为 5% 显著。括号内为 t 值。

表 5 还显示，1989—1991 年、1994—1996 年、1999—2001 年、2004—2006 年这 4 个时间段虚拟变量对人均增加值的影响都是不显著的，而 1978—1980 年是显著的且为正，这意味着浙、苏、粤三省人均增加值高于其他省份较多。1984—1986 年虚拟变量的影响也是显著的且为负，这意味着浙、苏、粤三省人均增加值低于其余省份较多。综合起来，虚拟变量对模型的解释程度不高。

（二）横截面分析：集体企业

表 6 显示的集体企业的情况与全体数据大体相同。人均固定资产原值和职工数的指数始终为 0～1。在 6 个时间段中，除 1984—1986 年之外其他时间段中（α＋β）值都小于 1，这意味着人均固定资产原值与职工数的增长对人均增加值的贡献呈规模报酬递减规律。1984—1986 年的（α＋β）值大于 1，意味着人均固定资产原值与职工数的增长对人均增加值的贡献呈规模报酬递增规律。

表 6   1978—2006 年横截面分析：集体

ln(V/L) =	C	ln[(1−LDR) * K/L]	ln(LDR * L)	dummy	α+β
1978—1980	** 4.258 (9.35)	** 0.420 (7.92)	−0.022 (−0.98)	* 0.260 (2.10)	0.420
	无 C	** 0.802 (16.71)	** 0.134 (5.85)	无 dummy	0.937
1984—1986	** 3.652 (12.12)	** 0.566 (16.18)	−0.016 (−1.29)	** 0.218 (3.35)	0.566
	无 C	** 0.926 (31.28)	** 0.082 (5.50)	无 dummy	1.009
1989—1991	** 5.196 (10.33)	** 0.343 (7.06)	0.005 (0.22)	** 0.332 (2.66)	0.343
	无 C	** 0.732 (16.65)	** 0.175 (6.63)	无 dummy	0.907
1994—1996	0.417 (0.78)	** 0.876 (17.13)	** 0.073 (4.05)	−0.149 (−1.64)	0.950
	无 C	** 0.918 (41.67)	** 0.075 (4.79)	无 dummy	0.993
2000—2002	0.451 (0.48)	** 0.788 (9.80)	** 0.123 (4.92)	−0.064 (−0.49)	0.911
	无 C	** 0.828 (33.76)	** 0.126 (6.11)	无 dummy	0.954

注：** 为 1%显著，* 为 5%显著。括号内为 t 值。

表 6 还显示，在 1994—1996 年和 2000—2002 年这两个时间段，虚拟变量的影响都是不显著的。而在 1978—1980 年、1984—1986 年、1989—1991 年这 3 个时间段，虚拟变量对人均增加值的影响是显著的且为正。这意味着浙、苏、粤三省人均增加值在这三个时间段内明显高于其余省份，而其他时间段则不明显。

（三）横截面分析：2002 年行业

表 7 显示，浙、苏、粤三省的虚拟变量对任何行业的人均增加值的影响都是不显著的，也就是 2002 年浙、苏、粤三省的任何行业的人均增加值都与其他省份无明显差异。人均固定资产原值和职工数的指数在任何行业都为 0～1，这意味着人均固定资产原值和职工数对人均增加值的增长分别呈规模报酬递减规律，且人均固定资产原值的指数在 4 个行业以及合计中始终高于职工数的指数。在这 4 个行业及其合计中，除农林牧渔之外其他行业的(α+β)值都小于 1，这意味着人均固定资产原值与职工数的增长对人均增加值的贡献呈规模报酬递减规律。农林牧渔的(α+β)值大于 1，这意味着人均固定资产原值和职工数的增长对该行业人均增加值的贡献呈规模报酬递增规律。

表7　2002年横截面分析：行业

ln(V/L) =	C	ln[(1−LDR) * K/L]	ln(LDR * L)	dummy	α+β
行业合计	0.335 (0.34)	** 0.875 (9.84)	** 0.080 (3.11)	−0.103 (−0.64)	0.955
	无 C	** 0.905 (29.81)	** 0.082 (3.82)	无 dummy	0.988
农林牧渔	* 3.024 (2.20)	** 0.607 (4.56)	0.079 (1.61)	0.346 (1.16)	0.607
	无 C	** 0.888 (18.17)	* 0.119 (2.59)	无 dummy	1.008
工业	1.002 (0.88)	** 0.775 (7.67)	** 0.104 (3.80)	−0.087 (−0.47)	0.879
	无 C	** 0.863 (29.42)	** 0.112 (4.93)	无 dummy	0.976
第二产业	1.160 (1.09)	** 0.771 (8.27)	** 0.096 (3.63)	−0.085 (−0.49)	0.867
	无 C	** 0.871 (30.30)	** 0.108 (5.02)	无 dummy	0.980
第三产业	1.819 (1.36)	** 0.740 (6.52)	* 0.074 (2.13)	0.068 (0.34)	0.814
	无 C	** 0.887 (27.00)	** 0.108 (4.34)	无 dummy	0.995

注：** 为 1% 显著，* 为 5% 显著。括号内为 t 值。

（四）时间序列分析

表8显示了1978—2006年的时间序列分析结果，人均固定资产原值的指数为0.81，职工数的指数为0.18，$(α+β)$值为0.99，略小于1.0，因此人均固定资产原值和职工数的增长对人均增加值的贡献呈规模报酬递减的倾向。关于这一点，全体企业和集体企业基本一致，没有什么差异，说明就时间序列而言，在所有制上并没有体现出明显的不同，但也存在微小的差异。没有截距时二者之间的差异很小，有截距时集体企业的劳动力表现出负值，显著度也比较弱，说明集体企业劳动力的贡献较小，甚至是负面的，这看上去似乎不合常理，但反映出集体企业可能受到了各种体制和制度的约束，从而导致效率低下。另一方面，从全体看劳动力的贡献与资本劳动比率相比也偏弱的现象，说明乡镇企业在长期存在着资本主导的倾向，这一点与上面横截面的分析如出一辙。

表8　时间序列分析：1978—2006年

ln(V/L) =	C	ln[(1−LDR) * K/L]	ln(LDR * L)	α+β
全体	−0.095(−0.35)	** 0.815(47.49)	** 0.180(5.14)	0.995
	无 C	** 0.814(48.31)	** 0.168(15.58)	0.983
集体	** 3.591(4.84)	** 0.590(12.14)	* −0.192(−2.6)	0.398
	无 C	** 0.806(31.17)	** 0.157(7.34)	0.964

注：** 为 1% 显著，* 为 5% 显著。括号内为 t 值。

（五）生产率增长的分解

这里研究生产率增长的要素贡献和技术进步率的贡献

$$G(V) = G(LDR \times L) + G(V/L) \tag{2}$$

$$G(V/L) = R + E \times G[(1-LDR) \times K/L] \tag{3}$$

其中，G 表示增长率，R 表示技术进步率或全要素生产率，其他符号与式（1）相同。计算结果显示在表 9 中。

表 9　增长率的分解：1978—2006 年

全体			集体		
$G(V) =$	$G(LDR * L)$	$G(V/L)$	$G(V) =$	$G(LDR * L)$	$G(V/L)$
	**0.359 (13.52)	**1.459 (24.58)		0.288 (1.86)	**0.909 (5.73)
				n/a	**0.698 (6.04)
$G(V/L) =$	R	$G[(1-LDR) * K/L]$	$G(V/L) =$	R	$G[(1-LDR) * K/L]$
	0.018 (1.20)	**0.637 (9.53)		0.029	**0.584 (5.68)
	n/a	**0.684 (12.50)		n/a	**0.630 (7.12)

注：** 为 1% 显著，* 为 5% 显著。括号内为 t 值。

　　全体数据的生产率增长分解显示，总增加值的增长率由约 0.36 的职工人数的增长率和约 1.46 的人均增加值增长率提供。人均增加值增长率则由约 0.68 的人均固定资产原值增长率提供。集体企业的生产率增长分解显示，总增加值的增长率由约 0.70 的人均增加值增长率提供，而人均增加值增长率则由约 0.63 的人均固定资产原值增长率提供。R 的数值很低，说明乡镇企业的技术进步率较低，或者说全要生产率较低，因此对于人均增加值的增长的贡献较小。这是可以说得通的，因为乡镇企业的技术进步和创新都比较少，更多的增长属于粗放型增长，有时甚至是利用低工资促进增长。这种情况在农村地区是能够存在的，也是现实的，因为只要在乡镇企业工作的收入高于务农的收入，农民就可能选择在乡镇企业工作。

　　根据以上生产函数测算的结果，可以作如下总结。第一，关于横截面的几种测算显示，资本劳动比率（人均资产原值）对人均产出（人均增加值）的贡献大于劳动力（职工数）本身的贡献。也就是资本在乡镇企业的发展中发挥了重要贡献，这与通常人们的印象并不一致。通常人们认为乡镇企业绝大多数是劳动力密集型行业和企业，资本的作用不会很大。第二，除了个别年份，由江苏、浙江、广东这几个乡镇企业比较发达的省份构成的虚拟变量的贡献较小。这意味着在乡镇企业这一点上，这几个看上去似乎与其他省市明显有差异的情况并不存在，至少在统计上并不显著。第三，由于乡镇企业的工资较低，因此其占增加值的比例（劳动分配率）也较低，这可能是导致生产函数中劳动的贡献率较低的原因之一。换言之，乡镇企业人均增加值增长率在较大程度上依赖于人均资本的贡献这个结论还不能过早地确定,还有待于进一步的证实。

四、农村工业发展的意义和作用

我们知道,农村问题其实并不是经济学的问题,至少不完全是经济学的问题,更多的是社会学的问题。所谓"三农问题(农村、农业、农民)"当中除了农业这个概念是经济学范畴之外,其他两个概念都是社会学的。正因此,我们讨论农村工业或乡镇企业时不可避免地要从社会学角度进行观察和分析,虽然也需要经济学的研究,毕竟经济发展是社会发展中的一部分。同时,社会学与经济学在一些问题上彼此交叉,难解难分,可以互补,"三农问题"或农村工业(乡镇企业)问题就是这种课题。

我国的农村工业或者广义地说乡镇企业的意义,不仅仅在于经济发展和经济生活方面,还在于社会意义。因为在我国,由于长期封建社会和户籍制度的深入影响,在农村和农业之外还包括了农民这个身份概念,因此被称为"三农问题"。这就不仅仅是经济学研究的领域,而是社会学研究的领域了。这里从社会学的角度讨论农村工业或乡镇企业的发展问题,也就是对农村社会的影响,包括了两个侧面,一个是农村工业或乡镇企业的发展是否能形成中小城市,就是以这些企业为核心形成新的小城市;另一个是这些企业的发展本身给农村社会带来了哪些影响。

1949年以后,特别是1958年以后,我国逐步建立了严格的户籍制度,将居民分成农村居民和城市居民两种,二者之间原则上不能互换。当然随着经济社会的发展,特别是工业和城市的发展需要,将部分农村变成城市居民的情况一直未断。改革开放以后这种情况就更加突出,虽然依然存在户籍制度,但作为劳动力这种身份就变得不那么重要了。大量的农村劳动力涌向城市,他们或者携带家属或者单身前往,形成了中国特有的农民工群体。这当中最重要的特征是他们没有城市户籍,享受不到城市的社会保障待遇。同时他们已经脱离了农业生产,有很多年轻的农民工,即二代农民工从小就没干过农活。对他们来说农村只是老家,农民只是身份,他们长期生活在城市,也更认同城市,他们期待着有一天成为真正的城市人。另一方面,由于城乡差距和这种差距的不断扩大,大部分年轻人向往着城市。他们有一个城市梦,为了追求这个梦想不惜长期与父母和妻儿分离而在城市打拼,有的获得一定程度的成功,从而成为城市居民,有的成为成功的商人或企业家,在城市站稳了脚跟。但是大部分人不可能这么幸运,他们依然面对着未来不确定的身份和生活基础。

回到农村,从经济学的定义看这里除了传统的农业(农林牧渔)生产之外,还有工业和服务业等多种生产经营,也正因此形成了具有一定现代意义的农村社会。很多农村地区已经具备小城市的雏形,包括人口规模、产业、交通运输、基础设施。之所以出现了这种局面,在很大程度上依赖于乡镇企业的发展。因为如果只有农业生产而没有工业和服务业,没有必要形成较大规模的城市或城镇,农民除了消费自己所需的必要的农产品之外,剩余的就会销售到城市。只有在农村进行农产品加工或其他服务业才有必要扩大规模,因为这些行业需要聚集。

那么,乡镇企业在这当中发挥了怎样的作用呢?一个值得关注的重要现象是在农村地区的乡镇企业就业者人数和比重的增加。绝对数从 1980 年的 3000 万人增加到 2010 年的接近 1.6 亿人,占农村就业者的比重从不足 10％增加到接近 38％,二者都大幅度增加。这对于中国来说十分重要,因为中国不仅是一个拥有 13.9 亿人口的大国,而且在农村地区还存在数亿的剩余劳动力,他们总要被非农产业所吸纳,或者流向城市或者留在农村。如果留在农村,乡镇企业就成为十分重要的海绵,它的吸纳能力对于解决中国的劳动力就业问题发挥着举足轻重的作用①。实际上,大约 2.8 亿的从农村到城市打工的所谓农民工以及他们的家庭面临着进退两难的窘境。由于他们的身份,不仅他们本人,也包括他们的家属和子女在教育、医疗、住宅等社会保障等方面都处于一种不稳定的状况之下。例如,如果在城市生了病,城市的医疗机构的费用要高于农村地区,而农民工的收入难以应付城市高额的收费。此外,有很多农民工将孩子留在了农村,这些孩子长期不能与父母亲生活在一起,不仅增加了孩子成长的负面因素,同时也增加了农民工们的生活费用和精神负担。

除了户口限制之外,农民工的教育背景和经验限制了他们在城市的工作内容,往往只能从事一些简单的工作,如建筑、餐饮、保卫、环卫,而且上了年纪或生了病都得回到农村去。农村地区的乡镇企业虽然生产技术落后,劳动强度大且危险性高,工资也较低,但它是吸纳农村剩余劳动力的重要补充力量。即使大城市的户籍制度限制完全解除,数亿人口（劳动力及其家属）流向城市也是不可想象的,因此需要有更多的中小城市的第二产业和第三产业来接纳农村剩余劳动力,而乡镇企业可以在更广阔的中小城市发挥更大的作用②。

图 7 从产业角度显示了存在乡镇企业时的城市和乡村。横轴表示城乡之间存在的差距,越是向左城市化水平越低,越是向右则相反。纵轴表示收入水平的高低。图中处在右上方的是城市的现代产业（工业和服务业）,收入比较高。图中左下方的是农业,收入很低,与城市之间的差距很大。在农业右上方处的是乡镇企业,收入略高于农业,城市化水平略高于农村。根据刘易斯的二元经济理论,在城市现代部门发展的早期城市部门需要从农村吸收剩余劳动力,这时的农村由于劳动力过剩和技术落后,十分贫困,收入很低。按照刘易斯的说法叫"生存工资",也就是勉强维持生命的收入。随着城市现代部门的进一步发展,能为它提供的剩余劳动力出现短缺,于是城市部门需要提高工资才能吸收更多的劳动力,这时农村的工资也会上涨。虽然由于生产力的差距和其他差距,农村部门的工资不如城市部门上涨得快,也不如城市部门高,但剩余劳动力已经枯竭,经济开始迎来新的局面,这个时间点被刘易斯称之为"转折点"[1-3]。关于我国的转折点已经有很多学者做了研究,有的说大约在几年前已经超越,有的说还没有到来[2]。

这里,通过借用发展经济学中关于劳动力流动的托达罗模型（也称哈里斯-托达罗模型）解释乡镇企业在城乡劳动力流动重的意义和作用。如图 8 所示[3],托达罗模型假定一个经济只存在两个部门,即城市的制造业和农村的农业。如果是在新古典的自由市场决定工资

---

① 与农村剩余劳动力问题直接相关的一个问题是所谓经济的转折点,即农村剩余劳动力被城市部门吸收完毕,经济从劳动力剩余状态转向劳动力短缺状态,在我国目前是否已经实现了抓着点还存在很大争议。这是一个十分重要而复杂的问题,需要进一步深入研究。

② 关于如何吸收农村剩余劳动力的问题,笔者将在其他论文中进行详细论述,这里简单说明一下观点。我们主张大力建设中小城市,不仅仅出于吸收剩余劳动力,而是经济发展的必然要求。因为不可能只发展大城市而没有中小城市,它们之间是相互促进和补充的关系。最终形成一个城市网络,当中既有大城市甚至超大城市也有中小城市,至少发达国家的发展历史证明了这一点。

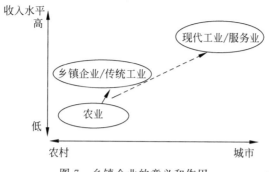

图 7   乡镇企业的意义和作用

的和充分就业条件下,均衡工资将确定在 E 点,这时农业和制造业分别雇用了所有的劳动力。但是,如果城市部门的工资是由制度决定的,大大高于均衡工资,如在 W_{M1} 处。继续假定不存在失业,只有 $O_M L_{M1}$ 的劳动力在城市就业,其他劳动力将在农业部门就业,领取 $O_A W_A^{**}$ 的工资,低于原来的市场工资 $O_A W_A^*$,这就出现了城乡实际工资差异 $W_{M1} - W_A^{**}$。尽管城市就业机会不多,但只要农村劳动力可以自由流动,还是会有很多人出来碰碰运气找工作。如果制造业部门的就业量 L_{M1} 同城市总劳动力 LUS 之比表示农村劳动力找到一份城市的工作机会,就表示成功获得城市工作机会的概率,而且它又是农业部门收入与城市预期收入相等的一个必要条件。

$$W_A = \frac{L_M}{\text{LUS}}(\overline{W}_M) \tag{4}$$

图 8 中,托达罗用曲线 qq 表示了连接城市工资和农业工资的轨迹,这时出现了表示所谓"失业均衡"的 Z 点。在这一点,城乡实际工资差距是 $W_{M1} - W_A$,$O_A L_A$ 劳动力仍然留在农村,$O_M L_{M1}$ 劳动力在城市现代部门工作,并领取 W_{M1} 工资。其余的劳动力 $\text{LUS} = O_M L_A - O_M L_{M1}$ 要么失业,要么从事低收入的非正规部门的活动。

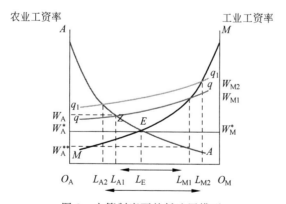

图 8   户籍制度下的托达罗模型

以上是对于托达罗模型的基本解释,这里需要说明两点,第一点,托达罗的所谓失业均衡,即存在一个非正规部门的就业问题,目前不仅存在而且十分普遍。第二点需要对非正规部门进一步分析。其中有些属于托达罗指出的一些人,即在城市找不到正式工作的;而另一些人则不同,他们不是找不到工作,他们在比较正规的部门工作,但是临时工或合同工,随时有被解雇的可能。第二点是本文的重点，即由于户籍制度的存在，使得本来就存在的城市与农村之间的制度性障碍更加突出，加高了这种门槛。中国的户籍制度导致了本来有可能在城市正规部门工作的农村劳动力被挡在了大门之外，进一步加大了非正规部门的就业人数，这在图8中由高于托达罗模型的 q_1q_1 曲线表示。也就是，中国城市部门与农村部门的工资差距更大，处在非正规部门的劳动力更多。

图9是在图8的基础上进一步显示了中国的另一个使得农村劳动力流动困难的制度性政策——计划生育政策。自1979年开始严格实行的计划生育政策，基本内容是城市夫妇只能生育一个孩子，农村夫妇可以生育两个孩子，但需要一定的间隔。这带来了两个问题：第一，本来人口相对少的城市人口自然增加缓慢，而人口较多的农村人口增加较快。这使得中国的城市化进程大大滞后，远远低于工业化程度，而且低于相似发展阶段的其他国家。第二，农村本来就相对贫穷，教育和社会发达程度比较低。大部分儿童出生在农村，严重影响了这些人的健康成长。更为重要的是，如果城市化是一个必然趋势，那么这些生长在农村的年轻劳动力就不可避免地要到城市打工，又不能获得城市的户籍，这就加大了中国非正规部门的就业队伍。

图9中显示的是，在忽略城市新增加的年轻劳动力的条件下，或者农村新增劳动力与城市新增劳动力之间的差，可以表现为农村部门劳动力供给的增加[1]，如 $O_{A2} \sim O_{A1}$。假定农村新增劳动力都到城市寻找工作，那么在中国目前的制度安排下，进一步加大了非正规部门的就业，即 qq 曲线或 q_1q_1 曲线的拉长和工资的降低。图9中右侧的虚线表示的是最近政府放松了计划生育政策，也就是城市居民可以生育二胎后的变化。这相当于城市人口的绝对增加，这有利于城市居民的就业和减少农村剩余劳动力在城市就业的比重。当然，这并不能解决农村大量剩余劳动力的户籍问题，只是缓解了城市的劳动供给。

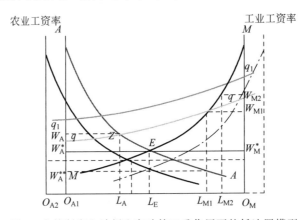

图9　户籍制度和计划生育政策双重作用下的托达罗模型

如果考虑到农村地区存在乡镇企业这个情况，我们可以进一步修改托达罗模型。图10是在图9左边内侧增加了一条虚线，表示农村劳动力中的一部分既不从事农业生产也不进城务工，而是留在农村加入到乡镇企业当中。这样，就可以减轻从农村到城市的"非正规就业"的压力。

---

① 这里用新出生的总人口数减去城市新出生人口数，剩下的就是农村新出生人口数。

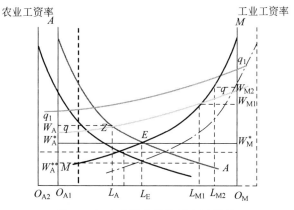

图 10 加入乡镇企业的托达罗模型

五、结　语

本文研究了 1949 年以后农村工业或乡镇企业的发展。首先,通过乡镇企业的发展经历研究农村工业发展特征和问题。这里主要利用相关数据进行了全面的观察,包括历史发展和变化。然后,通过生产函数的分析研究了乡镇企业的要素贡献程度,以及技术进步率。最后,从经济学和社会学两个角度对乡镇企业的作用和意义做了一些讨论。

我们认为,乡镇企业虽然在资本、劳动力、技术、管理等方面都不如国有企业和城市民营企业,更不如外资企业,但它的作用是不可低估的。首先,作为农村地区发展多种经济形式和促进农村向城镇化发展的过度是无法取代的。其次,作为农村地区连带非农经济活动不仅为当地的生产和生活带来了方便,而且促进了当地的就业。再次,由于我国长期存在户籍制度的限制,严重影响了城市化的进程。因此,乡镇企业为农村剩余劳动力能够留在当地提供了重要条件。

虽然进入 21 世纪以后乡镇企业的发展遇到了新的问题,在所有制等方面发生了很大变化,甚至这个名称都不一定准确了。但是这些企业并没有消失,而且还在进一步发展和壮大,关于这个动向未来还需要做进一步的观察和研究。

参考文献

[1] 阿瑟·刘易斯.二元经济论[M].北京:北京经济学院出版社,1989.

[2] 南亮进.经济发展的转折点:日本经验[M].北京:社会科学文献出版社,2008.

[3] 关权.发展经济学:中国经济发展[M].北京:清华大学出版社,2014.

[4] 张晓山,李周.新中国农村 60 年的发展与变迁[M].北京:人民出版社,2009:101.

[5] 张毅,张颂颂.中国乡镇企业简史[M].北京:中国农业出版社,2001:4.

[6] 肖湘.发展中的我国社队企业[J].乡镇企业研究资料,1984:2.

[7] 张毅,张颂颂.中国乡镇企业简史[M].北京:中国农业出版社,2001.

［8］ 于驰前，黄海光.当代中国的乡镇企业［M］.北京：当代中国出版社，1991.

［9］ 农业部农村合作经济指导司.农村合作经济组织及农业生产条件发展情况资料：1950—1991［R］.北京：农业部农村合作经济指导，1993.

［10］ 张晓亮，李周.新中国农村60年的发展与变迁［M］.北京：人民出版社，2009.

［11］ 中华人民共和国国家统计局.中国统计年鉴［R］.北京：国家统计局，1958—1978.

［12］ 中华人民共和国农业部.新中国农业60年统计资料［M］.北京：中国农业出版社，2009.

［13］ 中华人民共和国国家统计局.中国劳动统计统计年鉴［R］.北京：国家统计局，2013.

［14］ 中华人民共和国国家统计局.中国统计年鉴［R］.北京：国家统计局.

［15］ 武力.产业与科技史研究：第一辑［M］.北京：科学出版社，2017.

［16］ 中华人民共和国农业部乡镇企业局.中国乡镇企业统计资料：1978—2002［M］.北京：中国农业出版社，2003.

［17］ 中国农业年鉴编辑委员会.中国农业年鉴［M］.北京：中国农业出版社，2004.

中日两国产业技术政策比较研究(1945—2000 年)

倪月菊[1]　赵英[2]

1. 中国社会科学院世界经济与政治研究所
2. 中国社会科学院工业经济研究所

摘要：中日两国的产业技术政策经历了不同的发展历程。不同的历史发展过程,不同的工业化进程以及不同的经济制度,对两国的产业技术政策产生了巨大的影响。本文在对新中国成立后和日本第二次世界大战之后的产业技术政策历史进行简要回顾的基础上,对中日两国产业技术政策的制定过程及战略目标进行了比较分析,并提出中国政府在今后制定产业技术政策时应该关注的几个问题。

关键词：产业技术政策,中日比较,历史回顾,制定过程

一、中日产业技术政策的历史回顾

(一)新中国成立后中国产业技术政策的发展与变化

中国产业技术政策的发展、变化历程主要分成两个阶段,1949—1978 年改革开放前为第一阶段,改革开放后至 20 世纪末为第二个阶段。

1. 1949 年到改革开放前

新中国成立后,由于当时中国基本没有现代化工业,必须由政府直接指导完成工业化的原始积累。于是,中国采取了以计划经济体制推进工业化的战略。在产业技术政策方面,中国政府采取了以苏联援助的 156 项工程为中心,全面从苏联引进技术,并派出了大量技术人员和管理人员到苏联学习技术、设计与管理,使中国的技术水平有了极大的提高,如表 1 所示。

表 1　苏联向中国提供的科学文献和技术资料[1]

年份	整套技术设计文件	基本建设设计方案	机器和设计草图	整套技术文件	整套部门技术文件
1950	30		30		
1951	338	24	294	1	19
1952	507	25	385	27	70

续表

年份	整套技术设计文件	基本建设设计方案	机器和设计草图	整套技术文件	整套部门技术文件
1953	599	32	398	28	141
总计	1474	81	1107	56	230

此后，由于中国与苏联的关系恶化，中国面临的国际环境也日益恶化。因此中国政府在经济发展中，把"自力更生"摆在了战略位置，中国的产业技术政策也非常强调"自力更生"。

在计划经济体制下，产业政策几乎等于国家的投资政策，也即等于国家的投资计划。政府对产业技术进步的追求，对产业技术政策的推动，主要是靠政府投资实现的。改革开放前，中国基本上依靠自己的力量，建成了相对完整的工业体系。中国由一个基本上没有工业的国家，变成了能够在主要工业品方面达到低水平自给自足的国家，在某些工业领域取得了一些具有世界水平的技术成就（如中国在这一阶段依靠自己的技术力量成功研制了原子弹、战略导弹）。但总体而言，中国工业在这一时期由于与世界经济、技术发展相隔绝，发展受到很大影响。

2. 改革开放后到20世纪末期

1978年后，中国进入了改革开放的新时代。随着经济体制的改革，生产要素的市场配置，使政府管理方式，政策存在的方式以及企业的行为方式都发生了巨大变化。中国的产业技术政策也随之发生了相应的变化。

这一时期又可以分为两个阶段。自改革开放开始，到20世纪90年代初为一个阶段。这一时期内，国家经济体制仍然保留着相当大的计划经济体制色彩，政府仍然通过技术改造和投资计划对国有企业的技术进步进行指导和干预。产业技术政策与投资政策、技术改造政策仍然有十分密切的联系，甚至难以区分。国有企业在技术开发方面有了一定的自主权，但是主要产品的选择、技术的选择，还是由政府有关部门决定。民营企业在融资、购买材料、用人等方面受到较大限制，因此相当一部分科研开发型企业不得不以集体企业的形式出现。

自20世纪90年代初至20世纪末为第二阶段。在这一阶段中，中国经济体制改革有了决定性进展，产业技术政策也发生了巨大变化。第一，产业技术政策越来越脱离了强烈部门政策的特征，而具有了面向全社会的特征。第二，产业技术政策的调节手段，由行政手段为主转为金融、税收、信息、法律等手段并用。第三，政府的产业技术政策，越来越由管理具体的项目向管理产业技术发展的方向和领域转变。第四，政府开始日益重视中小企业的技术进步问题，为此专门制定了有关政策。同时，政府的产业技术政策也日益打破军民界限，变成更具有普遍性的产业技术政策。此外，由于具有了充分的自主权，企业（包括国有企业、非国有企业），特别是大企业和企业集团对政府制定产业政策开始起到一定作用。政府制定产业技术政策的领域日益集中于高技术和具有公共产品性质的领域。最后，政府的产业技术政策越来越注意环境、生态方面的影响，政府在制定产业技术政策方面开始考虑到与国际机构、国际规则的协调。

（二）二战后日本产业技术政策的发展与变化

战后日本产业技术政策发展大致可分为4个阶段。

战后经济恢复时期。在这一时期,日本政府着力于加强日本薄弱的技术基础,并力求尽快缩小与欧美的技术差距①。此时产业技术政策的重点是引进外国技术,推动国内经济重建与发展,促进产业合理化。在日本政府产业合理化政策引导下,1949—1955年,日本共引进了1000多项技术,这些技术大多集中于机械、金属、化工等产业。

高速增长时期。日本经济在1955年开始进入高速增长阶段。这一阶段日本政府的产业技术政策重点是大规模引进欧美国家的先进技术,以充实日本的产业技术力量(参见表2)。在对外国技术进行消化吸收的基础上,日本企业开始在制造工艺、零部件、产品设计、生产与质量管理等方面进行局部的创新。随着日本大量引进技术,日本与欧美国家间的技术差距逐步缩小。日本的企业形成自身的研究开发能力,对日本经济的发展日益重要。

表2 经济高速增长期日本技术引进的情况[2]

年　度	引进件数	费用/百万美元
1955	185	20
1956	311	33.3
1957	254	42.6
1958	242	47.6
1959	378	61.9
1960	588	94.9
1961	601	115.7
1962	757	114.9
1963	1137	135.4
1964	1041	155.3
1965	958	165.7
1966	1153	194.4
1967	1295	239
1968	1744	314
1969	1629	368
1970	1768	433
合计	14041	2535.7

这一时期,日本政府通过扩大政府投资规模,加强了政府引导民间投资方向、结构的力度。这个时期的设备投资,为日本企业引进外国先进技术,不断开发新技术、运用新设备提供了条件。

经济转折时期。20世纪70年代至80年代,日本经济由于遇到能源危机、货币危机、贸易摩擦以及环境污染日益严重等问题,进入了一个转折时期。经济发展速度下降,政府开始调整产业结构,力图使产业结构由过去的"厚重长大",转变为"轻薄短小",也即由大量消耗材料的产业结构向高技术、高附加值的产业结构过渡。如表3所示,日本在这一时期基本上形成了自己的技术开发能力,日本从这一时期开始转为以自有技术为主,同时开展国际合作[3-6]。

---

① 根据有关文献,此时日本造船工业技术水平比美国落后30年,钢铁工业技术水平比美国落后20年,日本最好的纺织产业与美国相比也落后10年左右。

表3 日本主要大型技术开发研究项目

项目名称	研究时间	研究经费	项目名称	研究时间	研究经费
超高性能电子计算机	1966—1971年	100亿日元	汽车综合管理技术	1973—1979年	73亿日元
脱硫技术	1966—1971年	26亿日元	图形信息处理	1971—1980年	220亿日元
烯泾等新制法	1967—1975年	11亿日元	飞机喷气引擎	1971—1981年	199亿日元
深海海底石油遥控开发设备	1970—1975年	45亿日元	以重质油为原料的烯泾制法	1971—1981年	
海水淡化与副产品的利用	1969—1977年	67亿日元	利用高温还原气体直接炼铁	1973—1977年	131亿日元
电动汽车	1971—1977年	57亿日元	资源综合再生技术系统	1973—1982年	126亿日元
合计	861亿日元				

在这一时期，日本政府的产业技术政策主要是调整研究开发的重点，开始重视生命科学、新能源技术、生物技术、软件等方面的科研开发；进一步建立健全的技术前沿的政府研究开发制度与体系，以鼓励尖端技术研究开发为重点，完善产业技术政策的相关措施，并充实了大型产业技术开发计划。政府通过大型项目引导民间的研究和设备投资，为民间企业的技术开发提供了起飞的动力和方向，为高技术产业发展创造了技术条件，如表4所示[3-6]。

表4 通产省组织的重点联合研究项目计划

技术项目计划	起止时间	技术项目计划	起止时间
光电子技术	1979—1988年	精密陶瓷	1981—1990年
超级计算机计划	1979—1990年	语言分辨和识别	1983—1988年
第5代计算机计划	1981—1991年	软件	1985—1992年
未来电子设备	1981—1990年	新型人造钻石	1987—1992年
生物芯片	1986—1990年	生物计算机	1985—1995年

泡沫经济时期。进入20世纪90年代以来，日本政府面临着"泡沫经济"破灭、经济成长速度缓慢、制造业向海外转移加速等经济问题。在这种形势下，出于危机感和经济发展的需要，日本政府在产业技术开发体制和产业技术政策方面也进行了较大的改革。

首先，日本政府加强了对科技发展和产业技术化的支持力度，把信息、电子、软件、材料、生命科学、能源、海洋科学、宇宙科学和地球环境作为研究开发的重点。其次，大力鼓励民间企业进行高新技术开发。日本政府规定，民间企业研究开发高技术可以获得低息贷款，如果研究成功，按照优惠条件还本付息，如果失败则按照无息贷款还本付息。再其次，加强官产学的联合研究。1988年日本官产学共同研究的项目为583件；1995年官产学共同研究项目已达到1704件。此外，日本对基础研究领域的投入大大增加。1996年7月日本政府批准了科学技术发展5年总体计划(1996—2000年)，计划在5年内大大增加对科学技术的投入，以从事基础研究的100所大学和实验室作为优先投资对象，尤其强调对从事基础研究的科研人员的培养,提出要把大学的博士后科研人员从当时的 6000 人增加到 2000 年的 10 000 人。最后,日本政府不断地放松或取消对政府科研机构及大学的限制,以增加科研机构的活力[3-6]。

二、中日产业技术政策制定过程比较

(一)中国产业技术政策的制定过程

在计划经济体制下,中国产业技术政策的制定与形成是一个单纯由政府决定的过程。政府完全决定着产业技术进步的方向、速度和内容,决定着企业的一切行为。

具体的产业技术政策制定过程是,政府各专业部门确定本部门的技术发展规划和建立新的企业计划,然后上报国家计划委员会批准。有些大的项目则要由政府最高层讨论。国家计划委员会虽然对国家经济计划起着决定作用,但是由于改革开放前的高技术产业主要生产军工产品,因而国防科研的领导部门对这些产业的技术政策起着决定作用。

改革开放后,一方面政府放松和改革了对国有企业的管理方式,大企业的主动性增加,拥有的资源增加,许多非国有企业成长很快;一方面国家财政规模相对缩小,计划的作用日益缩小,因此,产业技术政策的制定过程也发生了巨大的变化。

综合性产业政策一般由国家综合经济管理部门(一般是国家计委)起草,征求国家其他综合经济管理部门(如财政部)及国家各专业经济管理部门意见,并听取有关专家意见,进行反复修改后,上报政府最高层审批。通过后,颁布全国执行。综合性产业政策由于内容往往比较原则,又是主要在综合经济管理部门内部进行协调,因而形成时间相对较短,政策制订成本较低。

行业性产业政策,一般是由国家专业经济管理部门提出或发起,先在行业内反复征求企业领导和专家的意见,反复修改后上报国家综合经济管理部门。随着经济体制改革的不断深化,国家专业经济管理部门的决策方式也不断变化。一些部门陆续成立了行业协会、政策审议会,这些组织为吸收企业领导和专家参加政策制订,提供了固定的、规范的渠道。因而在国家专业经济管理部门进行制订产业政策内部作业时,已经是多主体之间的协调。当然,主导权仍在政府官员手中。

产业技术政策作为单项的重要产业政策,其制定虽然基本遵照一般产业政策的制定流程,但是由于其专业性强,需要高度专业的知识和科学技术预测能力,需要在科学技术与经济结合的基础上制定政策,因而与一般产业政策的制定有很多不同之处,如图 1 所示。

在制定产业技术政策时,专家的作用要大得多。第一,各个产业部门的官员要向有关领域的权威进行咨询,由本部门技术研究机构提出意见。然后在综合意见基础上上报。如果涉及重大公共领域的问题,则要与非工业部门的机构进行协调。第二,有关专家(一般是具有很高威望的科学技术权威)往往可以越过政府机构直接把自己的见解上达政府高层。例如,"863"计划就是由中国 4 位最有权威的科学家直接上书邓小平,获得批准的。第三,中国科学院、中国工程院的科学技术专家可以对有关项目(往往是大项目)发表咨询意见。第四,

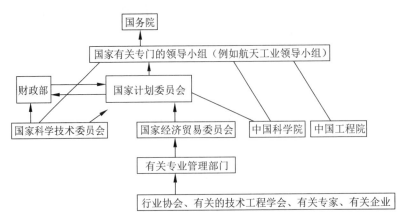

图 1　中国产业技术政策的制定过程

涉及重大工程,产业技术政策往往带有公共政策的性质,这时往往要在全国人民代表大会甚至更广泛的范围内进行讨论。第五,中国某些高技术产业的产业技术政策虽然最后由国家计划委员会汇总,但往往实际上由国家科学技术委员会和国防科学技术工业委员会决定。这一点与日本科学技术厅决定某些高技术产业的技术政策,有很大相似之处。

国家计划委员会的计划与产业技术政策,需要财政支出的要与财政部协商。在计划体制下,财政不过是简单地为计划筹备资金,现在财政部门的发言权越来越大。例如,汽车工业产业政策中许多对企业开发新产品的优惠政策由于财政部门不积极,而成为一纸空文。

后来,由于中国政府原来的各个工业专业管理部门大部分并入了经济贸易委员会,经济贸易委员会又负责对企业的技术进行改造,因此某些产业的规划、产业政策的制定先由国家经济贸易委员会制定,再与国家计划委员会协调。国家经济贸易委员会在产业政策制定环节中,从某种意义上取代了过去的各个产业部门。国家经济贸易委员会先在各个产业间进行综合,制定某些产业政策。国家计划委员会在全社会经济范围内进行综合,并且从中长期角度制定产业政策。

需要说明的是,由于中国政府制定产业技术的官员,往往是在有关产业工作了多年,因此对于技术发展了解的深度与日本有关官员相比,可能要清楚一些。但是这又带来了一个问题,即这些官员往往对先进技术有着过于职业上的偏好,而忽视经济上的可能性。例如中国汽车工业的政府管理部门,对汽车工业发展就有过分强调技术上"高起点"的倾向,而对适用于中国市场条件的所谓"农用车"则认为其技术水平低,不属于汽车产品,在相当长时间内一直采取无视的态度。

总的来说,中国政府制定一般的产业技术政策,由于是单项的产业政策,一般来说是在行政机构内运作完成的。

（二）日本产业技术政策的制定与形成

一般来说,日本产业技术政策的形成要经过图 2 所示的流程。

在日本未进行行政体制改革前,制定产业技术政策时由通商产业省官员提出大致想法,由工业技术院的研究人员从专业技术角度提出建议。因此,工业技术院的研究官员对产业

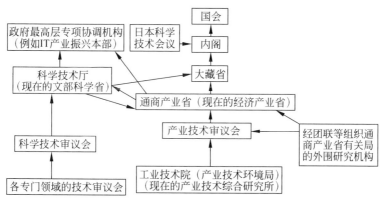

图 2　日本产业技术政策的制定过程

技术制定有重大影响。行政改革后,产业技术环境局与原来的工业院分开,产业技术环境局成为真正的行政机构,工业技术院则变成独立的行政法人,但仍然从专业角度,对经济产业省的产业技术政策进行协助,提出工业技术院对技术发展战略方向的判断。可以说日本产业技术政策的制定受到技术官僚的重要影响。

通商产业省的有关产业局也有自己的研究机构,例如机械情报产业局所属的机械振兴协会,就办有经济研究所和技术研究所。这些研究机构也对产业技术政策进行研究,并提出建议。经团联等团体也对产业技术政策进行研究,并向政府提出建议。例如,在政府研究把IT 产业的发展作为振兴日本经济的支柱前,经团联产业本部于 2001 年 1 月 22 日就"IT 国家战略"的一系列重要问题,对企业进行了调查,并提出了有关建议。

日本科学技术会议从学术角度对科学技术的发展提出战略性意见,科学技术学术会议具体构成是议长 1 人(总理大臣),议员 10 人(包括大藏大臣、文部大臣、经济企划厅长官、科学技术厅长官等)。作为直属总理的科学技术咨询机构,由于具有科学技术上的权威性,因而不可避免地对产业技术政策的方向产生某些影响。

产业技术审议会是通商产业大臣对工业、科学技术有关重要事项进行咨询的机构。其组织图如表5 所示产业技术审议会对产业技术发展战略以及战略实施情况、产业技术力的强化措施、有关产业技术法律的制定、具体的产业技术政策、产业技术战略、政策如何与科学技术厅提出的科学技术基本计划融合等问题进行研讨,是一个综合性的审议会。在产业技术审议会中有相关民间人士参加,包括大学教授、产业界有关企业负责人等。由于这样听取意见的范围还是有限,因此经济产业省正在考虑把目前的评价方法改为同行研究者进行评价。

表 5　产业技术审议会组织图

产业技术审议总会	综 合 部 会
	国际研究协力部会
	产业科学技术开发部会
	能源环境技术开发部会
	地域开发部会
	评价部会

资料来源:根据通商产业省的有关资料整理。

值得特别指出的是，在制定日本高技术产业发展的产业技术政策方面，科学技术厅具有决定性的作用。目前日本从事宇航开发、原子能开发的机构和研究所仍然是由科学技术厅管理的。与中国不同的是，科学技术厅实际上统一控制着日本政府研究的经费（包括政府各省），科学技术厅掌握的科学技术开发的资源要远远高于通商产业省。

（三）中国与日本产业技术政策制定过程的异同之处

两国产业技术政策制定与实施有许多相同之处。第一，两国产业技术政策的制定与实施，都对技术专家有极大的依赖性。第二，两国产业技术政策的制定都是一个多主体参加的过程。在制定过程中，两国的政府官员都要考虑技术专家、企业家、协会、研究机构的意见。第三，两国产业技术政策的制定是由技术官僚主导的，这是由于技术方面的专业性太强所致。第四，两国的产业技术政策制定实际上都分为两部分。高技术产业以及本国负责科学技术发展的机构起着重要作用，并且由本国最高层直接指导。而本国负责经济发展的部门则负责对其他产业的技术政策。两国政府在高技术、大型项目的研究开发方面都呈现较强的计划性。第五，两国都针对一些重要的产业技术发展，设立了若干由最高领导人负责的非常设机构。

之所以两国政府在产业技术政策上介入如此之深，是因为两国在这方面与西方国家（主要是美国、欧盟）相比，存在着一定的差距。更主要的是，当代某些高技术产业投入越来越高，风险越来越大，其经济规模已发展到日本学者所说的"地球规模"。这些产业还在相当大程度上依靠政府订货生存，并且往往与国家安全有密切关系，是国家综合国力的体现。因此不能不由政府来予以重点支持。

两国产业技术政策制定与实施的不同之处首先在于，由于中国立法的时间成本太高，因此中国产业技术政策制定与实施，在大部分领域是一个基本在行政系统内解决的问题。日本的产业技术政策则经常采取法律的形式，因此不可避免地要与国会进行协调。正因为如此，日本的产业技术政策审议会，除了追求技术上的合理选择之外，更重要的是取得意见的一致，使公共政策更具有合法性。

其次，中国的科学技术委员会没有日本的科学技术厅那么大的影响力。再其次，日本的大藏省虽然不直接介入产业技术政策的制定，但是通产省和科学技术厅的预算要由其批准、审核，因此日本政府中，财政官员对日本产业技术政策的作用远比中国要大。此外，中国企业和其他民间团体对技术政策的影响力，与日本的民间企业和其他团体相比要小得多。即便是国有大企业可以对产业技术政策发表意见，与日本相比，中国的产业技术政策更加具有官员主导的色彩。

最后，日本的民间企业可以直接与国会、政府最高层对话，并主动采取行动。例如，燃料电池在日本通产省认识到这一问题的重要性，并准备采取行动之前，丰田、本田等企业已开始行动了。中国企业目前则缺乏这种活动能力和活动空间。

三、中国与日本产业技术政策战略目标的比较

中国与日本在产业技术政策战略目标方面,具有以下几个基本相似之处。

第一,两国力图通过产业技术政策促使本国在世界最尖端的某些高技术产业的竞争中占有一席之地。例如,在发展宇航、原子能、航空等产业中,两国都通过政府的介入,在实施产业技术政策时进行了巨大的资源投入和帮助。日本科学技术会议参考了政府国防会议的形式,使科技开发成为国家行为。两国都力图通过政府的力量,通过发展这些产业达到增加综合国力的目的。其中政治的考虑是重要的,甚至是决定性的。中曾根康弘在谈到科学技术振兴费的设立时认为,第二次世界大战的结果(包括原子弹的轰炸)对日本政府起了决定性作用。

第二,两国都希望通过产业技术政策推行调整产业结构,不断推进本国产业的升级。日本一直把通过发展高产业、高技术产品作为本国产业升级的必然措施。在日本经过两次石油危机后,通过发展节约能源、材料的产业促进产业结构调整成为日本的国家战略。中国进入20世纪90年代后,面临着90%以上的产品供大于求、环境污染日益严重等严重问题。因此,通过技术进步,发展高技术产业,来促使产业升级已成为中国经济发展的重要途径。在这种情况下,通过产业技术政策调整产业结构已成为战略性的考虑。

第三,两国政府都在不同经济发展阶段,制定了不同的科学技术计划和大型的研究开发项目。通过这些项目,政府直接地介入了对重要产业的技术发展。政府试图通过这些项目中关键技术的突破,来带动其他产业的技术进步。

第四,两国都重视基础科学技术领域的研究,重视技术创新。在中国"十五"计划期间,提出了"显著提高技术领域的创新能力,加强原始性创新"的目标。日本也一直强调发展有独创性的科学技术。为了在基础研究领域进行发展,1998年日本政府对科学技术的经费总额已达到16.1万亿日元,居美国、欧盟之后,但按照在国内总产值中所占比例已达到3.25%,超过了美国与欧盟。最后,追求技术发展与生态环境的和谐,对生态环境保护的重视,已成为两国产业技术政策中的重要组成部分。日本在进入20世纪70年代后,中国在进入20世纪90年代后,都把对环境的保护作为产业技术政策的重要目标。

中国与日本在产业技术政策战略目标方面,具有以下几个不同点。

第一,中国的产业技术政策中,高技术产业的发展和高技术的开发虽然占有重要地位,但是中国政府对其他产业仍然予以高度重视。国家计划委员会在制定产业技术政策时,强调的是发挥比较优势,选择有限目标,突出重点,侧重推广应用,选择农业、基础工业、支柱产业作为重点。同时发挥中国在宇航、航空、原子能产业的优势。这是因为中国是一个处于工业化中期阶段的国家,产业层次很多,劳动力密集产业、资本密集产业和技术密集产业并存,因此中国的产业技术政策不能不关注传统产业的发展。由于日本已进入后工业化阶段,一般加工工业已经陆续向外转移,留在日本的高附加值加工工业的水平已经相当高,在世界上具有很强的竞争力。因此,随着产业的不断升级,日本政府寄托希望的产业几乎都是高技术产业,因此在日本政府的产业技术政策中格外地关注高技术产业。日本政府倾全力于高技

术发展,也可以理解为随着其他产业的成熟,政府逐步放弃了对有关产业的技术政策干预。日本政府的产业技术政策越来越集中于与国家未来经济发展至关重要的方面。

第二,进入20世纪90年代以后,中国政府在产业技术政策中虽然也把一些与生活福利、环境保护等公共政策领域的项目作为产业技术的重要组成部分,但这些领域还没有上升到可以与高技术以及其他一些产业相比的程度。在日本政府的产业技术政策中,则把防灾、劳动安全、人口老龄化、公害预防、生态环境保护作为战略重点,例如在日本政府《2000年产业技术政策的重点》中,就列有"医疗福利机器技术研究开发,高龄者对应机器的技术开发"等。这既是出于日本国情的考虑,也是发达国家在实现工业化后的必然选择。

第三,日本在产业技术政策的目标中,明确地把美国作为赶超的目标。例如在生物技术的开发方面,通产省就制定了10年内赶上美国的目标。而中国则在"十五"计划中提出,"大幅度提高产业总体技术水平和国际竞争力,使我国农业、工业和服务业主要领域的技术水平,特别是制造技术和装备达到发达国家20世纪90年代中期的水平,部分领域进入世界先进行列;2005年高技术产业增加值占工业增加值的比重超过20％;基础研究水平进入世界前5至10名"。应当说中国的有限目标是符合国情的。

第四,与日本相比,中国产业技术政策中具体战略目标的选择仍然是比较多的。几乎每个产业,政府都进行了研究,并具体列出了应该发展的产业技术发展方向和重大技术产业化目录。日本通产省和科学技术厅虽然也在战略和计划中列出了重大技术项目,但是与中国的产业技术相比,就要笼统得多。这既显示了两国工业发展阶段的不同,也显示了两国政府在经济管理方式上的不同。中国政府对产业技术发展仍然从过去以部门分工的角度进行研究、制定,因而管理得比较细、比较多,而且是按照各个产业部门来予以管理的,带有某些计划经济的痕迹。而日本政府则只是对关系日本经济社会发展的重点产业中的重点技术、基础性技术进行支持。

四、结　语

通过上述对中日两国政府产业技术政策的比较,可以看到产业技术政策由于是处于经济与技术结合部位的政策,制定产业技术政策不仅要考虑经济发展的需要,还要考虑科学技术发展的客观规律。在产业技术政策中,科学技术发展客观规律对制定政策者的"强制作用"表现得非常明显。这也是中日产业技术政策产生许多相似之处的重要原因。通过上面的比较,有几个问题值得中国政府在今后制定产业技术政策时予以注意。

一是随着中国经济与科学技术的发展,政府应当逐步减少对一般产业技术方面的具体干预,除对某些投入大、开发风险高、产品公共性比较强的产业进行比较具体的政策支持外,一般不应直接干预产业内企业的技术进步和产品开发。能够通过市场来解决的,尽量通过市场。

二是中国科技开发机构的改革,要建立与其特点、功能以及政府赋予的任务相适应的制度。应该尊重不同科研开发领域的规律性,不同科研开发机构的功能和特点,通过制定不同的制度,建立官产学之间的紧密联系。

　　三是随着中国产业结构的不断升级,高技术产业所占比重越来越高,基础研究对中国产业技术发展越来越重要。逐步扩大产业技术政策中财政手段的应用,增加政府在产业技术开发方面的财政投入,是必然趋势。

　　四是政府要集中力量于"技术基盘"的研究与开发。所谓"技术基盘"指的是,产业的技术计量标准,产业的基础性、通用技术与产品大型的、共用的研究、试验室和设备的维护与运行(例如进行核物理和基本粒子研究的大型加速器),新技术、先导性技术的应用理论研究与开发,公共领域的技术开发,产业技术信息的提供,研究方向和战略的调查,为中小企业提供共同研究开发的组织与技术试验平台,官产学共同研究的组织制度等。

　　五是中国政府在制定产业技术政策时,要更加注重公共领域的技术政策。例如,从生态环境保护的角度,制定有关技术政策,在制定宇航产业技术政策时,考虑到更广泛领域的需要等。总之要逐步改变过于强调产业技术发展,而忽视社会影响的产业技术制定方式。

参考文献

[1]　沈志华.中苏同盟的经济背景:1948—1953 年[M].香港:香港亚太研究所,2000.

[2]　史清琪,赵经彻.中国产业发展报告(1999)[M].北京:中国致公出版社,1999.

[3]　冯昭奎.日本高技术发展问题[M].北京:学苑出版社,1989.

[4]　石原慎太郎,盛田昭夫,军事科学院外国军事研究部译.日本可以说"不"[M].北京:军事科学出版社,1990.

[5]　中国社会科学院日本研究所.日本经济的活力[M].北京:航空工业出版社,1988.

[6]　冯昭奎.高技术与日本的国家战略[J].中国社会科学,1991,(5):127-141.

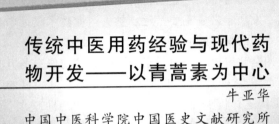

传统中医用药经验与现代药物开发——以青蒿素为中心

牛亚华

中国中医科学院中国医史文献研究所

摘要：青蒿素是从黄花蒿（Artemisia annua L.）中提取出来的，这被指出与《本草纲目》的记载不合；《肘后方》记载的青蒿绞汁用法被认为只是个偏方，那些含有青蒿的汤剂因高温煎煮也被认为已不具有抗疟效果，因此，传统中医的用药经验在青蒿素发现的作用中受到了一些质疑。通过考察中医古籍可知，关于青蒿治疗疟疾的记载绵延不绝，其用药方法多样，并且随着时代的推移日渐广泛；到了民国时期，已有专治疟疾的成药青蒿露出售；20世纪50～60年代，青蒿仍然是民间广泛使用的治疗疟疾的药物。中国科学家就是依据中医用药经验聚焦于青蒿，从药材市场购买的青蒿（学名黄花蒿）中提取出了青蒿素。事实上，药材市场出售的青蒿就是学名称为黄花蒿的植物，而将含有青蒿素的植物 Artemisia annua L. 与黄花蒿对应并命名，是日本学者的一个错误。

关键词：青蒿，青蒿素，黄花蒿，抗疟药，中医药

一、前 言

2015年，屠呦呦因发现青蒿素的抗疟作用荣获诺贝尔医学或生理学奖，这是我国本土科学家首次获得诺贝尔奖医学奖。在颁奖典礼上，屠呦呦做了题为"青蒿素是传统中医药给世界的礼物"的讲演。由于青蒿素是从黄花蒿中提取出来的，其命名问题本身有过争议，一些对中医持否定态度的人士进一步提出了质疑，说将青蒿素的发现说成是依据了中医的用药经验，是牵强附会，就算是中医曾用青蒿治疗疟疾，汤剂经过高温煎煮，其中的有效成分青蒿素已失活，不再具有抗疟效果，而《肘后方》记载的绞汁用法，只是个偏方，不具有普遍性。鉴于此，我们有必要梳理一下中医关于青蒿治疗疟疾的记载和青蒿素提取的过程，探讨和认识传统中医用药经验在青蒿素的发现中的作用和价值。

二、历史上对青蒿及其抗疟作用的记载

中国古人很早就认识青蒿这种植物了,我国古老的文学作品《诗经》中就记载了青蒿之名,《诗经·小雅·鹿鸣》曰:"呦呦鹿鸣,食野之蒿"。此处的蒿,就是青蒿。

青蒿入药的历史十分悠久,马王堆三号汉墓(公元前 168 年左右)出土的帛书《五十二病方》就有关于青蒿治疗痔疮记载,并特别说明,"青蒿者,荆名曰菣",即青蒿在荆楚地方叫作"菣"[1-2]。约成于东汉的《神农本草经》收载了青蒿,列为下品,当时称为草蒿,也就是以草蒿为正名,青蒿为又名,"草蒿,一名青蒿,一名方溃。味苦,寒,无毒。生川泽。治疗痎痂痒,恶疮、杀虫,留热在骨节间。明目。"[3]东晋葛洪《肘后备急方》治寒热诸疟,首载以"青蒿一握,以水二升渍,绞取汁,尽服之"。这是关于青蒿治疟的最早记载,青蒿素的低温提取便受此启发。

唐《新修本草》沿袭了《神农本草经》的称谓,也以草蒿为正名,云"此蒿生採傅金疮止血生肉、止疼痛良也"。其后陈藏器《本草拾遗》、宋代的本草著作对青蒿多有描述,仍多以草蒿为正名。《图经本草》(1061)、《证类本草》(1082)收录有草蒿,《梦溪笔谈》(1086—1093)"论青蒿"讨论了二种青蒿。总之,宋代的本草著作大多没有收录葛洪《肘后方》的相关内容,也没有提到青蒿抗疟的功效,青蒿也不止一个品种。

宋代的《圣济总录》(1111—1118)卷 36、71、168 载有三个不同组方的"青蒿汤",分别治疗脾疟、亥疟、和小儿潮热。周去非《岭外代答》(1178)记载了岭南地区治疗"瘴气"的独特方法,"治瘴不可纯用中州伤寒之药,苟徒见其热甚,而以朴硝大黄之类下之,苟所禀怯弱,立见倾危。昔静江府唐侍御家,仙者授以青蒿散,至今南方瘴疾服之有奇验。其药用青蒿、石膏及草药。服之而不愈是其人禀弱而病深也。急以附子、丹砂救之,往往多愈"。还有一种挑草子的方法,"间有南人热瘴,桃草子而愈者。南人热瘴发一二日,以针刺其上下唇……乃以青蒿和水服之,应手而愈"[4]。足见在广东、广西等地青蒿治疗疟疾由来已久,且十分普遍。这一疗法也被收入《岭南卫生方》中。

元代朱震亨(1281—1358)的《金匮勾玄》《丹溪心法》均载有"截疟青蒿丸""青蒿半斤,冬瓜叶、官桂、马鞭草,右焙干为末,水丸胡椒大。每一两分四服,于当发之前一时服尽。又云:青蒿一两,冬青叶二两,马鞭草二两,桂二两。未知孰是,姑两存之,以俟知者"[5]。根据"又云"可知,当时用青蒿截疟已较多应用。直到元代,青蒿治疗疟疾,多数未经高温煎煮,疗效应当是确切的。

青蒿作为抗疟药物的使用在明代日渐增多,明初刊刻的《普济方》中,有多条青蒿治疗疟疾的记录,如"诸疟门"卷 197 中的"恒山散""青蒿散"卷 199"草果七枣汤""神惠方""大效人参散"、卷 200 的"祛疟神应丸"中都有青蒿,且为主药。其中"祛疟神应丸"引自《德生堂方》,"于五月五日午时,采青蒿捣取自然汁,和面为丸,如绿豆大,每服一丸,当发日早晨,取无根井水送下。治疗久疟和诸疟疾"。"大效人参散"明确说"治山岚瘴疟,不以近久,或寒或热,或寒热相兼、或连日、间日、或三四日一发,并皆治之。人参(去芦头)、常山(锉)、青蒿(去根梗),各等分,上为细末,每服二钱半"。鲁伯嗣《婴童百问》(1403)载有梨浆饮子,治潮热、荣热、卫热、瘴气热，两日一发，三日一发。积热、脾热、痞热、胃热、癖热、疟热、邪热、寒热、脾疟、鬼疟，夜发单疟独热。其中青蒿也是重要的药物。《药性粗评》（1551）目录将青蒿列正名，并明确了青蒿"主治骨蒸痨瘵，久疟不差。"为"排疟劳之阵"[6]。稍晚的《本草原始》（1612）虽仍以草蒿为正名，但已经将抗疟功效列入，"生捣汁服并贴之，治疟疾寒热"。

明代以前，青蒿一直作为草蒿的又名存在，《本草纲目》一改以往本草著作的惯用法，弃用草蒿，取青蒿为正名，书中全面引证了前人关于青蒿（草蒿）的论述，包括葛洪《肘后方》关于青蒿治疟的内容，明确指出青蒿"治疟疾寒热"。其卷三"百病主治药·疟"中，列举了100余种治疗疟疾的药物，青蒿是其中之一，"青蒿，虚疟寒热，捣汁服；或同桂心煎酒服。温疟，但热不寒，同黄丹末服。截疟，同常山、人参末酒服。"此外，还列举了青蒿与其他几种药配伍使用治疗疟疾的用法，如"香薷，同青蒿末，酒服。""寒食面，热疟，青蒿汁丸，服二钱。""冬瓜叶，断疟，同青蒿、马鞭草、官桂，糊丸服。""鸡子清丸，煮熟服。瘴疟，同知母、青蒿、桃仁煎服。"足见李时珍的时代，用青蒿治疗疟疾已十分普遍。

晚明及以后的方书中，如《增刻医便》《万氏家抄方》《症治析疑录》《痘疹传心录》《士材三书》《傅信尤易方》等多种著作都引用了"截疟青蒿丸"方，或者载有青蒿治疟的方子，并注明"截疟神效"。有些方子经过煎煮或用童便炮制，有些使用阴干的青蒿叶制成丸。清代的方书对青蒿的应用有增无减，如沈金鳌《杂病源流犀烛》"疟有暑湿热之邪内伏，百药不效者，尤宜详审，或稍下之亦可，宜青蒿、苍术、枳实"；《爱庐医案》有用青蒿治愈疟疾的案例；《瘟病条辨》创制了鳖甲青蒿汤；《医家四要》"青蒿祛暑退蒸，疟痢逢之可却"。此外，《绛雪园古方选注》《本草备要》《韩氏医课》等均有关于青蒿治疟的记载。著名医家叶天士治疗疟疾时常将柴胡换为青蒿。

清末民国时期出版的一些药店出售成药的品目，如《苏州劳松寿堂丸散膏丹目录》《彭太和堂丸散膏丹集录》《汪恒春堂丸散膏丹汇编》《雷桐君堂丸散全集》《姜衍泽堂发记丸散膏丹录》载有香青蒿露，长沙《同德泰丸散膏丹总目录》都有青蒿露或鲜青蒿露，北平《庆仁堂虔修诸门应证丸散膏丹总目》（1918），《叶种德堂丸散膏丹全录》有陈青蒿露，多写明"治疗骨蒸劳热，久疟久痢"。青蒿露是药店一种日常销售成品，说明青蒿治疗疟疾在清末民国期间应用得十分普遍。

新中国成立以来，民间用青蒿做治疗疟疾也很普遍。1954年，江西南昌市中医实验院一名叫李蔚普的医师在《中医杂志》发表了一篇题为"青蒿的抗疟疗效"的文章，介绍说"修水王松游先生在本年六月出席江西省首届中医代表大会时，曾经公开一个单方'用青蒿子提炼成粉剂，每次服一钱，在一百三十个例子中，服一次治愈者占60%，服二次治愈者占30%，总结起来有效率在90%以上。'他又说"我的故乡（赣南）用青蒿治疗疟疾为群众常识，而且用法很多样，有的用以煎汤洗澡，有的用生青蒿塞鼻孔"。他对于青蒿没有受到职业医师的重视而惋惜，"但职业医师并没有把群众的这种经验很好地总结起来"，并指出於达望所著《国药提要》青蒿项下并未列出青蒿的抗疟作用。他还列举了古代文献中青蒿治疟的方子，以及他本人用青蒿治疗疟疾的验案。呼吁医界重视青蒿治疗疟疾的作用[7]。1959年，广西壮族自治区中药研究所黄少汝等报道用两种民间草药土常山和青蒿治疗疟疾，认为二者在控制症状方面效果良好，但杀灭疟原虫的效果不理想，青蒿组退热效果优于常山组，控制症状不及常山组。在讨论中还提及青蒿高温浓缩后效果反不及开水冲泡[8]。1960年，湖南省汉寿县医药科学研究所报道用三叶草丸治疗疟疾，收到良好效果，其方药物组成及制法为：常山叶、黄荆叶、青蒿叶各八斤。将三叶洗净,用甘草一两煎水使沸后,将三叶放入,煮一分钟即取出,切碎晒干,研成细末,水泛为丸,如绿豆大。用以系统性治疗,每日3钱,分2次于发疟前2小时服用,没有发生不良反应[9]。20世纪60年代,江苏高邮民间沿用青蒿治疟的传统方法,效果显著。

三、传统药物知识与青蒿素的发现

20世纪60年代,恶性疟原虫氯喹等原喹啉类药物产生的抗药性日益严重,东南亚地区尤甚,大量疟疾患者面临无药可治的境地。越南战争期间,疟疾在越南流行,不仅威胁着越南军民的健康,同时也造成美军非战斗性减员。寻找新的抗疟药成为各国医药界的关注点,并为此展开了大量研究工作。美国自20世纪60年代起,应战争急需而筛选的化合物达30万种。

1964年,中国毛泽东和周恩来总理应越南领导人之请,指示把解决热带地区部队遭受疟疾侵害的问题作为一项紧急援外和战备重要任务立项,由中国人民解放军军事医学科学院、第二军医大学,以及广州、昆明和南京军区所属的军事医学研究所开展相应的疟疾防治药物研究工作。1967年5月23日在北京召开了有关部委、军队总部直属和有关省、市、区、军区领导及所属单位参加的全国协作会议,并成立了"全国疟疾防治研究领导小组办公室"(简称523办公室)。由于这是一项涉及越南战争的紧急军工项目,为保密起见,遂以开会日期为代号,简称为"523任务"。该项目组织了全国七大省市、60多个单位500百余人,多学科、多专业共同攻关,重视从祖国医药学宝库中发掘新药。到1969年,已筛选化合物、中草药4万多种,未取得满意结果。有鉴于此,1969年1月21日全国523办公室邀请中医研究院中药研究所参加工作。中国中医研究院接受任务后,即组建科研组,任命屠呦呦为组长,负责全面工作[10]。

屠呦呦和同事们首先系统收集整理了历代医籍、本草文献,翻遍了建院以来的人民来信,还请教了当时院里著名老中医,蒲辅周曾推荐过"雷击散""圣散子",岳美中推荐过"木贼煎"和"桂枝白虎汤"等古代方剂。她又和同事用3个月时间,在汇集了内服、外用,包括植物、动物、矿物等2000余种方药基础上,整理出以640余个方药为主的《疟疾单秘验方集》,油印成册,于1969年4月送全国523办公室,请转给承担任务的七大省、市共同发掘[11]。其中就有青蒿处方,青蒿五钱至半斤;用法为捣汁服或水煎服或研细末,开水兑服;来源为福建、贵州、云南、广西、湖南、江西。其中还有备注:各地使用青蒿与其他药物配伍治疗疟疾的药方,共有13个。说明当时他们已关注到青蒿治疗疟疾的问题。

很快屠呦呦等就以鼠疟动物为模型,开展了对中药进行筛选的实验研究工作。到1969年6月,中药所研究人员对威灵仙、马齿苋、皂角、艾叶、细辛、辣椒、白胡椒、胡椒、黄丹、雄黄等药物进行了筛选,他们发现胡椒提取物对疟原虫抑制率高达84%,但药理实验显示,该药对疟原虫的抑杀作用不理想。经过100多个样品筛选的实验研究工作,不得不再考虑选择新的药物。

1970年,"523办公室"安排中药所与军事医学科院进行合作研究,军科院派顾国明前往中药所工作,余亚纲梳理了1965年上海中医文献研究馆编写的《疟疾专辑》,又参考《图书集成医部全录》《太平惠民和剂局方》收录的抗疟方药，排除了含有常山的组方，选出既有单方使用经验，又在复方中频繁出现的药物，计有乌头、乌梅、鳖甲、青蒿等数种，治成相应的制剂，由顾国明送军科院进行鼠疟模型的筛选，筛选了近百个药方，其中，雄黄曾出现90％的抑制疟原虫，青蒿曾出现过60％～80％的抑制疟原虫的结果，但效果不稳定。当时余亚纲更关注雄黄，但是顾国明认为雄黄毒性大，很难被批准使用，他们又把注意力转向青蒿。然而，不久后余亚纲被调往慢性支气管炎组，顾国明返回军科院，他们把结果告知了所长和组长屠呦呦[12]。军事医学科学院微生物流行病研究所派研究人员宁殿玺到中医研究院中药所帮助建立了鼠疟动物实验模型。此后，青蒿的研究由中药所继续进行[10]。

其后屠呦呦又对之前筛选过的药效较高的药物进行了复筛，这一轮回又筛选了一百多个样品，青蒿也在其中，但只有40％甚至12％的抑制率，于是又放弃了青蒿。她返回来研习古代文献，1971年下半年，再读东晋葛洪《肘后备急方》"青蒿一握，以水一升渍，绞取汁，尽服之"时，思索为什么不用传统的水煎煮？悟及高温或酶解有可能破坏青蒿的有效成分[11]，这一灵感敲开了青蒿素发现的大门。屠呦呦用北京青蒿秋季采的成株叶制成水煎浸膏，95％乙醇浸膏，挥发油对鼠疟均无效；改用乙醇冷浸，浓缩时温度控制在60℃所得提取物，鼠疟效价提高，温度过高则仍无效；又改用乙醚回流或冷浸提取，效果大幅提高且稳定。他们反复摸索得出，温度控制在60℃以下是关键。但分离得到的青蒿素单体，虽经加水煮沸半小时或置乙醇中回流4小时，其抗疟药效仍稳定不变。由此可知只是在粗提取时，当与生药中某些物质共存时，温度升高才会破坏青蒿素的抗疟作用[11]。

乙醚的有效粗提物虽然具有较好的抗疟作用，但存在效价不稳定和剂量偏大的问题，且显示有毒性。关于效价不稳定，他们最初以为是因为青蒿的品种杂乱引起的，就组织人员对青蒿的品种进行调查分析，了解到他们所购青蒿都是北京近郊所产黄花蒿后，又进一步寻找原因，最终确认是青蒿的采收季节不同，影响了青蒿提取物的效价，使用同一季节采收的青蒿后，有效粗提物的效价更为稳定[12]。经反复实验，1971年10月4日，分离获得编号191号的青蒿中性提取物样品，对鼠疟原虫达到100％抑制率，且毒副作用低。进一步做了猴疟实验，也达到100％的抑制率[11]。

从青蒿素的发现过程看，瞄准青蒿，其线索显然来自传统中医的用药经验，与他们梳理古代医学文献并结合民间用药经验有极大关系。更为幸运的是，他们采用的市售药材，并不是药典规定的正确植物，当属"假药"。这也引出了对青蒿原植物的考证研究。

四、青蒿原植物的再考证

1973年，山东省中医药研究所从泰安产黄花蒿中提取抗疟有效的晶体，命名为"黄花蒿素"，云南药物所分离得到抗疟有效单体，称"黄蒿素"。尽管当时523办公室认为青蒿素、黄花蒿素、黄蒿素为同一物质，并统一称为青蒿素。但由于古籍记载与现代文献的差异，促使一些学者对青蒿的原植物进行考订。

1987年，屠呦呦对青蒿的正品进行了考察证，通过古医药文献考证、原植物与资源分布、化学成分比较及药理作用、疗效等几方面展开讨论，认为其植物来源仅应以

ArtemisiaA. annua 一种为正品。屠呦呦等人对市售青蒿进行了调查,证实市场上称为青蒿的药材实际为 Artemisia annua L. 也即学名为黄花蒿的植物。他们提取青蒿素的药材正是从市场上购买的商品名为青蒿、学名为黄花蒿的植物。同时指出,将青蒿错误地与 Artemisia apiacea hance. 等同源自日本的《头注国译本草纲目》[13]。

1991 年,林有润等人对中国本草书中艾蒿类植物进行了考订,认为《本草纲目》所载青蒿与黄花蒿为一种植物,即现植物学上通称为"黄花蒿"者(学名为 A. annua L.)[14]。2006 年,胡世林对青蒿进行了本草学考证,认为,《本草纲目》关于青蒿"细黄花""大如麻子"等形态描述,与 Artemisia annua L. 完全相同,而花果特征是分类定种的重要依据,此外,他又从生物学特征、资源分布、古籍文献记载等多个方面证实,青蒿的正确的拉丁名只能是 Artemisia annua L.[15],并将拉丁命名的错误追溯到饭沼慾斋的《草木图说》,呼吁"纠正日本学者牧野富太郎对《本草纲目》青蒿是 Artemisia apiacea hance.(花序大如黄豆,夏末早枯,味不苦,治不了疟疾)考证"[16]。至此,我们知道拉丁命名错乱的原因。

《本草纲目》问世不久就传到日本。庆长十二年(公元 1607 年)林罗山(1583—1657)从长崎商埠获得一套《本草纲目》,这是该书传入日本的最早记录。在日本,《本草纲目》被多次翻刻、训点,还开设了本草学讲座,出版了启蒙读物,如冈本一抱的《图画和语本草纲目》、小野兰山的《本草纲目启蒙》等。日本学者们将《本草纲目》所载药物与日本植物进行对比,给出日语名称,江户时期的本草学研究十分盛行。与此同时,西方博物学也传入了日本,19 世纪中期,一些日本学者试图把《本草纲目》所载动植物与林奈分类对应,给出拉丁名称。最初将青蒿与黄花蒿的拉丁名称弄错的是饭沼慾斋的《草木图说》,该书出版于 1856 年,书中将黄花蒿与日本名"くらにんじん"及林奈命名的 Artemisia annua L. 对应,将青蒿与"かはらにんじん"和 Artemisia apiacea hance. 对应[17]。其后松村任三的《改正植物名汇》(1895)及 1909 年出版的牧野富太郎的《植物图鉴》[18]沿袭了这一错误。1930 年出版的白井光太郎的《头注国译本草纲目》是第一部严格意义的《本草纲目》日文译本,该书将《本草纲目》各药加注了拉丁文学名,在青蒿项下注了 Artemisia apiacea hance.,在黄蒿花项下注了 Artemisia annua L.,并说明关于青蒿和黄花蒿的拉丁命名来自牧野氏[19]。同年贾祖璋的《中国植物图鉴》将黄花蒿与 Artemisia annua L.、青蒿与 Artemisia apiacea hance. 对应。此后被辗转引用,至 1963 年被收入《中国药典》,成为定论。这样中药青蒿、黄花蒿与拉丁学名对应时产生了错乱。1977 年版《中华人民共和国药典》曾将中药青蒿的植物来源定为黄花蒿 Artemisia annua L. 与青蒿(A. apiacea),然而,1985 年版药典称中药青蒿为菊科植物黄花蒿 Artemisia annua L. 地上干燥部分,并沿用至今。

由上述讨论可知,从古沿用至今的药物青蒿,实际就是现在被称为黄花蒿 Artemisia annua L. 的植物。

五、结　语

青蒿治疗疟疾的作用在古代医方书中的记载绵延不断,李时珍正是根据前代或者他本人的用药经验,给青蒿的主治增加了抗疟一项。此后,用青蒿治疗疟疾日益广泛,在民间的普及度非常高，一直延续到 20 世纪 60 年代。523 项目的科学家们将抗疟药聚焦于青蒿，显然是依据了中医传统用药经验。

药材市场销售的青蒿，遵循的是上千年积累的用药经验，而没有按照学名进行鉴定。早在 1935 年，中国本草学家赵燏黄对保定南部药都祁州出售的药材进行了调研，就指出北京市售的青蒿实为《本草纲目》之黄花蒿，而"牧野氏报告，《纲目》集解所述之青蒿，与 Artemisia apiacea hance. 颇合，然北方少见。"[20]《祁州药志》1936 年发表于国立北平研究院生理研究所报告汇刊(1936,1(2)：1108)，可惜没有得到重视。

虽然，1963 年药典就对青蒿的植物学名作了规定，但是，20 世纪 70 年代市场出售的仍然是与药典学名不合的植物。这是因为当时的采药工人、药材鉴定者是按照传统知识采摘和辨识药材，并没有理会《药典》和教科书的规定。因而屠呦呦等人在药材市场获得的青蒿是中国传统医学使用的青蒿，不是被日本学者安上拉丁名称的青蒿。由于他们最初提取出的青蒿素效价不稳定，开始调查市售青蒿的品种问题，才发现他们所用的青蒿是学名叫黄花蒿的植物。

假如屠呦呦等研究人员如果按照当时的书本知识选择青蒿，应当是 Artemisia apiacea hance.，而不是黄花蒿，就算青蒿素最终可以被发现，也要推迟很久，可以说传统经验促成了青蒿素的发现，同时也证明了日本学者的命名有误。因此，用"青蒿素"命名这一抗疟新药，是尊重历史，实事求是的做法。希望青蒿的拉丁命名也能够尊重传统。

参考文献

[1] 马王堆汉墓帛书整理小组.马王堆汉墓帛书 五十二病方[M].北京：文物出版社,1979.

[2] 尚志均.五十二病方药物注释[M].安徽：皖南医学院,1985.

[3] 森立之辑.神农本草经[M].日本：温知药宝藏梓,1854.

[4] 周去非.岭外代答[M].上海：上海远东出版社,1996.

[5] 朱丹溪(元).丹溪治法心要[M].太原：山西科学技术出版社,2014.

[6] 许希周(明).药性粗评·青蒿[M].1553.

[7] 李蔚普.青蒿的抗疟疗效[J].北京中医,1954,3(9)：17-18.

[8] 黄汝绍,韦用宽,周典谟.用广西土常山和青蒿两药试治疟疾的临床观察[J].中医杂志,1959,(4)：33-34.

[9] 湖南省汉寿县医药科学研究.三叶丸防治疟疾效果良好[J].江西中医药,1960,(10)：21.

[10] 张方剑.迟到的报告——五二三项目与青蒿素研发纪实[M].广州：羊城晚报出版社,2006.

[11] 屠呦呦.青蒿素及青蒿素类药物[M].北京：化学工业出版社,2009.

[12] 黎润红,饶毅,张大庆."523 任务"与青蒿素发现的历史探究[C]//全国医药卫生风险研讨会暨江苏省卫生法学会、江苏省医学伦理学会、江苏省医学哲学学会学术年会,2015.

[13] 屠呦呦.中药青蒿的正品研究[J].中药通报,1987,12(4).

[14] 林有润.中国古本草书艾蒿类植物的初步考订[J].植物研究,1991(01)：3-26.

[15] 胡世林.青蒿的本草考证[J].亚太传统医药,2006,000(001)：28-30.

[16] 胡世林,许有玲.纪念青蒿素 30 周年[J].世界科学技术：中医药现代化,2005,7(2)：1-2.

[17] 牧野富太郎.增订草本图说[M].日本：成美堂,1908.

[18] 牧野富太郎.植物图鉴[M].日本：东京博物学研究会,1909.

[19] 李时珍.本草纲目[M].白井光太郎,译.日本：阳春堂书店,1974.

[20] 赵燏黄,樊菊芬.祁州药志[M].福建：福建科学技术出版社,2004.

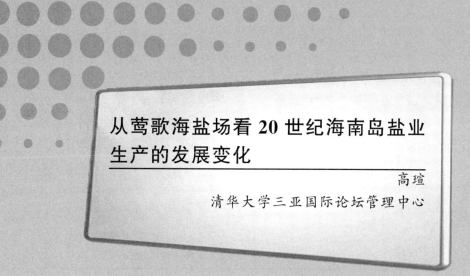

从莺歌海盐场看 20 世纪海南岛盐业生产的发展变化

高瑄

清华大学三亚国际论坛管理中心

摘要：海南岛四面环海，自然条件适合盐业生产。盐业是海南的一项重要的产业，20 世纪海南的盐业生产经历了许多起伏和波折。本文通过查阅相关文献和对莺歌海盐场进行实地调查，对 20 世纪海南岛盐业生产发展变化的脉络进行了梳理，对发展变化的原因和条件进行了初步分析。

关键词：海南岛，盐业

一、1949 年前海南岛的盐业生产

海南岛位于中国最南端，与大陆的雷州半岛隔琼州海峡相望，属热带、亚热带气候，日照强度大、时间长。全岛海岸线长 1528km，近海区域的海水含盐浓度高，适合进行盐业生产。据历史文献记载，早在唐代，海南岛沿海岸线一带就有多个地区产盐[1]。明洪武年间，朝廷在海南岛当地设置了 6 个盐场大使，统管盐生产者 5024 人，年办盐约 250 万斤[2]。到清咸丰、同治年间，有广东、福建等地的商人来海南投资建厂，开始进行规模化盐业生产。到 20 世纪初，海南已经出现了一批盐业生产公司，进行有一定规模的生产，从而使得海南岛的盐产量达到了一定的水平。

民国初年，海南岛四周沿海岸线已经有大量盐田分布，规模较为集中的是北黎、新村和三亚三处，其中最主要的是三亚。三地都靠近海港，便于盐的外运。规模较大的盐田是由商人投资兴办的盐场，如三亚的榆亚盐田有 30 多家盐业生产者，新村盐田主要由 6 家公司经营，其余绝大部分都是盐户的家庭式作坊。三亚盐田又有源兴、侨丰、天福三家公司专门负责收购。其中源兴公司专营三亚所产盐，侨丰公司除了收购三亚所产盐的同时，还负责收购北黎盐，天福公司则是各家盐田的公股组织。据记载，北黎一带的盐田每年大约产盐 20 万担（每担约合 100 斤），该地所产盐的质量很好，但是由于临近的墩头港不能停靠轮船，只能用帆船外运，增加了运输成本，盐业生产有时受到影响。陵水的新村一带每年产盐约 10 万担,所产盐则通过新村港外运。三亚榆林一带生产规模最大,每年产盐约 50 万担,通过三亚港销售到外地,其中大部分运往广州[3]。据此可以粗略估算,海南岛三个主要盐产地的年产量共计约为 4 万吨。尽管无论是盐产量的呈报数量,还是度量单位的设定及换算都可能存在较大的误差,但这个数字说明当时海南岛的盐业生产已经达到了这样的年产量规模。

20 世纪 20 年代中期至 30 年代前期,是海南岛盐业生产的一个比较兴旺的时期。据 1935 年的《琼崖盐业调查报告》记载,当时的海南全岛划分为 16 个县,除了澄迈、定安、乐会、白沙、保亭、乐东 6 个县之外,其余 10 个县均有一定数量的盐田,统计列表如表 1 所示[4]。

表 1　20 世纪 30 年代初海南盐田分布

县名	崖县	昌江	感恩	陵水	儋县	临高	琼山	文昌	琼东	万宁
盐田规模	15 578 亩	996 亩	675 亩	434 亩	360 个盐灶	1834 个盐灶	27 个漏灶	44 个漏灶	238 个漏灶	233 个漏灶
海港	三亚	墩头	北黎	新村	新英	马袅				

当时的盐业生产方式,主要分为晒水晒盐、沙漏淋卤晒盐、晒水煎盐、沙漏淋卤煎盐 4 种。晒水晒盐的盐田占地最大、产量最多,主要分布在崖县、昌江、感恩、陵水等县。晒水煎盐是将收集起的生盐用锅煎熟,儋县、临高两地大多采用这种方式。而淋卤煎盐则是用专门的漏灶收集盐卤,然后用锅煎熟。琼山、文昌、琼东、万宁等县主要采用漏灶,产量相对少得多,所得的熟盐主要供应当地食用。

这一时期海南岛的年产盐量也达到了较高的水平,按照当时的统计数据,列出 1926—1933 年的盐产量如表 2 所示[5]。

表 2　1926—1933 年海南岛年产盐量统计表

年份	年产盐量/斤	年销售盐量/斤	年份	年产盐量/斤	年销售盐量/斤
1926	57 621 974	52 238 155	1930	59 413 048	50 590 861
1927	56 958 898	74 776 862	1931	79 946 071	73 590 017
1928	36 511 939	42 684 257	1932	92 581 301	64 546 476
1929	57 127 752	43 009 646	1933	58 239 614	68 635 570

从表 2 可以看出,当时的盐业生产和产量会有较大的波动。表中所列产量最高的 1932 年,年产盐量达到了 4.6 万吨,最低的 1928 年则只有 1.8 万吨。产量变化最直接的客观原因就是受天气的影响,晒盐需要日照,降雨量多的年份盐的产量会明显减少。此外,影响较大的还有盐的销售价格、运输成本、税费等方面。在民国文献中,屡屡提到因为盐价过低、税费过高导致盐民自行放弃晒盐,改行他业的事例。还有文献中,提到因为世界经济不景气对盐业生产产生了负面影响。

20 世纪 30 年代末日本占领海南岛之后,对海南的盐业生产和销售进行了严格管制,此时的盐产量大大下降。日本的专业人员注意到了海南地区盐业生产的天然优势,在对海南岛进行考察时,发现了莺歌海地区在盐业生产方面的优越条件,开始计划开发莺歌海盐场。1939 年 2 月,由三井洋行主持成立"东亚盐业株式会社",提出了开发莺歌海的设想,并制订了一个 1942—1948 年的七年规划,计划在莺歌海开发面积为 0.34km² 的盐田,加上配套设施和条件,建成一个东亚地区超大规模的盐场。该计划1942年开始动工,建成莺歌海市办公厅一座、宿舍二座、厨房、厕所、浴室、井户、米仓、材料仓、瞭望楼等,盐田工程海水人路开凿工程已完成95%,人潮水门工程完成20%,暗渠完成6%,护堤及堤坝工程完成43%,桥梁工程基础完成,防沙工程已全部完成[6]。这个计划后来因为1945年日本战败投降而停止。从这个计划可以看出,日本人在莺歌海不仅规划了盐田,而且还规划了生产、生活、市政等配套设施,目的是将莺歌海建成为一个以盐业生产为中心的市镇。之后莺歌海大规模的开发建设,应该是受到了日本这一开发计划的影响。

20世纪40年代后期,海南岛的盐业生产逐渐恢复。据统计,当时全岛年盐产量可达到5万吨,除2万吨供应本岛外,其余部分经广东及香港外销[8]。

二、莺歌海盐场的创建和海南岛盐业生产的兴盛

莺歌海位于海南省乐东县,地处海南岛东北——西南最长对角线的一端,南海与北部湾在此分界。莺歌海这个富有诗意的名字,容易引起人们的美好遐想,实际上在未开发之前,这里只是一片荒芜的海滩。由于降雨量偏少,加之海域附近无河流注入,海水浓度达到波美度3.5°左右,是整个海南岛海水咸度最高的区域。临近海岸线一带,有绵延十几千米,宽200～500m、高10～20m的天然沙丘作为自然屏障,开展盐业生产的气候和地理等自然条件极为优越。

1955年,中共中央华南分局作出建设莺歌海盐场的决定。9月,成立了莺歌海盐场筹建处,由两广盐务管理局拟出初步规划,上报国家审批,纳入国家建设项目。11月,开始了盐场的设计和勘探工作。勘探包括地形、土质、气候观测三方面,设计则包括制盐工艺、盐场建设、动力、高压线路、铁路专线、防洪设施、水库、海运码头等内容,计划建设规模年产盐50万吨。1958年初,调集大量干部、民工和转业、退伍军人,集中开展工程建设施工,高峰期总人数达到1万多人,图1所示为建设莺歌海盐场的劳动场面。1958年2月开始施工,至1961年年底,共完成投资2277.32万元,完成土方施工1156万立方米。建成了初级池、中级池、高级池、结晶池等生产系列,修建了排洪、防洪、蓄水、沟渠河道等辅助系统,以及铁路专用运输线、动力电站、动力线路等配套工程[9]。成千上万的建设大军以极大的建设热情,克服重重困难,把原来芦苇丛生、蛇蝎出没的海滩沼泽地,建成了一个有铁路直达盐结晶区的超大规模的海盐生产场。

图1　1958年建设莺歌海盐场的劳动场面

莺歌海盐场初步建成之后,1962—1973 年又逐步施工进行了"填平补齐",完成投资 588 万元。1976 年经国家批准,盐场又进行了续建,完成投资 1394.26 万元,完成施工土方 190 万立方米。经过二十多年的建设,莺歌海盐场建成盐田总面积 3793.6 公顷,生产面积 2823.6 公顷[9],成为中国南方地区规模最大的盐场,与河北长芦盐场、台湾布袋盐场并称为中国的三大盐场。

莺歌海盐场采取边建设、边生产的方针,从 1959 年开始,就利用已建成的部分盐田出产盐。如图 2 所示,经过最初几年的建设和试生产运行,盐场的年产量于 1966 年超过了 10 万吨,此后到 20 世纪 80 年代末,一直保持着超过 10 万吨的年产量[7]。由于盐场生产主要靠日照蒸发来制卤、结晶晒盐,天气变化对盐产量起到重要的影响。因此,盐场的年产量呈现明显的上下波动变化。例如 1990 年海南遇到 20 多年未见的多雨天气,莺歌海盐场降雨量达 1396.7mm,超过常年降雨量 37.15%,当年仅产盐 61604 吨,远低于正常水平。莺歌海盐场产量最多的年份及相应产量分别是 1969 年的 26.9 万吨、1977 年的 27.6 万吨和 1988 年的 27.1 万吨。

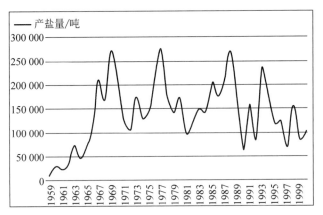

图 2　莺歌海盐场 1959—1999 年盐产量一览表

在此期间,莺歌海盐场建立了气象台,加强天气的观测预报。还建立了化验室,对所产盐的质量进行检验。先期建设的动力电站和专用铁路保证了盐场的生产运输以及制卤蒸发、卤水结晶、池盐归堆、筑装运输的集约化,提高了生产效率。在国家盐务部门的统一管理之下,盐场的生产、管理、销售一直都在稳定发展。1987 年,莺歌海盐场年产量约占广东省盐产量的 60%。1988 年海南建省时,莺歌海盐场的年产量达 27.1 万吨,占海南全省的 72.23%,占中国南方五省盐区总产量的 11.29%;产值占海南全省盐业产值的 70%,上缴盐税占海南省盐税收入的 62.2%,上缴的利税占海南全省工业税收的 10.14%[10]。从 1959 年试生产到 2000 年,莺歌海盐场累计生产原盐 586.36 万吨,上缴利税共 3.24 亿元,是国家建设投资的 7 倍多[7]。

1950 年后,海南很快迎来了盐业生产的发展繁荣。随着盐田面积的迅速扩大,盐产量也迅速提高。1950—1957 年的原盐产量共计 49 万吨,平均年产 6.13 万吨。其中 1952 年 6.01 万吨,1957 年 6.81 万吨。1958 年后随着莺歌海盐场的投产,海南的盐产量迈上了一个新台阶。1958 年至 1965 年,原盐产量共计 96.74 万吨,平均年产量达到了 12.09 万吨。其中 1962 年 11.92 万吨,1965 年 15.04 万吨[10]。在此期间,盐业工人生产热情高涨,积极推动技术革新，1952年开始实行利用风车进行风力扬水，1956年榆亚、昌感盐场开始利用柴油机带动水泵抽水，新建的莺歌海盐场则配备了专门的动力电站，实现了专用铁路集约化运输（图3）。

图3　莺歌海盐场的收获季节

20世纪70年代，在莺歌海盐场的带动之下，海南的盐业生产依然保持着很高的产量，1970年为34.15万吨，1975年为22.09万吨，到1977年，海南的年盐产量达到了创纪录的44.03万吨，这是海南盐业生产历史上的产量最高峰。

三、改革开放之后莺歌海盐场的发展困境

改革开放之后，计划经济开始向市场经济过渡，盐业生产和销售也由国家计划管理开始面对市场的挑战。莺歌海盐场在此过程中，遭遇到生存和发展的一系列问题。

首先遇到的是价格方面的问题。改革开放之后搞活市场，部分产品价格放开，但盐价一直受政府部门控制，与一些相关产品的价格出现了严重失衡。例如，1980年广东省规定的盐价是38元/吨，1986年调整至96元/吨，而莺歌海盐场当时的生产成本是50元/吨，周边的规模较小的盐场更是达到了70元/吨，每吨原盐利润只有26～46元。而当地的食盐零售价却达到了360元/吨，除去各种成本，商业部门每吨食盐便可获得利润超过90元。如果用工业盐做原料生产烧碱，价格为1200元/吨，当时的议价则更是达到了2400～3000元/吨[11]。价格体系存在的不合理因素、盐价过低压低了盐场的生产利润难以进行扩大再生产、员工收入过低也影响生产积极性，这些都直接影响到了盐场的生产及产量。产量低下就无法创造更多的利润，进而形成了一个恶性循环。

莺歌海盐场也曾尝试通过生产其他产品来摆脱困境。自20世纪70年代起，盐场就开始探索生产其他相关产品。1971年建成年产氯化钾400吨规模的化工车间，1975年又筹建年产氯化钾1500吨规模的化工厂，后受1979年国民经济调整、整顿政策影响，化工厂因技术、能源、原料卤水和淡水不过关，1980年被迫停产。1986年又利用原化工厂房，兴建粉洗精盐厂和氯化镁厂。1988年又筹建年产溴素300吨的车间，利用中级卤水吹溴。但粉洗精盐销路不畅，1990年停产；氯化镁厂和吹溴车间因技术不过关，时产时停，效益都不好，并造成了一定的经济损失[9]。

另外，莺歌海盐场长期采用传统生产方式生产，劳动生产率低下，技术改造投入不够，设施配套不完善，盐田长期失修，也是盐场生产徘徊不前的重要原因。加上20世纪90年代初期海南岛降雨量偏多，连阴天气严重影响了盐产量。种种因素累积，导致1996年莺歌海盐场全年的生产利润为负值。从此盐场陷入了连年亏损的状态。

在当时的环境下，为了摆脱困境，莺歌海盐场的管理者也采取了一些措施。如分流在岗职工200人，自谋职业；将10470亩初级盐池改造成高位虾池，发展海水养殖业；对沙底盐池进行改造，使食用细盐生产能力提高到年产5万吨，工业盐生产能力下降到年产4～5万吨等。但是这些措施效果不明显，盐场并未能摆脱困境。

2000年之后，莺歌海盐场的盐业生产长期徘徊在较低水平，特别是近些年来，年产量基本维持在3万吨左右。盐场长期处于亏损状态，没有资金进行生产设施设备维修和更新改造，也没有资金进行生产隐患治理。盐场没有提高产量的积极性，大量工人离开自谋出路，所在地的政府部门甚至一度考虑过关闭莺歌海盐场的建议方案。

目前莺歌海盐场面临非常严重的困难，我们在实地调研时可以清楚地感受到。行走在盐场场部所在地金鸡岭，触目所及都是年久失修的破败建筑和残缺的道路、废弃的厂房、布满锈蚀的铁轨，夹杂在缺乏统一规划的几座新盖的楼房中，透露着岁月的沧桑和对现实的无奈。

四、海南岛盐业生产的发展变化及挑战

如前文所述，海南岛的盐业生产，在改革开放之后面临了转变市场机制、价格体系不合理、生产利润过低等方面的挑战。但是由于相关管理部门采取了一些有效的针对性措施，如对食盐零售价和批发价进行了多次调整，对原盐出场价、收购价也作了两次调整，使得盐业生产利润有所提高。对莺歌海等大型国有盐场进行体制改革，国家财政不再投入，企业实行承包责任制，自主运营，自负盈亏等。如表3所示，在整个20世纪80年代，海南岛的年盐产量仍旧保持在了较高的水平[10]。

表3　1980—1990年海南年盐产量一览表

年份	1980	1981	1982	1983	1984	1985	1986	1987	1988	1989	1990
产量/万吨	27.68	17.53	19.46	23.29	23.35	29.09	27.60	34.04	37.51	24.87	10.76

变化发生在20世纪80年代末期，随着1988年海南省成立，原属于广东省盐务局管理的海南各盐场改归海南省盐务局管理。随着失去了广东这个临近的最大市场，继而海南盐场的产品销售又开始面临广东盐场的竞争，当地的盐业管理部门没有及时处理好海南建省之后盐业生产面临的新形势和新问题。1990年海南又遇到了几十年不遇的阴雨天气，连续的阴雨大大影响了仍然要靠天吃饭的盐业生产，使得1990年的盐产量仅10万吨，达到了30年来最低点。从此之后，海南岛的盐业生产便陷入了在低谷中徘徊的境地。

与莺歌海盐场相似，海南省其他盐场也同样面临着严峻的生存挑战。三亚的榆亚盐场在莺歌海盐场建设之前，曾经是海南岛最大的盐场，1985年之后，随着三亚市的城市建设步伐加快,盐田被大量用于房地产开发。榆亚盐场的盐田面积从 1953 年的 51 622 亩缩小为现在的 1066 亩,原先月川、榆林、红沙一带的盐田,现在已成为三亚市的居民区和商业区。如今只剩下一个榆亚盐场驷轩分场仍在维持生产,年产量仅为 2000 吨左右。当年与莺歌海盐场、榆亚盐场一起,并称为海南岛三大国营盐场的东方盐场,情况也很不乐观。东方盐场的最高年产量是 1969 年的 5.7 万吨,近年迫于形势,只好开始发展海水养殖等产业经营,盐田面积也大大缩减。除了这三大盐场之外,其余地方国营的小规模盐场面临的情况则更为严重。历史上颇有影响的陵水盐场,在 20 世纪 80 年代后也将盐田大量改为了建设用地,发展房地产。琼山盐场自 20 世纪 80 年代中期开始,逐渐转产海水养殖。最让人叹息的是文昌盐场,1986 年文昌县委决定,盐场的盐业生产全部停止,改为海水养殖,1990 年自营失败,又转租给台商经营,台商在尝试无果之后毁池而去,留下了一个烂摊子和 700 多万元的债务[10]。

因为条件所限,本文作者尚未收集到 1990 年之后海南省的盐产量统计数据。在 2014 年,海南省发生了需要从外省调拨 6000 吨盐来满足本省需要的情况,引起社会关注。记者通过调查得知,近年海南本省的食盐需求量是每年 5 万吨,而本省的盐产量却只能达到 4 万多吨,无法满足需求[12]。

2016 年 4 月,三亚日报发表了一篇文章,题目是"从辉煌到式微——海南盐业发展需破局",道出了海南盐业生产面临的严峻现实。2018 年是海南建省 30 周年,中央制定了《关于支持海南全面深化改革开放的指导意见》,出台了一系列特殊政策,为海南未来的发展提供了新的重大历史机遇。希望海南的盐业生产能够克服困难,抓住机遇,在 21 世纪迎来新的发展和繁荣。

参考文献

[1] (宋)欧阳修,宋祁.新唐书·地理志[M].北京:中华书局,1975.

[2] 唐仁粤.国盐业史·地方编[M].北京:人民出版社,1997.

[3] 彭程万,殷汝骊.琼崖之矿产[J].地学杂志,1923,8:25-29.

[4] 黄学贤.琼崖盐业调查报告[J].琼农,1935,(20-21):26.

[5] 粤南琼崖盐区之调查及盐业之改良[J].盐务汇刊,1934,5535-36.

[6] 黄菊艳.日本"东亚盐业株式会社"掠建莺歌海盐田工程概况[J].民国档案,1998,3:12-16.

[7] 乐东黎族自治县地方志编纂委员会.乐东县志[M].北京:新华出版社,2002.

[8] 韩汉藩.琼崖盐业前途之展望[J].南方杂志,1947,2(1):9.

[9] 莺歌海盐场.莺歌海盐场志[R].海南:莺歌海盐场,1992.

[10] 海南史志网.海南省志·工业志·盐场[EB/OL].(2013-02-08)[2020-05-19].http://www.hnszw.org.cn/xiangqing.php?ID=57060.

[11] 李唐超,吴文美.《关于价格因素影响海南盐业生产的调查》[J].价格月刊,1988,(10):25.

[12] "盐岛"缺盐 6 千吨缺口"拷问"海南制盐业[EB/OL].(2014-12-23)[2020-05-19].http://hi.people.com.cn/n/2014/1223/c231190-23316958-2.html.